·10 ·10 ·10 ·10

Universum
ca. 10^{10} Galaxien

Milchstraße / Galaxis
Durchmesser:
ca. 98 000 Lichtjahre
ca. $100 \cdot 10^9$ Sterne/Sonnen
1 Lichtjahr = $9{,}46 \cdot 10^{12}$ km

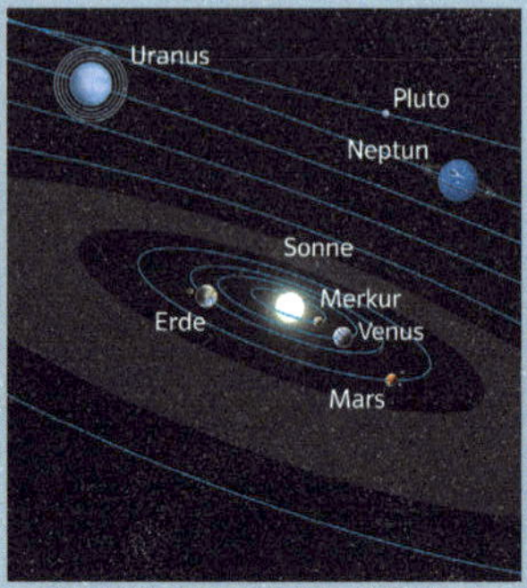

Sonnensystem
Durchmesser Sonne:
1 400 000 km
Abstand Sonne – Erde:
1 AE = $149{,}6 \cdot 10^6$ km

Erde
Durchmesser Erde:
12 756 km
Oberfläche:
ca. 510 100 000 km^2

10^{18} Trillion (E, Exa)
10^{15} Billiarde (P, Peta)
10^{12} Billion (T, Tera)
10^{9} Milliarde (G, Giga)
10^{6} Million (M, Mega)
10^{3} Tausend (k, Kilo)
10^{2} Hundert (h, Hekto)
10^{1} Zehn (da, Deka)

	Radiowellen					Mikrowellen			
			Mittelwellen (MW)		Ultrakurzwellen (UKW)		Zentimeterwellen		fern
	Langwellen (LW)			Kurzwellen (KW)		Dezimeterwellen (Radar)		Mikrowellen	
Frequenz in Hz = 1/s	$3 \cdot 10^3$	$3 \cdot 10^4$	$3 \cdot 10^5$	$3 \cdot 10^6$	$3 \cdot 10^7$	$3 \cdot 10^8$	$3 \cdot 10^9$	$3 \cdot 10^{10}$	$3 \cdot 10^{11}$	$3 \cdot 10$
Wellenlänge in m	10^5	10^4	10^3	10^2	10^1	1	10^{-1}	10^{-2}	10^{-3}	10^{-4}

:10 :10 :10 :10

10^{-1} Zehntel (d, Dezi)
10^{-2} Hundertstel (c, Zenti)
10^{-3} Tausendstel (m, Milli)
10^{-6} Millionstel (µ, Mikro)
10^{-9} Milliardstel (n, Nano)
10^{-12} Billionstel (p, Pico)
10^{-15} Billiardstel (f, Femto)
10^{-18} Trillionstel (a, Atto)

Mensch
00 Billionen Körperzellen
25 Billionen Blutkörperchen
ca. 100 Milliarden Nervenzellen im Gehirn
Nervenstränge Gesamtlänge über 100 000 km

Menschliche Eizelle
Durchmesser 0,25 mm = $250 \cdot 10^{-6}$ m = 250 µm

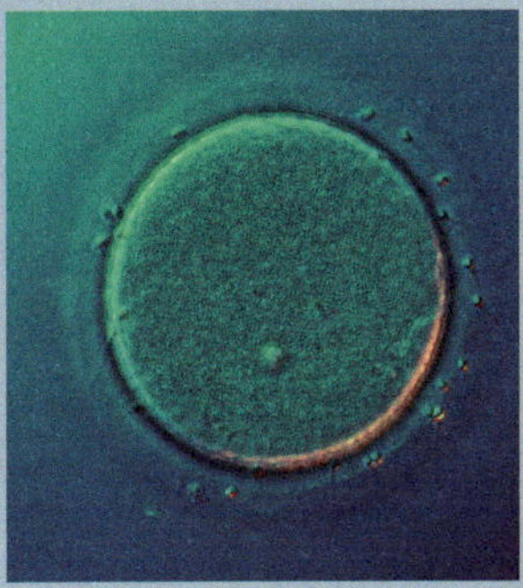

Rote Blutkörperchen
Durchmesser $8 \cdot 10^{-6}$ m = 8 µm

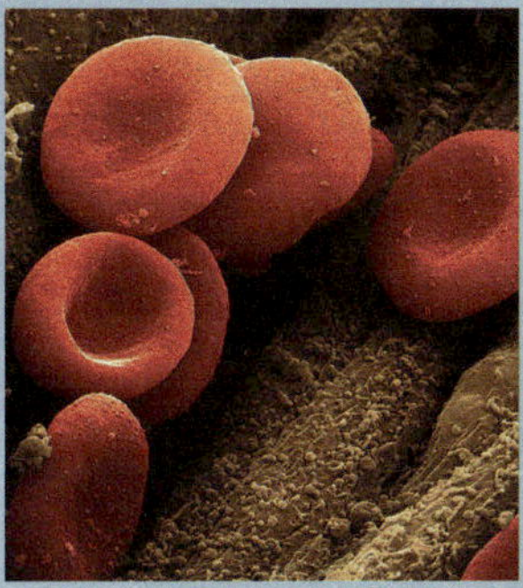

Grippevirus
Durchmesser 0,1 µm = 100 nm = $100 \cdot 10^{-9}$ m

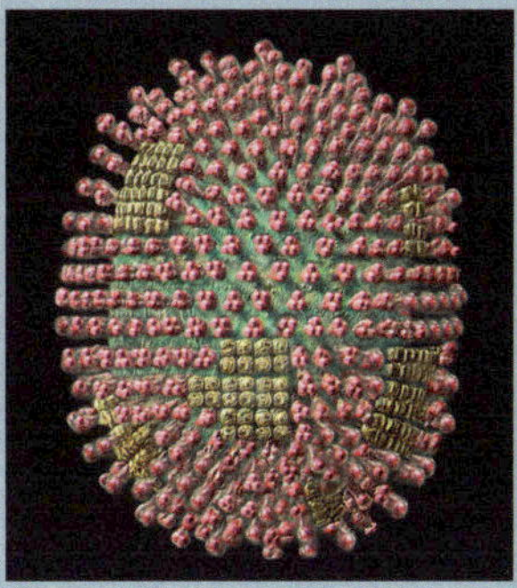

Wasserstoffatom
0,1 nm = $0{,}1 \cdot 10^{-9}$ m

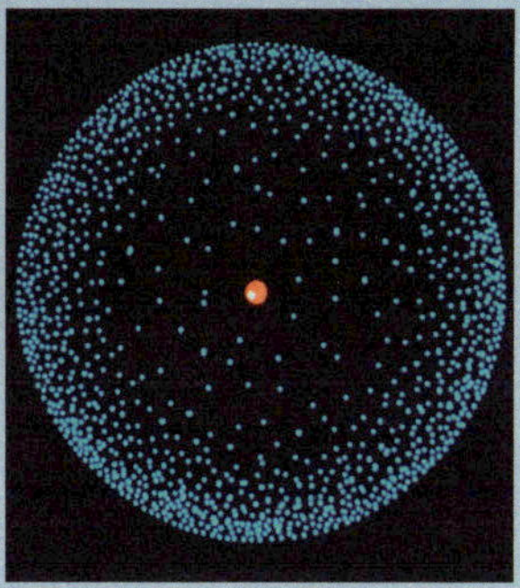

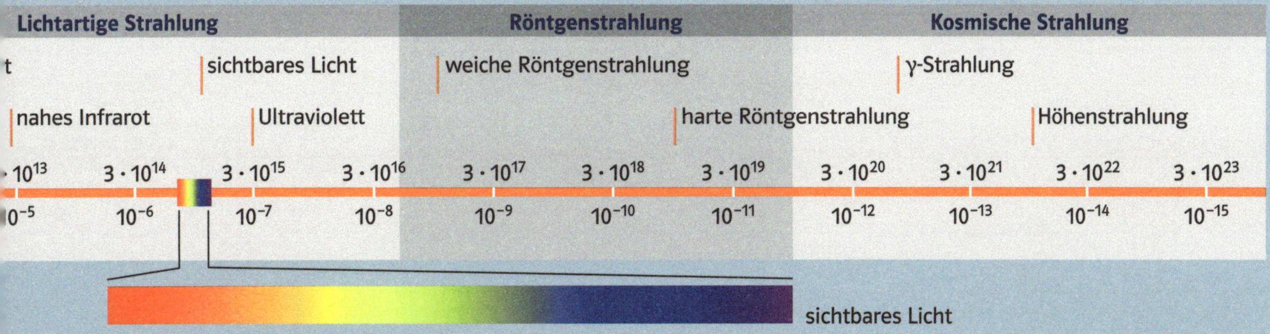

Arbeiten mit der Formelsammlung Mathematik

Die Formelsammlung bietet zwei schnelle Möglichkeiten auf benötigtes Wissen zuzugreifen:

- über die **Leitseiten**, die jedem Kapitel vorangehen (grafische Orientierung),
- über die **Stichworte im Register** oder das Inhaltsverzeichnis.

Beispiel: Suche nach **„Zylinder"**

1. Möglichkeit: **Leitseite** Körper berechnen und darstellen
2. Möglichkeit: **Register**

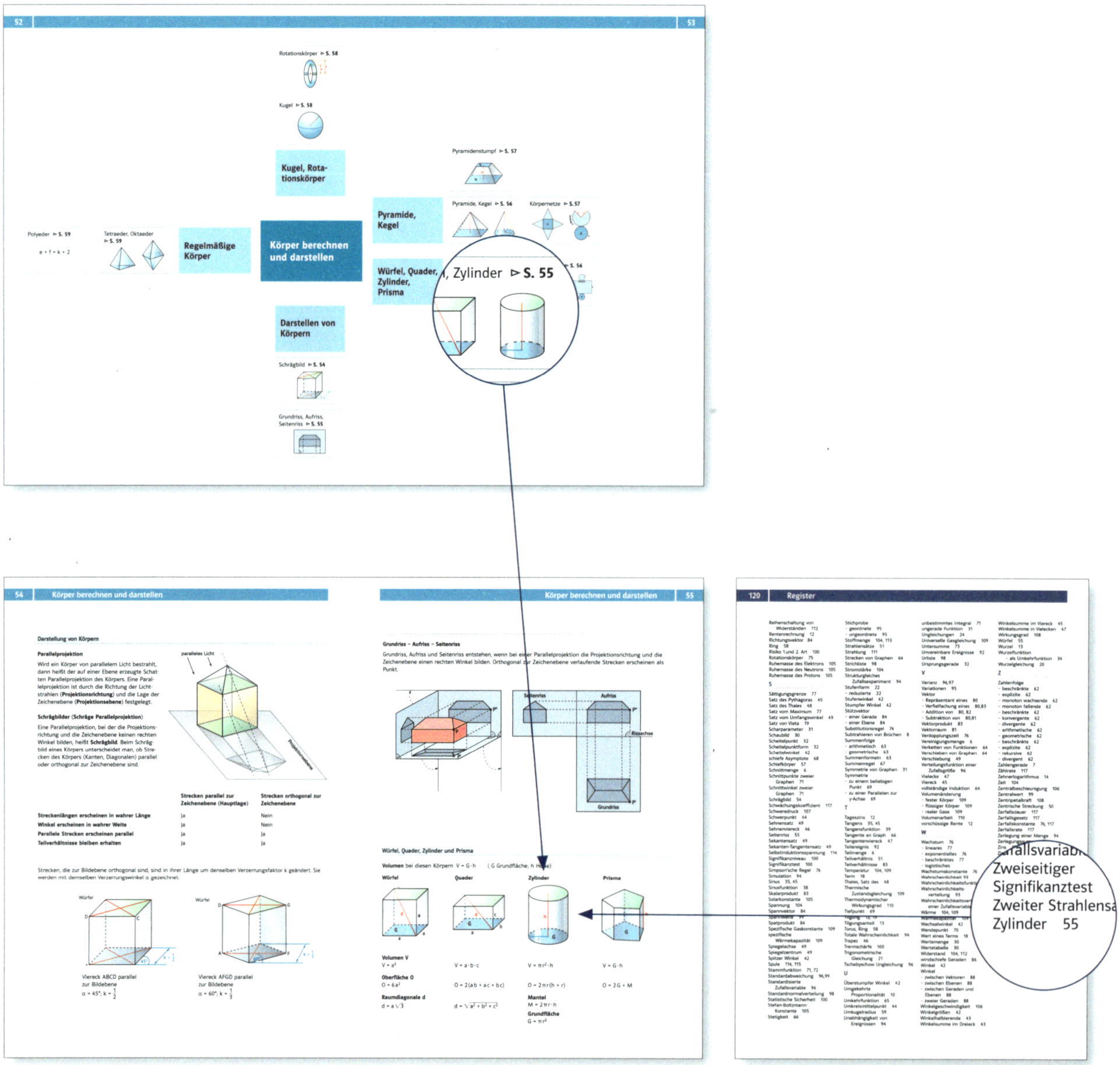

Gymnasium

Formelsammlung Mathematik

erarbeitet von
Hans-Jerg Dorn
Hans Freudigmann
Manfred Herbst
Günther Reinelt
Manfred Schwier
Peter Siebert
Sven Stötzer

Ernst Klett Verlag
Stuttgart · Leipzig

Inhaltsverzeichnis

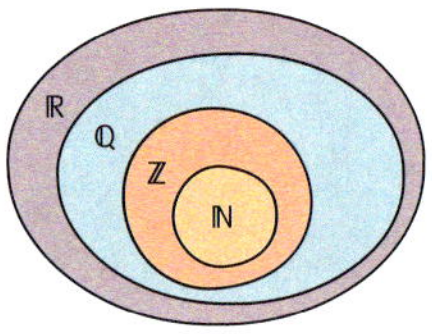

$$(1)\ \begin{cases} ax_1 + bx_2 = c \\ dx_1 + ex_2 = f \end{cases}$$

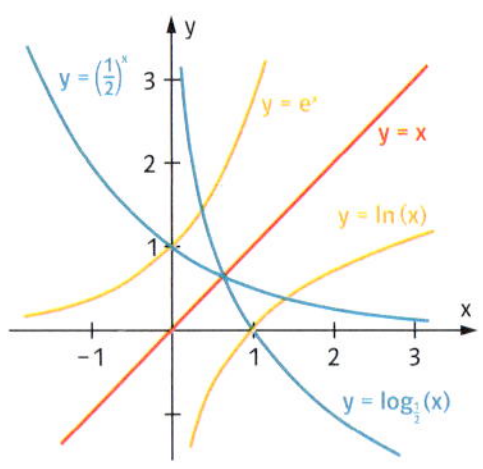

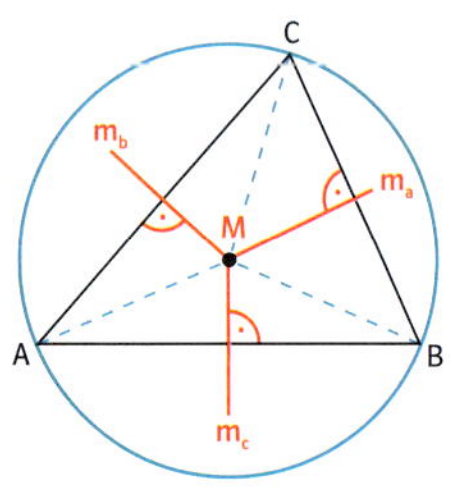

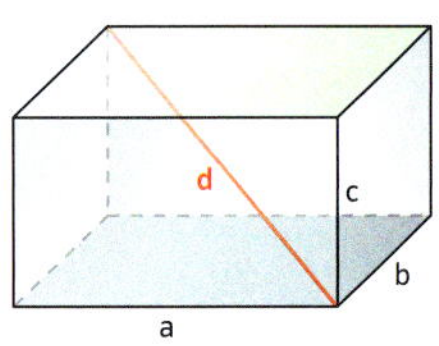

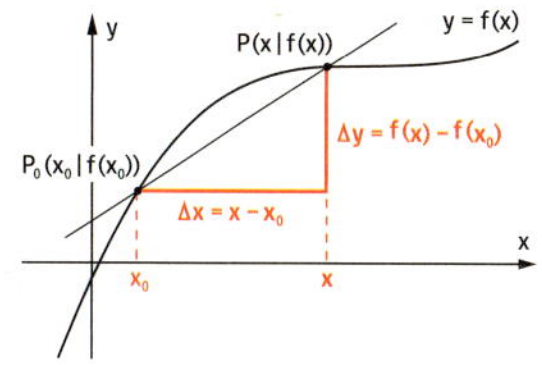
y
y = f(x)
P(x | f(x))
$P_0(x_0 | f(x_0))$
$\Delta y = f(x) - f(x_0)$
$\Delta x = x - x_0$
x
x_0

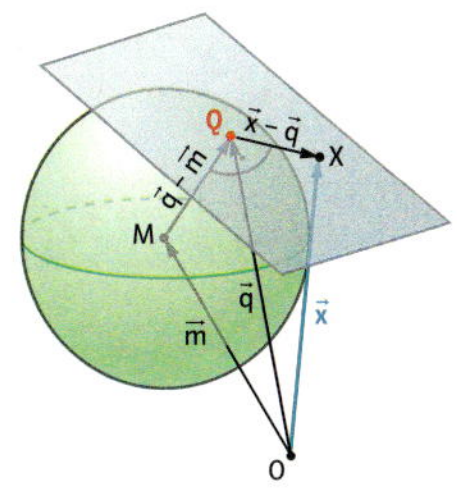
Q
X
M
O

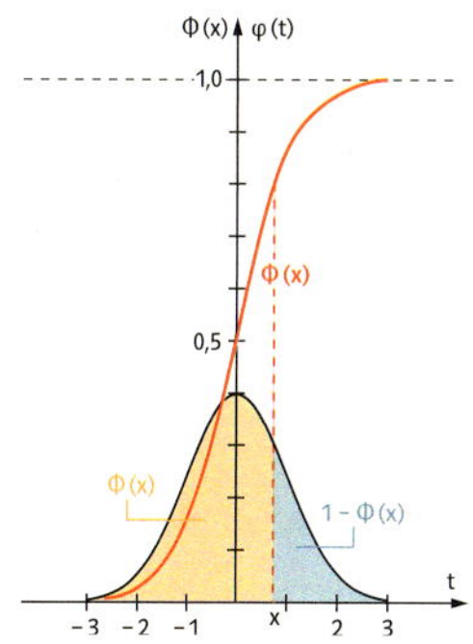
Φ (x) φ (t)
1,0
0,5
Φ (x)
Φ (x)
1 − Φ (x)
t
−3 −2 −1
x
2 3

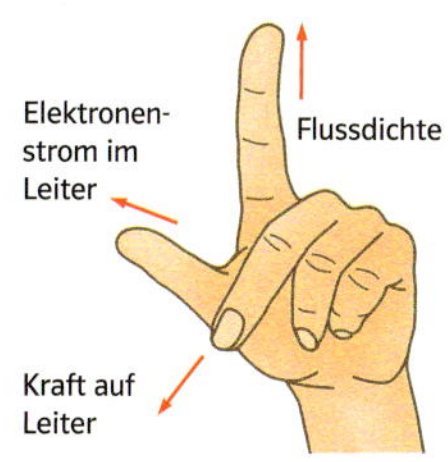
Elektronen-
strom im
Leiter
Flussdichte
Kraft auf
Leiter

Mit Zahlen und Termen rechnen

Mengen

Vereinigungsmenge, Schnittmenge ▻ S. 6

$A \cup B;\ A \cap B;\ A \setminus B;\ \overline{A}$

Elemente, Teilmenge ▻ S. 6

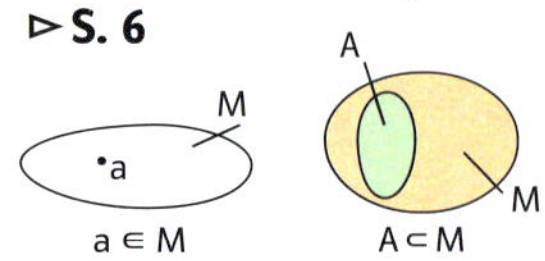

Potenzen, Wurzeln und Logarithmen

Potenzen und Wurzeln ▻ S. 13

$\sqrt[n]{a} = a^{\frac{1}{n}}$

$a^p \cdot a^q = a^{p+q}$

Rechnen mit Logarithmen ▻ S. 14

$\log_a\left(\frac{u}{v}\right) = \log_a(u) - \log_a(v)$

$a^{\log_a(u)} = u$

Potenzen und Logarithmen ▻ S. 14

$a^x = b$ und $x = \log_a(b)$

spezielle Logarithmen ▻ S. 14

$\ln(e^x) = x$

$\ln(x) = \frac{\lg(x)}{\lg(e)}$

Prozentrechnen

Prozent %, Promille ‰ ▻ S. 11

Prozentsatz p %
Prozentwert W
Grundwert G

Berechnungen mit Prozenten ▻ S. 11

$\frac{W}{G} = \frac{p}{100}$

Komplexe Zahlen

Darstellung ▻ S. 15

$z = a + b \cdot i$
$z = r \cdot (\cos(\alpha) + \sin(\alpha) \cdot i)$

Rechnen ▻ S. 15

$z_1 \pm z_2$
$z_1 \cdot z_2$
$z_1 : z_2$

Exponentialform ▻ S. 15

$z = r \cdot e^{i\varphi}$
$e^{i\varphi} = \cos(\varphi) + i \sin(\varphi)$

Zins, Renten und Tilgung

Zins, Tageszins, Zinseszins ▻ S. 12

$K_n = K_0 \cdot \left(1 + \frac{p}{100}\right)^n$

Rente ▻ S. 12

$K_n = R \cdot \frac{\left(1 + \frac{p}{100}\right)^n - 1}{\frac{p}{100}}$

Tilgung ▻ S. 13

Zinsanteil
Tilgungsanteil
Annuität

Zahlenmengen

Zahlenmenge ⊳ **S. 7**

$\mathbb{N}$; $\mathbb{Z}$; $\mathbb{Q}$; $\mathbb{R}$

Zahlengerade ⊳ **S. 7**

Rechengesetze

Rechenarten ⊳ **S. 9**

$a + b$; $a - b$;
$a \cdot b$; $a : b$

Gesetze ⊳ **S. 9**

$a + b = b + a$

Binomische Formeln ⊳ **S. 10**

$(a + b)^2 = \ldots$

Bruchrechnen

Erweitern und Kürzen ⊳ **S. 8**

$\frac{4}{8} = \frac{2}{4} = \frac{6}{12}$

Rechenarten ⊳ **S. 8**

$\frac{3}{4} + \frac{1}{5} = \ldots$

$\frac{3}{4} \cdot \frac{1}{5} = \ldots$

Mengen

Element

Schreibweise	Sprechweise
a ∈ M	a ist ein Element der Menge M.
b ∉ M	b ist kein Element der Menge M.

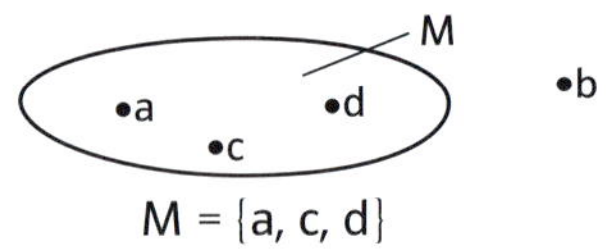

Leere Menge

Die leere Menge enthält kein Element. Schreibweise: { } oder ∅.

Teilmenge

Schreibweise	Sprechweise	Bedeutung
A = M	A und M sind gleich.	A und M haben dieselben Elemente.
A ⊆ M	A ist Teilmenge von M.	Jedes Element von A ist auch Element von M.
A ⊂ M	A ist echte Teilmenge von M.	A ist Teilmenge von M und es gibt mindestens ein Element von M, das nicht Element von A ist.

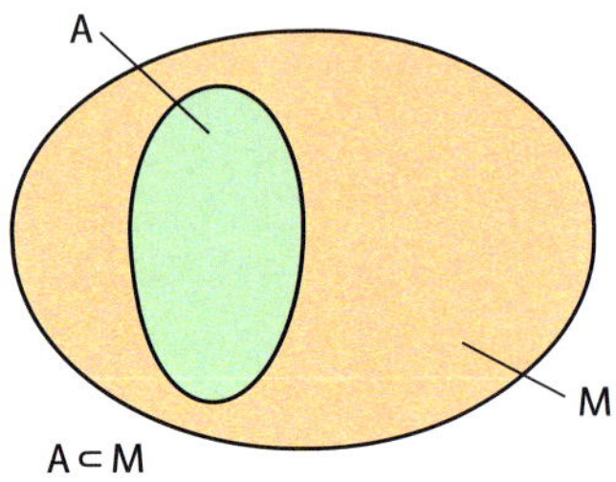

Vereinigungsmenge

Die Vereinigungsmenge A ∪ B (sprich: A vereinigt B) zweier Mengen A und B enthält alle Elemente, die Element von A oder Element von B sind:
$A \cup B = \{x \mid x \in A \text{ oder } x \in B\}$.

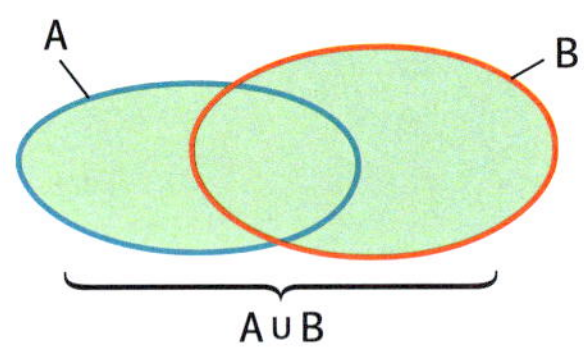

Schnittmenge

Die Schnittmenge A ∩ B (sprich: A geschnitten B) zweier Mengen A und B enthält alle Elemente, die Element von A und Element von B sind:
$A \cap B = \{x \mid x \in A \text{ und } x \in B\}$.

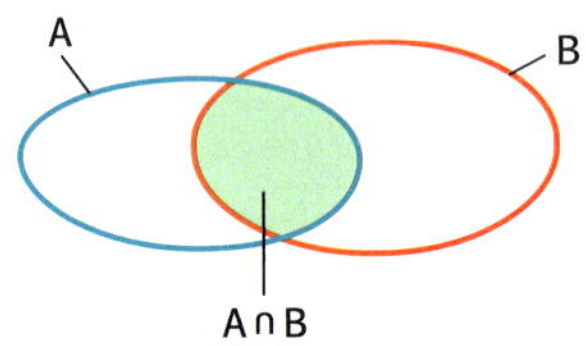

Differenzmenge

Die Differenzmenge A \ B (sprich: A ohne B) zweier Mengen A und B enthält alle Elemente, die Element von A aber nicht Element von B sind:
$A \setminus B = \{x \mid x \in A \text{ und } x \notin B\}$.

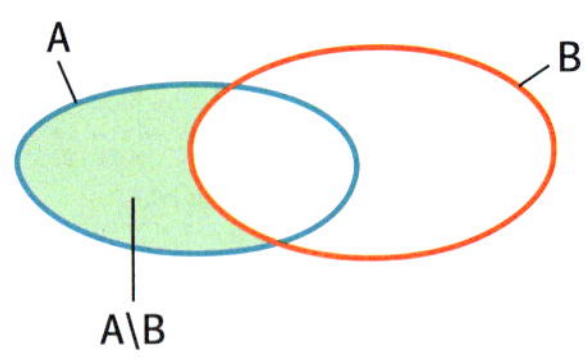

Komplementmenge (Komplementärmenge)

Ist A Teilmenge einer Grundmenge M, dann enthält die Komplementmenge $\overline{A}$ (sprich: Komplement von A bezüglich M) alle Elemente von M, die nicht Element von A sind:
$\overline{A} = \{x \mid x \in M \text{ und } x \notin A\}$.

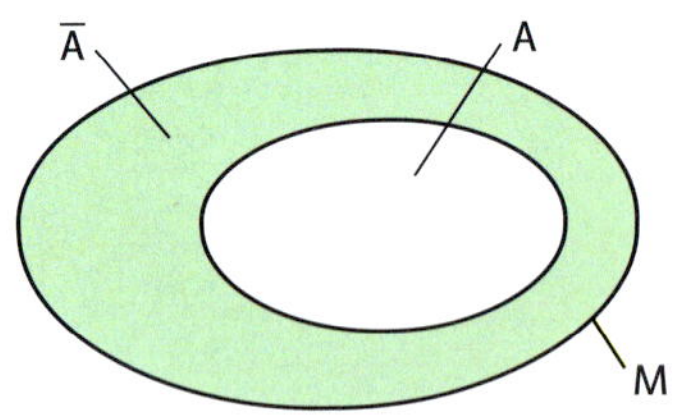

Produktmenge (Kartesisches Produkt)

Die Produktmenge $A \times B$ (sprich: A kreuz B) zweier Mengen A und B enthält als Elemente alle Paare (a; b) mit $a \in A$ und $b \in B$.
$A \times B = \{(a; b) \mid a \in A \text{ und } b \in B\}$.

Die Menge $A^n = \{(a_1; a_2; \ldots; a_n) \mid a_1, a_2, \ldots, a_n \in A\}$ heißt Menge der n-Tupel mit Elementen aus A.

Zahlenmengen

Natürliche Zahlen $\mathbb{N}$

$\mathbb{N} = \{0, 1, 2, 3, 4, \ldots\}$ bezeichnet die Menge der natürlichen Zahlen; $\mathbb{N}^* = \mathbb{N} \setminus \{0\} = \{1, 2, 3, 4, \ldots\}$.

Primzahlen

Eine natürliche Zahl größer als 1, die nur durch sich selbst und durch 1 teilbar ist, heißt Primzahl. Jede natürliche Zahl größer als 1 kann man (abgesehen von der Reihenfolge der Faktoren) eindeutig als Produkt von Primzahlen darstellen (**Primfaktorzerlegung**).

Primzahlen: 2, 3, 5, 7, 11, 13, 17... Primfaktorzerlegung: $60 = 2 \cdot 2 \cdot 3 \cdot 5$

Ganze Zahlen $\mathbb{Z}$

$\mathbb{Z} = \{\ldots, -4, -3, -2, -1, 0, 1, 2, 3, 4, \ldots\}$ bezeichnet die Menge der ganzen Zahlen.
Die Menge der natürlichen Zahlen ist eine echte Teilmenge der Menge der ganzen Zahlen: $\mathbb{N} \subset \mathbb{Z}$.

Rationale Zahlen $\mathbb{Q}$ (Bruchzahlen)

$\mathbb{Q} = \left\{\frac{a}{b} \mid a \in \mathbb{Z} \text{ und } b \in \mathbb{Z} \setminus \{0\}\right\}$ bezeichnet die Menge der rationalen Zahlen.
Die rationalen Zahlen lassen sich als abbrechende oder als periodische **Dezimalzahlen** schreiben.
Die Menge der natürlichen und die Menge der ganzen Zahlen sind Teilmengen der Menge der rationalen Zahlen: $\mathbb{N} \subset \mathbb{Z} \subset \mathbb{Q}$.
$\mathbb{Q}^+ = \{q \in \mathbb{Q} \mid q > 0\}$ bezeichnet die Menge der positiven rationalen Zahlen; $\mathbb{Q}_0^+ = \{q \in \mathbb{Q} \mid q \geq 0\}$.

Reelle Zahlen $\mathbb{R}$

Die Menge der reellen Zahlen enthält die rationalen Zahlen und die irrationalen Zahlen, wie z. B. $\sqrt{2}$, e, π.
Die irrationalen Zahlen lassen sich nicht als abbrechende oder periodische Dezimalzahlen schreiben.
Die Menge der rationalen Zahlen ist eine Teilmenge der Menge der reellen Zahlen: $\mathbb{N} \subset \mathbb{Z} \subset \mathbb{Q} \subset \mathbb{R}$.
$\mathbb{R}^+ = \{r \in \mathbb{R} \mid r > 0\}$; $\mathbb{R}_0^+ = \{r \in \mathbb{R} \mid r \geq 0\}$;
$\mathbb{R}^- = \{r \in \mathbb{R} \mid r < 0\}$; $\mathbb{R}_0^- = \{r \in \mathbb{R} \mid r \leq 0\}$

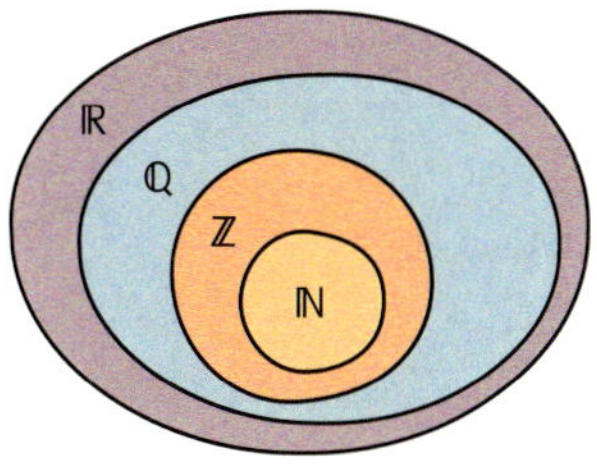

Zahlengerade

Der Punkt, der einer Zahl a entspricht, liegt auf der Zahlengeraden links von dem Punkt, der einer Zahl b entspricht, genau dann, wenn $a < b$.

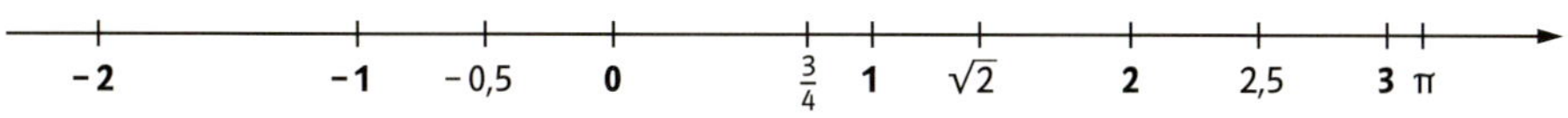

Intervalle

Abgeschlossenes Intervall: $[a; b] = \{x \in \mathbb{R} \mid a \le x \le b\}$
Offenes Intervall: $(a; b) = \{x \in \mathbb{R} \mid a < x < b\}$
Linksseitig halboffenes Intervall: $(a; b] = \{x \in \mathbb{R} \mid a < x \le b\}$
Rechtsseitig halboffenes Intervall: $[a; b) = \{x \in \mathbb{R} \mid a \le x < b\}$

Unbeschränkte Intervalle: $[a; +\infty) = \{x \in \mathbb{R} \mid x \ge a\}$
$(a; +\infty) = \{x \in \mathbb{R} \mid x > a\}$
$(-\infty; a] = \{x \in \mathbb{R} \mid x \le a\}$
$(-\infty; a) = \{x \in \mathbb{R} \mid x < a\}$

Gegenzahl

Zu einer Zahl a heißt die Zahl −a Gegenzahl von a. Die Punkte, die der Zahl und Gegenzahl entsprechen, haben auf der Zahlengeraden denselben Abstand von der Nullmarke. Die Summe von Zahl und Gegenzahl ist 0, d.h.: $a + (-a) = 0$.

Betrag einer Zahl

Für den Betrag $|a|$ einer reellen Zahl a gilt:

$$|a| = \begin{cases} a, & \text{falls } a > 0 \\ 0, & \text{falls } a = 0 \\ -a, & \text{falls } a < 0 \end{cases}$$

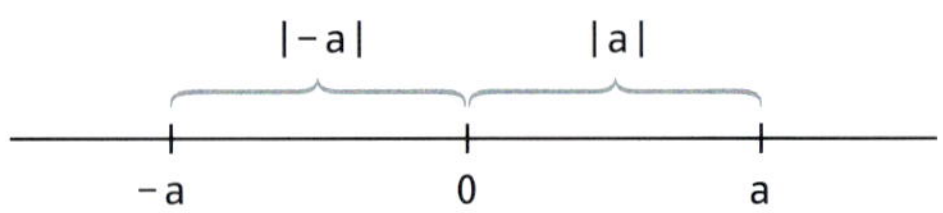

Die Punkte, die Zahlen mit demselben Betrag entsprechen, sind auf der Zahlengeraden gleich weit von der Nullmarke entfernt.

Bruchrechnen

Erweitern

Erweitern eines Bruches heißt: Der Zähler a und der Nenner b werden mit derselben Zahl $z \neq 0$ multipliziert.

Es gilt: $\frac{a}{b} = \frac{a \cdot z}{b \cdot z}$.

Kürzen

Kürzen eines Bruches $\frac{a}{b}$ heißt: Der Zähler a und der Nenner b werden durch dieselbe Zahl $z \neq 0$ dividiert.

Es gilt: $\frac{a}{b} = \frac{a : z}{b : z}$.

Addieren, Subtrahieren, Multiplizieren, Dividieren

	Addieren	Subtrahieren
Bei gleichen Nennern:	$\frac{a}{b} + \frac{c}{b} = \frac{a + c}{b}$	$\frac{a}{b} - \frac{c}{b} = \frac{a - c}{b}$
Bei verschiedenen Nennern:	$\frac{a}{b} + \frac{c}{d} = \frac{a \cdot d + b \cdot c}{b \cdot d}$	$\frac{a}{b} - \frac{c}{d} = \frac{a \cdot d - b \cdot c}{b \cdot d}$
Insbesondere:	$a + \frac{b}{c} = \frac{a}{1} + \frac{b}{c} = \frac{ac + b}{c}$	$a - \frac{b}{c} = \frac{a}{1} - \frac{b}{c} = \frac{ac - b}{c}$

	Multiplizieren	Dividieren
	$\frac{a}{b} \cdot \frac{c}{d} = \frac{a \cdot c}{b \cdot d}$	$\frac{a}{b} : \frac{c}{d} = \frac{a}{b} \cdot \frac{d}{c} = \frac{a \cdot d}{b \cdot c}$
Insbesondere:	$\frac{1}{a} \cdot b = \frac{b}{a}$; $a \cdot \frac{b}{c} = \frac{ab}{c}$	$a : b = \frac{a}{b}$

Gleichheit

Zwei Brüche $\frac{a}{b}$ und $\frac{c}{d}$ stellen genau dann dieselbe Zahl dar, wenn $a \cdot d = b \cdot c$ gilt.

Kehrbruch

Zu einem Bruch $\frac{a}{b}$ mit $a, b \neq 0$ heißt die Zahl $\frac{b}{a}$ Kehrbruch.

Das Produkt von Bruch und Kehrbruch ist 1: $\frac{a}{b} \cdot \frac{b}{a} = 1$.

Gemischte Schreibweise

Eine Zahldarstellung wie $3\frac{1}{2}$ heißt gemischte Schreibweise. Bedeutung: $3\frac{1}{2} = 3 + \frac{1}{2} = \frac{7}{2}$.

Rechengesetze

Rechenarten (Bezeichnungen und Sprechweisen)

Rechenart		Der Term heißt	a heißt	b heißt	definiert für $a, b \in \mathbb{R}$ und
Addition	$a + b$	Summe	Summand	Summand	
Subtraktion	$a - b$	Differenz	Minuend	Subtrahend	
Multiplikation	$a \cdot b$	Produkt	Faktor	Faktor	
Division	$a : b$ $\left(\text{oder } \frac{a}{b}\right)$	Quotient	Dividend	Divisor	$b \neq 0$
Potenzieren (⟶ S. 13)	a^b	Potenz	Basis oder Grundzahl	Exponent oder Hochzahl	$a > 0$ oder $a \geq 0$ und $b > 0$
Radizieren (⟶ S. 13)	$\sqrt[b]{a}$	b-te Wurzel	Radikand	Wurzelexponent	$a \geq 0$ und $b \in \mathbb{N} \setminus \{0, 1\}$

Kommutativgesetz

$a + b = b + a$ (der Addition)

$a \cdot b = b \cdot a$ (der Multiplikation)

Assoziativgesetz

$a + (b + c) = (a + b) + c$ (der Addition)

$a \cdot (b \cdot c) = (a \cdot b) \cdot c$ (der Multiplikation)

Distributivgesetz

$a \cdot (b + c) = a \cdot b + a \cdot c$

$(a + b) : c = a : c + b : c$

Ausklammern

$ab + ac - ad = a(b + c - d)$

$-b + c - d = -(b - c + d)$

Ausmultiplizieren

$a(-u + v - w) = -au + av - aw$

$-(-u + v - w) = u - v + w$

Multiplizieren von Summen

$(a + b) \cdot (c + d) = ac + ad + bc + bd$

Kehrzahl

Zu einer Zahl $a \in \mathbb{R}$ mit $a \neq 0$ heißt $\frac{1}{a}$ die Kehrzahl. Das Produkt von Zahl und Kehrzahl ist 1.

Binomische Formeln

$(a+b)^2 = a^2 + 2ab + b^2$ $\quad (a-b)^2 = a^2 - 2ab + b^2$ $\quad (a-b)(a+b) = a^2 - b^2$

Binomischer Lehrsatz

$(a+b)^n$ kann man für $n \geq 1$ mithilfe des Pascal'schen Dreiecks als Summe schreiben:

	Pascal'sches Dreieck	$(a+b)^n$
	1	
$n = 1$	1 1	$(a+b)^1 = a + b$
$n = 2$	1 2 1	$(a+b)^2 = a^2 + 2ab + b^2$
$n = 3$	1 3 3 1	$(a+b)^3 = a^3 + 3a^2b + 3ab^2 + b^3$
$n = 4$	1 4 6 4 1	$(a+b)^4 = a^4 + 4a^3b + 6a^2b^2 + 4ab^3 + b^4$
.	1 1	... = ...
.	. . . .	usw.

Jede Zahl der jeweils nächsten Zeile erhält man als Summe der beiden darüber stehenden Zahlen.

Die Koeffizienten sind die Zahlen in der entsprechenden Zeile des Pascal'schen Dreiecks; dabei ist die Summe nach abnehmenden Potenzen von a geordnet.

Weitere binomische Formeln

$(a-b)^3 = a^3 - 3a^2b + 3ab^2 - b^3$

$a^3 + b^3 = (a+b)(a^2 - ab + b^2)$

$a^3 - b^3 = (a-b)(a^2 + ab + b^2)$

$(a-b)^4 = a^4 - 4a^3b + 6a^2b^2 - 4ab^3 + b^4$

$a^4 - b^4 = (a^2 - b^2)(a^2 + b^2)$

Mehrgliedrige Ausdrücke

$(a+b+c)^2 = a^2 + b^2 + c^2 + 2ab + 2ac + 2bc$

$(a+b+c)^3 = a^3 + b^3 + c^3 + 3(a^2b + a^2c + b^2a + b^2c + c^2a + c^2b) + 6abc$

Proportionalität, Umgekehrte Proportionalität

Die Zuordnung zwischen zwei Größen x und y nennt man Proportionalität, wenn dem 2-, 3-, …, k-fachen der einen Größe das 2-, 3-, …, k-fache der anderen Größe entspricht.

Für proportionale Größen x und y gilt:

$y = k \cdot x$ bzw. $\frac{y}{x} = k$ mit einer konstanten Zahl k, dem **Proportionalitätsfaktor**.

Die Zuordnung zwischen zwei Größen x und y nennt man eine umgekehrte Proportionalität, wenn dem 2-, 3-, …, k-fachen der einen Größe das $\frac{1}{2}$-, $\frac{1}{3}$-, …, $\frac{1}{k}$-fache der anderen Größe entspricht.

Für umgekehrt proportionale Größen x und y gilt:

$y = k \cdot \frac{1}{x}$ bzw. $x \cdot y = k$ mit einer konstanten Zahl k.

Fakultät

$n! = 1 \cdot 2 \cdot 3 \cdot \ldots \cdot n$ heißt n-Fakultät. Es ist festgelegt: $0! = 1$.

Prozentrechnen

Prozent

$1\% = \frac{1}{100}$ $\quad p\% = \frac{p}{100}$

Promille

$1‰ = \frac{1}{1000}$; $\quad p‰ = \frac{p}{1000}$

Zahl	$\frac{1}{100}$	$\frac{1}{50}$	$\frac{1}{25}$	$\frac{1}{20}$	$\frac{1}{10}$	$\frac{1}{8}$	$\frac{1}{5}$	$\frac{1}{4}$	$\frac{1}{3}$	$\frac{2}{3}$	$\frac{3}{4}$	1	$1\frac{1}{4}$	1,5
in Prozent	1%	2%	4%	5%	10%	12,5%	20%	25%	$33\frac{1}{3}\%$	$66\frac{2}{3}\%$	75%	100%	125%	150%

Begriffe

12%	von	300 km	sind	36 km
Prozentsatz		**Grundwert**		**Prozentwert**
p%	von	G	sind	W

Der Grundwert entspricht stets 100%. Die Zahl p heißt Prozentzahl.

Prozentwert berechnen

Gegeben sind der Grundwert G und der Prozentsatz p%; gesucht ist der Prozentwert W.

Dreisatz:

100% entspricht G

1% entspricht $\frac{G}{100}$

p% entspricht $W = \frac{G}{100} \cdot p$

Formel:

Aus $\frac{G}{100} = \frac{W}{p}$

$W = \frac{G}{100} \cdot p$

Direkte Berechnung:

p% von G sind $\frac{p}{100} \cdot G$

Prozentsatz berechnen

Gegeben sind der Grundwert G und der Prozentwert W; gesucht ist der Prozentsatz p%.

Dreisatz:

G entspricht 100%

1 entspricht $\frac{100}{G}\%$

W entspricht $p\% = \frac{100}{G} \cdot W\%$

Formel:

Aus $\frac{G}{100} = \frac{W}{p}$

$p = \frac{100}{G} \cdot W$

$p\% = \frac{100}{G} \cdot W\%$

Direkte Berechnung:

Berechnung des Quotienten W : G

und Multiplikation mit 100

$p\% = \frac{W}{G} \cdot 100\%$

Grundwert berechnen

Gegeben sind der Prozentwert W und der zugehörige Prozentsatz p%; gesucht ist der Grundwert G.

Dreisatz:

p% entspricht W

1% entspricht $\frac{W}{p}$

100% entspricht $G = \frac{W}{p} \cdot 100$

Formel:

Aus $\frac{G}{100} = \frac{W}{p}$

$G = \frac{W}{p} \cdot 100$

Direkte Berechnung:

Berechnung des Quotienten W : p

und Multiplikation mit 100

Zins, Renten und Tilgung

Zinsrechnung

4 %	von	300 €	sind	12 €
Zinssatz		**Kapital**		**Zins**
p %		K		Z

Es entspricht

der **Zinssatz p %**	dem	**Prozentsatz**
das **Kapital K**	dem	**Grundwert**
der **Zins Z**	dem	**Prozentwert**

Das Kapital entspricht stets 100 %. p heißt Zinszahl. Der Zinssatz bezieht sich stets auf 1 Jahr.

Tageszins

Zins Z für ein Kapital K mit einem Zinssatz von p % (pro Jahr) nach i Tagen mit $i \leqq 360$: $Z = K \cdot \frac{p}{100} \cdot \frac{i}{360}$.

Zinseszins

Wird ein Kapital K_0 mit einem gleich bleibenden Zinssatz von p % über n Jahre verzinst, so beträgt das Kapital K_n nach n Jahren:

n	1	2	3	…	n
K_n	$K_0 \cdot \left(1 + \frac{p}{100}\right)$	$K_0 \cdot \left(1 + \frac{p}{100}\right)^2$	$K_0 \cdot \left(1 + \frac{p}{100}\right)^3$	…	$K_0 \cdot \left(1 + \frac{p}{100}\right)^n$

Rentenrechnung

Zu Beginn eines Jahres wird jeweils eine Rate R eingezahlt und am Jahresende wird das Gesamtkapital mit p % verzinst **(vorschüssige Rente)**:

Kapital K_n nach n Jahren ohne Anfangskapital:

$$K_n = R \cdot \left(1 + \frac{p}{100}\right) \cdot \frac{\left(1 + \frac{p}{100}\right)^n - 1}{\frac{p}{100}}$$

Kapital K_n nach n Jahren mit Anfangskapital K_0:

$$K_n = K_0 \cdot \left(1 + \frac{p}{100}\right)^n + R \cdot \left(1 + \frac{p}{100}\right) \cdot \frac{\left(1 + \frac{p}{100}\right)^n - 1}{\frac{p}{100}}$$

Zum Ende eines Jahres wird jeweils eine Rate R eingezahlt und am Jahresende wird das Gesamtkapital mit p % verzinst **(nachschüssige Rente)**:

Kapital K_n nach n Jahren ohne Anfangskapital:

$$K_n = R \cdot \frac{\left(1 + \frac{p}{100}\right)^n - 1}{\frac{p}{100}}$$

Kapital K_n nach n Jahren mit Anfangskapital K_0:

$$K_n = K_0 \cdot \left(1 + \frac{p}{100}\right)^n + R \cdot \frac{\left(1 + \frac{p}{100}\right)^n - 1}{\frac{p}{100}}$$

Tilgungsrechnung

Ein Kredit K_0 werde zu Beginn des Jahres 1 zu einem Zinssatz von p% aufgenommen. K_0 soll in einem Zeitraum von n Jahren getilgt werden. Dazu erfolgt am Ende jeden Jahres eine gleich bleibende Rückzahlung R, auch **Annuität** genannt. Die Annuität R besteht aus dem fälligen **Zinsanteil** Z und dem **Tilgungsanteil** T.

- Der Kredit K_0 wird am Ende der Laufzeit nach n Jahren zusammen mit den angefallenen Zinsen mit einer Annuität R getilgt:

  $$R = K_0 \cdot \left(1 + \frac{p}{100}\right)^n.$$

- Der Kredit K_0 wird am Ende der Laufzeit (nach n Jahren) zusammen mit einer Annuität R zurückgezahlt. Die am Ende eines Jahres anfallenden Zinsen werden sofort beglichen:

  Zinszahlung je Jahr: $R_i = Z_i = K_0 \cdot \frac{p}{100}$ für $i = 1, 2, \dots, n-1$

  Schlusstilgung: $R = K_0 \cdot \left(1 + \frac{p}{100}\right)$

- Ein aufgenommener Kredit K_0 soll in n Jahren durch regelmäßige gleich bleibende jährliche Zahlungen R getilgt sein. Dann beträgt die Höhe der Rate

  $$R = K_0 \cdot \left(1 + \frac{p}{100}\right)^n \cdot \frac{\frac{p}{100}}{\left(1 + \frac{p}{100}\right)^n - 1}.$$

Potenzen, Wurzeln und Logarithmen

Potenzen

$a^n = \underbrace{a \cdot a \cdot a \cdot \ldots \cdot a}_{n \text{ Faktoren}}$; $a \in \mathbb{R}$ heißt **Basis** oder **Grundzahl**, $n \in \mathbb{N} \setminus \{0\}$ **Exponent** oder **Hochzahl**.

$a^0 = 1$; 0^0 kann nicht definiert werden; $a^{-n} = \frac{1}{a^n}$ für $a \neq 0$

Wurzeln

$\sqrt{a}$ ist diejenige positive Zahl b, für die gilt: $b^2 = a$. Dabei ist $a > 0$.
$\sqrt[n]{a}$ ist diejenige positive Zahl b, für die gilt: $b^n = a$. Dabei ist $n \geqq 2$ und $a > 0$.
Für $n = 2$ schreibt man statt $\sqrt[2]{a} = \sqrt{a}$.
Es ist $\sqrt[n]{0} = 0$ für $n \geqq 2$.

Zusammenhang zwischen Wurzeln und Potenzen

Im Folgenden wird vorausgesetzt, dass alle Potenzen und Wurzeln existieren:
$\sqrt[n]{a} = a^{\frac{1}{n}}$; $\sqrt[n]{a^m} = a^{\frac{m}{n}}$; $(\sqrt[n]{a})^m = a^{\frac{m}{n}}$.

Multiplizieren und Dividieren von Potenzen

bei gleicher Basis:

$a^p \cdot a^q = a^{p+q}$

$\frac{a^p}{a^q} = a^{p-q}$

$(a^m)^n = a^{m \cdot n}$

bei gleichem Exponenten:

$a^p \cdot b^p = (a \cdot b)^p$

$\frac{a^p}{b^p} = \left(\frac{a}{b}\right)^p$

Rechnen mit Wurzeln

Zum Rechnen schreibt man die Wurzeln in Potenzen um.

Es gilt: $\sqrt[n]{a} \cdot \sqrt[n]{b} = \sqrt[n]{a \cdot b}$; $\frac{\sqrt[n]{a}}{\sqrt[n]{b}} = \sqrt[n]{\frac{a}{b}}$.

Potenzen und Logarithmen

Die Hochzahl x in der Gleichung $a^x = b$ heißt **Logarithmus von b zur Basis a**. Dabei ist $a > 0, a \neq 1$.
Schreibweise: $x = \log_a(b)$ mit $a > 0, a \neq 1$ und $b > 0$.
Damit sind die Gleichungen $a^x = b$ und $x = \log_a(b)$ äquivalent.
Es ist $\log_a(1) = 0$, $\log_a(a) = 1$.

Spezielle Logarithmen

Zehnerlogarithmus

Der Logarithmus zur Basis a = 10 heißt Zehnerlogarithmus:
$\log_{10}(b) = \lg(b)$

$\lg(1000) = 3$, da $10^3 = 1000$.

natürlicher Logarithmus

Der Logarithmus zur Basis a = e mit $e = \lim_{n \to \infty} \left(1 + \frac{1}{n}\right)^n = 2{,}71828\ldots$ heißt natürlicher Logarithmus:
$\log_e(b) = \ln(b)$

$\ln\left(\frac{1}{e}\right) = -1$, da $e^{-1} = \frac{1}{e}$.

Rechnen mit Logarithmen

Für das Rechnen mit Logarithmen gilt:

$(u > 0, v > 0, a > 0, a \neq 1, p \in \mathbb{R})$
$\log_a(u \cdot v) = \log_a(u) + \log_a(v)$
$\log_a\left(\frac{u}{v}\right) = \log_a(u) - \log_a(v)$
$\log_a(u^p) = p \cdot \log_a(u)$

Weitere Beziehungen:

$\log_a(\sqrt[n]{u}) = \frac{1}{n}\log_a(u)$
$a^{\log_a(u)} = u$
$\log_a(a^u) = u$
$\log_a(u) = \frac{\log_c(u)}{\log_c(a)}$ mit $c > 0$, $c \neq 1$, $a > 0$, $a \neq 1$

Rechnen mit speziellen Logarithmen

Zehnerlogarithmus (Basis 10)

$\lg(u \cdot v) = \lg(u) + \lg(v)$
$\lg\left(\frac{u}{v}\right) = \lg(u) - \lg(v)$
$\lg(u^p) = p \cdot \lg(u)$

Weitere Beziehungen:
$\lg(\sqrt[n]{u}) = \frac{1}{n}\lg(u)$
$10^{\lg(x)} = x$
$\lg(10^x) = x$
$\log_a(x) = \frac{\lg(x)}{\lg(a)}$ mit $a > 0, a \neq 1$ (*)

natürlicher Logarithmus (Basis e)

$\ln(u \cdot v) = \ln(u) + \ln(v)$
$\ln\left(\frac{u}{v}\right) = \ln(u) - \ln(v)$
$\ln(u^p) = p \cdot \ln(u)$

Weitere Beziehungen:
$\ln(\sqrt[n]{u}) = \frac{1}{n}\ln(u)$
$e^{\ln(x)} = x$
$\ln(e^x) = x$
$\log_a(x) = \frac{\ln(x)}{\ln(a)}$ mit $a > 0, a \neq 1$ (*)

Der Logarithmus von Zahlen zu jeder beliebigen Basis kann wegen (*) aus dem Zehnerlogarithmus oder aus dem natürlichen Logarithmus berechnet werden.

Komplexe Zahlen

Definition der komplexen Zahlen

Ein Ausdruck der Form $\mathbf{z = a + b \cdot i}$ mit $a, b \in \mathbb{R}$ und $i^2 = -1$ heißt **komplexe Zahl**.

a heißt **Realteil** von z (Re z), b **Imaginärteil** von z (Im z), i heißt **imaginäre Einheit**. Wegen $i^2 = -1$ gilt: $i^3 = -i$, $i^4 = 1$ usw.

Die Menge $\mathbb{C}$ aller komplexen Zahlen enthält die Menge $\mathbb{R}$ der reellen Zahlen ($b = 0$).
Alle komplexen Zahlen mit $a = 0$ heißen **imaginäre Zahlen**.

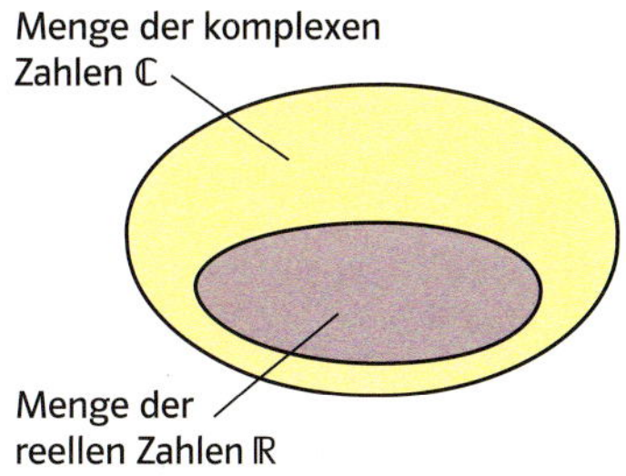

Darstellung und Veranschaulichung komplexer Zahlen

Eine komplexe Zahl $z = a + b \cdot i$ kann in der Ebene als Punkt veranschaulicht werden.

Eine komplexe Zahl kann in **Polarform** dargestellt werden:
$z = r \cdot (\cos(\alpha) + \sin(\alpha) \cdot i)$ mit $r \geqq 0$ und $0 \leqq \alpha \leqq 360°$.

Dabei ist $r = \sqrt{a^2 + b^2}$ und $\tan(\alpha) = \frac{b}{a}$,
wobei α die Bedingungen erfüllen muss: $\cos(\alpha) = \frac{a}{r}$ und $\sin(\alpha) = \frac{b}{r}$.

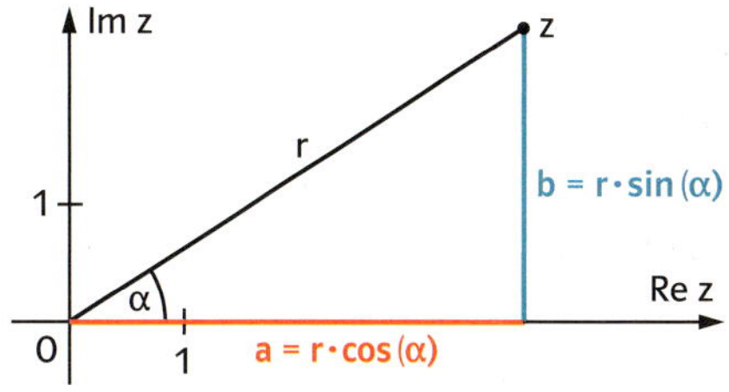

Rechnen mit komplexen Zahlen in Normalform

Gegeben: $z_1 = a_1 + b_1 \cdot i$ und $z_2 = a_2 + b_2 \cdot i$

$z_1 + z_2 = (a_1 + a_2) + (b_1 + b_2) \cdot i$
$z_1 - z_2 = (a_1 - a_2) + (b_1 - b_2) \cdot i$
$z_1 \cdot z_2 = (a_1 a_2 - b_1 b_2) + (a_1 b_2 + a_2 b_1) \cdot i$

$$z_1 : z_2 = \frac{a_1 a_2 + b_1 b_2}{a_2^2 + b_2^2} + \frac{b_1 a_2 - a_1 b_2}{a_2^2 + b_2^2} \cdot i \text{ für } z_2 \neq 0 + 0i$$

Betrag von z_1: $|z_1| = \sqrt{a_1^2 + b_1^2}$

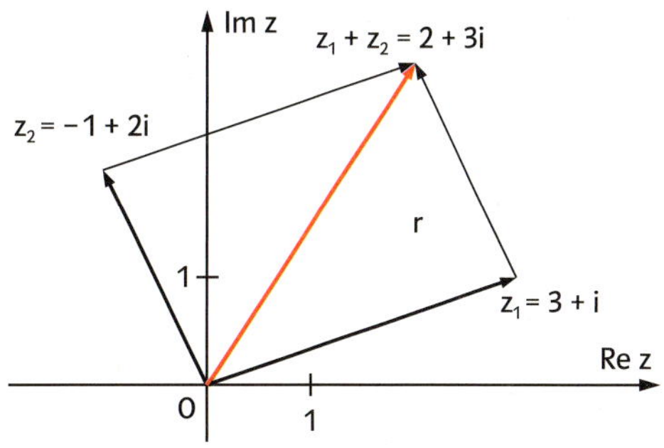

Rechnen mit komplexen Zahlen in Polarform

Gegeben: $z_1 = r_1 \cdot (\cos(\alpha_1) + \sin(\alpha_1) \cdot i)$ und $z_2 = r_2 \cdot (\cos(\alpha_2) + \sin(\alpha_2) \cdot i)$

Addition: $z_1 + z_2 = (r_1 \cos(\alpha_1) + r_2 \cos(\alpha_2)) + (r_1 \sin(\alpha_1) + r_2 \sin(\alpha_2)) \cdot i$
Subtraktion: $z_1 - z_2 = (r_1 \cos(\alpha_1) - r_2 \cos(\alpha_2)) + (r_1 \sin(\alpha_1) - r_2 \sin(\alpha_2)) \cdot i$
Multiplikation: $z_1 \cdot z_2 = r_1 r_2 \cdot [\cos(\alpha_1 + \alpha_2) + \sin(\alpha_1 + \alpha_2) \cdot i]$
Division: $z_1 : z_2 = \frac{r_1}{r_2} \cdot [\cos(\alpha_1 - \alpha_2) + \sin(\alpha_1 - \alpha_2) \cdot i]$ für $z_2 \neq 0 + 0i$
Betrag: $|z_1| = r_1$

Exponentialform

$z = r \cdot e^{i\varphi}$ mit $e^{i\varphi} = \cos(\varphi) + i \sin(\varphi)$

Dann gilt für $z_1 = r_1 \cdot e^{i\varphi_1}$ und $z_2 = r_2 \cdot e^{i\varphi_2}$:

$z_1 \cdot z_2 = r_1 \cdot r_2 \cdot e^{i(\varphi_1 + \varphi_2)}$, $\frac{z_1}{z_2} = \frac{r_1}{r_2} \cdot e^{i(\varphi_1 - \varphi_2)}$ und

$z^n = r^n \cdot e^{i \cdot n\varphi} = r^n \cdot (\cos(n\varphi) + i \sin(n\varphi))$ (Moivre'sche Formel).

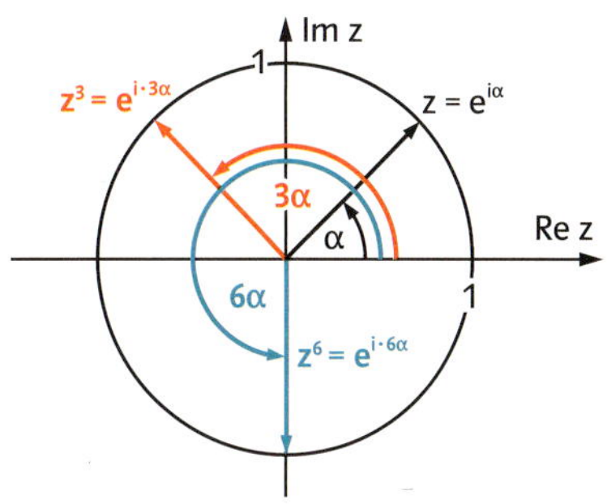

Gleichungen und Ungleichungen lösen

Gleichungen

Term, Wert des Terms ▻ S. 18

$2x + 5$

$|z| + 32$

Äquivalenz von Gleichungen ▻ S. 18

Gleichheit der Lösungsmenge

Lösung, Lösungsmenge ▻ S. 18

$2x + 5 = 9$

$\mathbb{L} = \{2\}$

Äquivalenzumformungen ▻ S. 18

$T_1 = T_2 \quad | +T$

$T_1 + T = T_2 + T$

Mehrstufige Prozesse

Bedarfs-, Übergangsmatrix ▻ S. 27

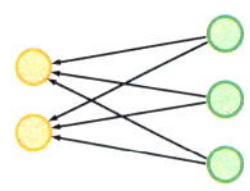

Matrizen

Addieren und multiplizieren von Matrizen ▻ S. 26

$$\begin{pmatrix} c_{11} & c_{12} & \cdots & c_{1k} & \cdots & c_{1p} \\ c_{21} & c_{22} & \cdots & c_{2k} & \cdots & c_{2p} \\ \cdots & \cdots & \cdots & \cdots & \cdots & \cdots \\ c_{i1} & c_{i2} & \cdots & c_{ik} & \cdots & c_{ip} \\ \cdots & \cdots & \cdots & \cdots & \cdots & \cdots \\ c_{m1} & c_{m2} & \cdots & c_{mk} & \cdots & c_{mp} \end{pmatrix}$$

Ungleichungen

Äquivalenzumformungen bei Ungleichungen ▻ S. 2

$T_1 < T_2$

$T_1 + c < T_2 + c$

System von Ungleichungen ▻ S. 25

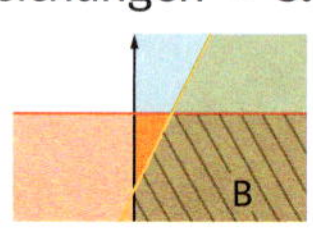

Bruch-, Wurzelgleichungen ▻ **S. 20**

$$\frac{2}{3} + \frac{5}{x} = \frac{16}{x}$$

$$2 + \sqrt{x + 3} = x$$

Exponential-, Logarithmusgleichungen ▻ **S. 21**

$$9^x = 243$$

$$\lg(x + 1) = 3$$

Trigonometrische Gleichungen ▻ **S. 21**

$$3\tan(x) = \cos(2x)$$

Gleichungsarten

Quadratische Gleichungen ▻ **S. 19**

$$ax^2 + bx + c = 0$$

Lineare Gleichungen ▻ **S. 19**

$$ax + b = 0$$

Gleichungen höherer Ordnung ▻ **S. 20**

$$a_n x^n + \ldots + a_1 x^1 + a_0 = 0$$

Lineare Gleichungssysteme

Lineares Gleichungssystem ▻ **S. 21/22**

$$\begin{aligned} x_1 + 2x_2 - x_3 &= -3 \\ x_2 + 3x_3 &= 3 \\ x_3 &= 2 \end{aligned}$$

Gauß'sches Lösungsverfahren ▻ **S. 22**

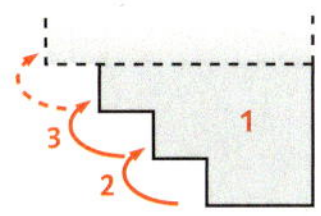

Grafische Lösung ▻ **S. 23**

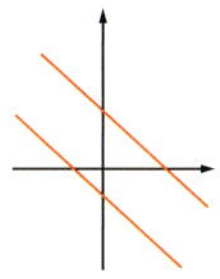

Cramer'sche Regel ▻ **S. 24**

$$x_i = \frac{D_i}{D}$$

Gleichung

Term

Terme sind mathematisch sinnvolle Ausdrücke, die aus Zahlen, Zeichen und Variablen bestehen.

$2x + 5$; $(b - 156)^2$; $|z| + 32$

Werden für die Variable Zahlen eingesetzt, dann kann jeweils der **Wert des Terms** berechnet werden. Die Menge aller Zahlen, für die es einen Wert des Terms gibt, ist die maximale **Definitionsmenge** des Terms.

Wert von $2x + 5$ für $x = 2$:
$2 \cdot 2 + 5$, also 9

Gleichung

Werden zwei Terme durch ein Gleichheitszeichen verbunden, dann entsteht eine Gleichung. Sie ist über der Schnittmenge der beiden Definitionsmengen definiert.

T_1: $3x + 5$; T_2: $7 - 2x$
$3x + 5 = 7 - 2x$

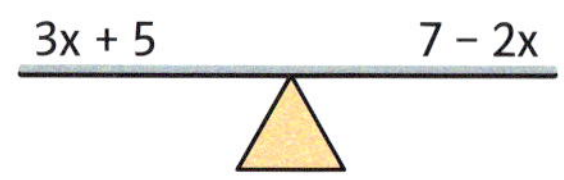

Lösung, Lösungsmenge

Gleichungen werden über einer Grundmenge G auf Lösbarkeit untersucht. Zahlen aus G, die beim Einsetzen die Gleichung erfüllen (beim Einsetzen in die Gleichung zu einer wahren Aussage führen), heißen Lösungen der Gleichung.

Die Menge aller Lösungen einer Gleichung ist deren Lösungsmenge $\mathbb{L}$.

$2x + 5 = 9$; $G = \mathbb{N}$
2 erfüllt die Gleichung
(d.h. $2 \cdot 2 + 5 = 9$ ist wahr),
also ist 2 Lösung der Gleichung: $\mathbb{L} = \{2\}$.

Lösbarkeit einer Gleichung

Eine Gleichung heißt bezüglich einer Grundmenge G
- unlösbar, wenn $\mathbb{L} = \{\}$,
- lösbar, wenn $\mathbb{L} \neq \{\}$,
- allgemein gültig, wenn $\mathbb{L} = G$.

$x + \frac{1}{2} = 2$ ist unlösbar bei $G = \mathbb{N}$.
$x + \frac{1}{2} = 2$ ist lösbar bei $G = \mathbb{Q}$.
$\frac{x + 1}{2x + 2} = \frac{1}{2}$ ist allgemein gültig bei $G = \mathbb{N}$.

Äquivalenz von Gleichungen

Zwei Gleichungen heißen bezüglich einer Grundmenge äquivalent, wenn sie für diese Grundmenge die gleiche Lösungsmenge besitzen.

$3x + 5 = 14$ und $12 - x = 3 + 2x$ sind bezüglich $G = \mathbb{N}$ äquivalent, da beide die Lösungsmenge $\mathbb{L} = \{3\}$ besitzen.

Äquivalenzumformungen

Addition oder Subtraktion gleicher Terme auf beiden Seiten der Gleichung:

$T_1 = T_2 \quad | +T$ $\qquad$ $T_1 = T_2 \quad | -T$
$T_1 + T = T_2 + T$ $\qquad$ $T_1 - T = T_2 - T$

Multiplikation oder Division beider Seiten der Gleichung mit einem Term $T \neq 0$:

$T_1 = T_2 \quad | \cdot T$ $\qquad$ $T_1 = T_2 \quad | :T$
$T_1 \cdot T = T_2 \cdot T$ $\qquad$ $T_1 : T = T_2 : T$

Gleichungsarten

Lineare Gleichungen

Anzahl der Variablen:	eine	zwei
Allgemeine Form:	$a \cdot x + b = 0$ (a, b = konst.; $a \neq 0$)	$a \cdot x + b \cdot y = c$ (a, b, c = konst.; a, $b \neq 0$)
Lösungsmenge:	$\mathbb{L} = \left\{-\frac{b}{a}\right\}$	$\mathbb{L} = \left\{(x; y) \mid x \in \mathbb{R} \text{ und } y = -\frac{a}{b}x + \frac{c}{b}\right\}$

Quadratische Gleichungen

allgemeine Form	Normalform
Jede quadratische Gleichung kann stets in folgender Form dargestellt werden: $ax^2 + bx + c = 0$ (a, b, c konst.; $a \neq 0$). Man nennt diese Form **allgemeine Form** einer quadratischen Gleichung.	Dividiert man die allgemeine Form einer quadratischen Gleichung durch a, dann erhält man die **Normalform** der quadratischen Gleichung: $x^2 + px + q = 0$ (p, q konst.).
Die Anzahl der Lösungen hängt ab von der **Diskriminante** D mit $D = b^2 - 4ac$.	Die **Diskriminante** D der Normalform ist $D = \frac{p^2}{4} - q$.
Die Gleichung hat für D = 0 genau eine Lösung (Doppellösung) $x_1 = x_2 = -\frac{b}{2a}$, D > 0 zwei Lösungen $x_1 = \frac{-b + \sqrt{b^2 - 4ac}}{2a}$ und $x_2 = \frac{-b - \sqrt{b^2 - 4ac}}{2a}$ D < 0 keine Lösung im Bereich der reellen Zahlen.	Die Gleichung hat für D = 0 die Doppellösung $x_1 = x_2 = -\frac{p}{2}$, D > 0 zwei Lösungen $x_1 = -\frac{p}{2} + \sqrt{\frac{p^2}{4} - q}$ und $x_2 = -\frac{p}{2} - \sqrt{\frac{p^2}{4} - q}$ D < 0 keine Lösung im Bereich der reellen Zahlen.

Für die Lösungen einer quadratischen Gleichung gilt der **Satz von Vieta:**

$x_1 + x_2 = -\frac{b}{a}$ und $x_1 \cdot x_2 = \frac{c}{a}$ $\qquad$ $x_1 + x_2 = -p$ und $x_1 \cdot x_2 = q$

Mit den Lösungen ist eine Zerlegung in Linearfaktoren möglich:

$ax^2 + bx + c = 0 \iff a(x - x_1)(x - x_2) = 0$ $\qquad$ $x^2 + px + q = 0 \iff (x - x_1)(x - x_2) = 0$

Gleichungen vierten Grades der Form $ax^4 + bx^2 + c = 0$ bzw. $x^4 + px^2 + q = 0$ heißen **biquadratische Gleichungen** und können durch die Substitution $x^2 = z$ auf eine quadratische Gleichung zurückgeführt werden. Hat diese Gleichung die nichtnegativen Lösungen z_1 und z_2, so sind

$x_{1,2} = \pm\sqrt{z_1}$ und $x_{3,4} = \pm\sqrt{z_2}$

die Lösungen der zugehörigen biquadratischen Gleichung.

Gleichungen höheren Grades

Eine Gleichung, die durch äquivalente Umformungen auf die Form
$a_n x^n + a_{n-1} x^{n-1} + \ldots + a_2 x^2 + a_1 x + a_0 = 0$
mit $a_{n-1}; \ldots; a_2; a_1; a_0 \in \mathbb{R}$ und $a_n \in \mathbb{R} \setminus \{0\}$
gebracht werden kann, heißt Gleichung n-ten Grades.

Der linke Term der Gleichung heißt (reelles) Polynom n-ten Grades $P_n(x)$. Die Lösungen der Gleichung heißen auch **Nullstellen des Polynoms**.

Eine Gleichung n-ten Grades hat in der Menge der reellen Zahlen höchstens n Lösungen. Ist n ungerade, dann existiert wenigstens eine Lösung, bei geradem n kann die Lösungsmenge auch leer sein.

Kennt man eine Lösung x_1 von $P_n(x)$, so kann durch **Polynomdivision** der Grad des Polynoms um 1 reduziert werden:

$$\frac{P_n(x)}{(x - x_1)} = P_{n-1}(x).$$

Sind $x_1; x_2; x_3; \ldots; x_n$ die Lösungen von $P_n(x)$, dann nennt man $(x - x_i)$, $i = 1; 2; 3; \ldots; n$, **Linearfaktoren** von $P_n(x)$.
$P_n(x)$ kann dann in Linearfaktoren zerlegt und als Produkt dieser Linearfaktoren geschrieben werden:
$P_n(x) = a_n \cdot (x - x_1) \cdot (x - x_2) \cdot \ldots \cdot (x - x_n)$.

$3x^3 + 6x^2 - 3x - 6 = 0 \qquad x_1 = 1$

$$\begin{array}{l}
(3x^3 + 6x^2 - 3x - 6) : (x - 1) = 3x^2 + 9x + 6 \\
\underline{-(3x^3 - 3x^2)} \\
\quad 9x^2 - 3x \\
\quad \underline{-(9x^2 - 9x)} \\
\qquad 6x - 6 \\
\qquad \underline{-(6x - 6)} \\
\qquad\qquad 0
\end{array}$$

$x_2 = -1; \; x_3 = -2$

$3x^3 + 6x^2 - 3x - 6 = 3(x - 1)(x + 1)(x + 2)$

Bruchgleichungen

Gleichungen, bei denen Brüche vorkommen und dabei die Variable im Nenner auftritt, werden Bruchgleichungen genannt. Durch Multiplikation mit dem Hauptnenner werden sie auf lineare Gleichungen oder auf Gleichungen höheren Grades zurückgeführt. Nach erfolgter Lösung dieser Gleichung ist zu prüfen, ob die Lösungen auch die Bruchgleichung erfüllen.

$$\frac{2}{3} + \frac{5}{x} = \frac{16}{x}$$

$$\frac{5}{3x} - 2{,}5 = \frac{2x^2}{(5 - 2x)}$$

Wurzelgleichungen

Gleichungen, bei denen Variable im Radikanden von Wurzeln auftreten, heißen Wurzelgleichungen.
In einfachen Fällen kann die Wurzel durch Quadrieren beseitigt und die danach entstehende Gleichung gelöst werden.
Achtung: Quadrieren ist keine äquivalente Umformung, die Probe ist deshalb unbedingt erforderlich.

$$2 + \sqrt{x + 3} = x$$

$$\sqrt{x + 13} = 2\sqrt{x + 1}$$

Exponential- und Logarithmusgleichungen

Gleichungen, bei denen die Variable im Exponenten einer Potenz auftritt, heißen **Exponentialgleichungen**.

$$9^x = 243$$

Methode zum Lösen von Exponentialgleichungen:
- Logarithmieren der Gleichung
- Isolieren der Variablen

$$\lg(9^x) = \lg(243)$$
$$x \cdot \lg(9) = \lg(243) \quad |:\lg(9)$$
$$x = \frac{\lg(243)}{\lg(9)} = \frac{5 \cdot \lg(3)}{2 \cdot \lg(3)} = \frac{5}{2}$$

Gleichungen, bei denen die Variable im Argument eines Logarithmus auftritt, heißen **Logarithmusgleichungen**.

$$\lg(x+1) = 3$$

Eine Methode zum Lösen von Logarithmusgleichungen ist das Anwenden der Beziehung $10^{\lg(x)} = x, \quad x > 0$.

$$10^{\lg(x+1)} = 10^3$$
$$x + 1 = 1000 \quad | -1$$
$$x = 999$$

Trigonometrische Gleichungen

Gleichungen, bei denen die Variable im Argument von Winkelfunktionen auftritt, heißen **trigonometrische Gleichungen**.

$$2\sin(x) = 0{,}6$$
$$3\tan(x) = \cos(2x)$$

Trigonometrische Gleichungen können mithilfe des GTR gelöst werden. Meist handelt es sich dabei um Näherungslösungen. Zu beachten ist außerdem, dass wegen der Periodizität trigonometrischer Funktionen unendlich viele Lösungen auftreten können.

Lineare Gleichungssysteme

Lineares Gleichungssystem aus m Gleichungen in n Variablen

Durch Äquivalenzumformungen kann ein lineares Gleichungssystem aus m Gleichungen in n Variablen $x_1, \ldots, x_n$ immer so umgeformt werden, dass es die Gestalt

$$\begin{aligned} a_{11}x_1 + a_{12}x_2 + \ldots + a_{1n}x_n &= b_1 \\ a_{21}x_1 + a_{22}x_2 + \ldots + a_{2n}x_n &= b_2 \\ \\ a_{m1}x_1 + a_{m2}x_2 + \ldots + a_{mn}x_n &= b_m \end{aligned}$$

hat.

Matrix des linearen Gleichungssystems (LGS)

$$\left(\begin{array}{cccc|c} a_{11} & a_{12} & \ldots & a_{1n} & b_1 \\ a_{21} & a_{22} & \ldots & a_{2n} & b_2 \\ \ldots & & \ldots & \ldots & \ldots \\ a_{m1} & a_{m2} & \ldots & a_{mn} & b_m \end{array}\right)$$

a_{ik} sind die Koeffizienten des Gleichungssystems.

Äquivalenzumformungen für lineare Gleichungssysteme

Folgende Umformungen verändern die Lösungsmenge eines linearen Gleichungssystems nicht:
1) Vertauschen von Gleichungen,
2) Multiplizieren einer Gleichung mit einer Zahl $c \neq 0$,
3) Addition einer Gleichung (oder seiner Vielfachen) zu einer anderen Gleichung.

Äquivalenzumformungen von Gleichungssystemen entsprechen Zeilenumformungen in der Matrix.

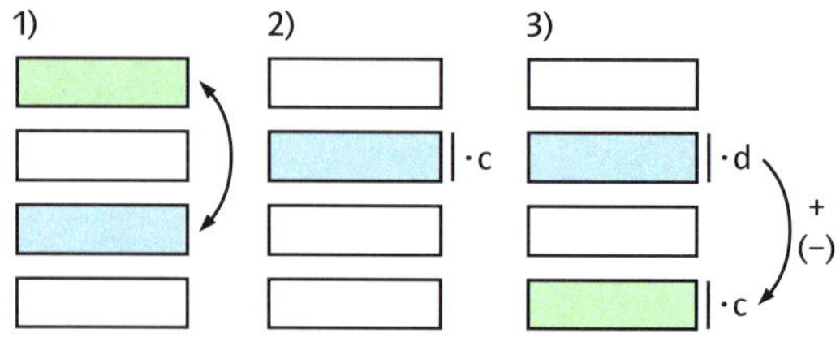

Lösen eines linearen Gleichungssystems mit genau einer Lösung

Ein n- Tupel $(c_1, c_2, \ldots, c_n)$ heißt Lösung des linearen Gleichungssystems aus m Gleichungen in n Variablen, wenn $c_1, \ldots, c_n$ alle m Gleichungen erfüllen.

Jedes lineare Gleichungssystem hat entweder keine, genau eine oder unendlich viele Lösungen.

Jedes lineare Gleichungssystem kann durch äquivalente Umformung auf

Stufenform

LGS

$$\begin{cases} x_1 + 2x_2 - x_3 = -3 \\ x_2 + 3x_3 = 3 \\ x_3 = 2 \end{cases}$$

Matrix des LGS

$$\left(\begin{array}{ccc|c} 1 & 2 & -1 & -3 \\ 0 & 1 & 3 & 3 \\ 0 & 0 & 1 & 2 \end{array}\right)$$

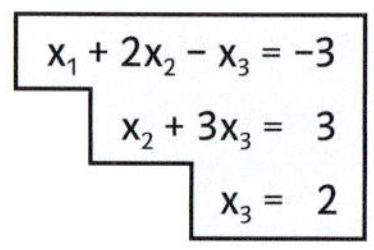

bzw.

reduzierte Stufenform gebracht werden.

$$\begin{cases} x_1 = 5 \\ x_2 = -3 \\ x_3 = 2 \end{cases}$$

$$\left(\begin{array}{ccc|c} 1 & 0 & 0 & 5 \\ 0 & 1 & 0 & -3 \\ 0 & 0 & 1 & 2 \end{array}\right)$$

Nach dem **Gauß'schen Lösungsverfahren** wird das lineare Gleichungssystem

zuerst durch äquivalente Umformung auf Stufenform gebracht,
dann wird die letzte Gleichung gelöst.
Nun werden durch Einsetzen in die vorherigen Gleichungen schrittweise die anderen Variablen bestimmt.

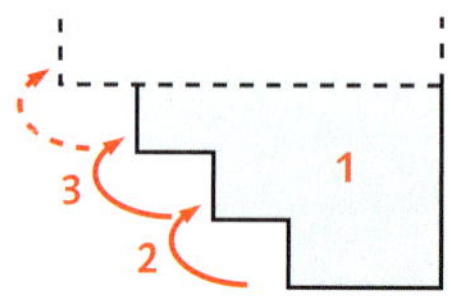

Lösungsmenge eines linearen Gleichungssystems

genau eine Lösung
$L = \{(1; 2; 3)\}$

$$\begin{aligned} x_1 - 2x_2 + 5x_3 &= 12 \\ x_2 - 2x_3 &= -4 \\ x_3 &= 3 \end{aligned}$$

$$\left(\begin{array}{ccc|c} 1 & -2 & 5 & 12 \\ 0 & 1 & -2 & -4 \\ 0 & 0 & 1 & 3 \end{array}\right)$$

Die Stufenform enthält in der letzten Zeile nur eine Variable. Aus der reduzierten Stufenform lässt sich die Lösung direkt ablesen.

keine Lösung
$L = \{\,\}$

$$\begin{aligned} x_1 + 3x_2 &= 2 \\ -7x_2 &= -4 \\ 0x_3 &= -1 \end{aligned}$$

$$\left(\begin{array}{cc|c} 1 & 3 & 2 \\ 0 & -7 & -4 \\ 0 & 0 & -1 \end{array}\right)$$

Bei der Umformung entsteht eine Gleichung, die nicht lösbar ist.

unendlich viele Lösungen
$L = \{(5t + 7; 3t - 5; t), t \in \mathbb{R}\}$

$$\begin{aligned} x_1 - 5x_3 &= 7 \\ x_2 - 3x_3 &= -5 \end{aligned}$$

$$\left(\begin{array}{ccc|c} 1 & 0 & -5 & 7 \\ 0 & 1 & -3 & -5 \end{array}\right)$$

In der letzten Zeile bleibt mehr als eine Variable stehen. Ersetzt man eine Variable durch einen Parameter (z. B. $x_3 = t$) erhält man die Lösungen für die anderen Variablen in Abhängigkeit von diesem Parameter.

Lineare Gleichungssysteme aus zwei Gleichungen mit zwei Variablen

Ein lineares Gleichungssystem der Form

$$\begin{aligned} a_1x + b_1y &= c_1 \\ a_2x + b_2y &= c_2 \qquad (a_1, a_2, b_1, b_2, c_1, c_2 \in \mathbb{R}) \end{aligned}$$

hat für $a_1b_2 - a_2b_1 \neq 0$ die Lösung $(x; y)$ mit $x = \dfrac{c_1b_2 - c_2b_1}{a_1b_2 - a_2b_1}$ und $y = \dfrac{a_1c_2 - a_2c_1}{a_1b_2 - a_2b_1}$.

Ein lineares Gleichungssystem aus zwei Gleichungen in zwei Variablen kann grafisch gelöst werden. Dazu wird jede Gleichung als analytischer Ausdruck einer linearen Funktion aufgefasst und es werden die Graphen der Funktionen in ein Koordinatensystem gezeichnet.

Die Geraden schneiden sich in S.	Die Geraden sind zueinander parallel.	Die Geraden sind identisch.
$\mathbb{L} = \{(x_s; y_s)\}$	$\mathbb{L} = \{\,\}$	$\mathbb{L} = \left\{(x; y) \mid y = -\frac{a_1}{b_1}x + \frac{c_1}{b_1}, x \in \mathbb{R}\right\}$
genau eine Lösung	keine Lösung	unendlich viele Lösungen

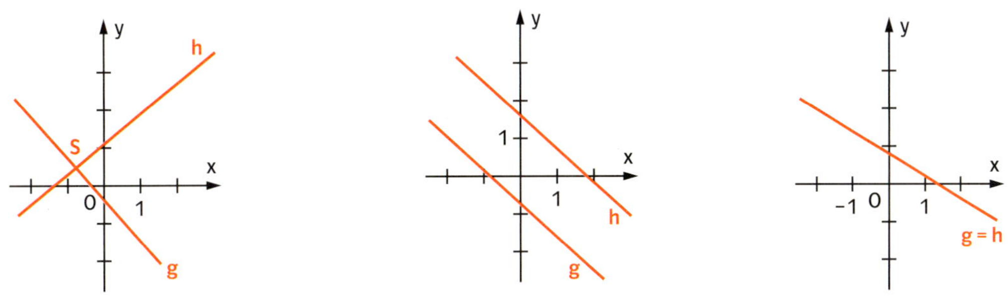

Determinanten eines linearen Gleichungssystems

Den Koeffizienten eines linearen Gleichungssystems aus n Gleichungen und n Variablen kann eine reelle Zahl, die Determinante D, zugeordnet werden.

$$\begin{aligned} a_{11}x_1 + a_{12}x_2 &= b_1 \\ a_{21}x_1 + a_{22}x_2 &= b_2 \end{aligned} \qquad D = \begin{vmatrix} a_{11} & a_{12} \\ a_{21} & a_{22} \end{vmatrix} = a_{11}a_{22} - a_{21}a_{12}$$

$$\begin{aligned} a_{11}x_1 + a_{12}x_2 + a_{13}x_3 &= b_1 \\ a_{21}x_1 + a_{22}x_2 + a_{23}x_3 &= b_2 \\ a_{31}x_1 + a_{32}x_2 + a_{33}x_3 &= b_3 \end{aligned} \qquad D = \begin{vmatrix} a_{11} & a_{12} & a_{13} \\ a_{21} & a_{22} & a_{23} \\ a_{31} & a_{32} & a_{33} \end{vmatrix} = a_{11}\begin{vmatrix} a_{22} & a_{23} \\ a_{32} & a_{33} \end{vmatrix} - a_{12}\begin{vmatrix} a_{21} & a_{23} \\ a_{31} & a_{33} \end{vmatrix} + a_{13}\begin{vmatrix} a_{21} & a_{22} \\ a_{31} & a_{32} \end{vmatrix}$$

$$= a_{11}a_{22}a_{33} - a_{11}a_{23}a_{32} - a_{12}a_{21}a_{33} + a_{12}a_{23}a_{31} + a_{13}a_{21}a_{32} - a_{13}a_{22}a_{31}$$

Cramer'sche Regel

Für ein lineares Gleichungssystem aus drei Gleichungen in drei Variablen gilt:

$$\mathbb{L} = \left\{\left(\frac{D_1}{D}; \frac{D_2}{D}; \frac{D_3}{D}\right)\right\}$$

$$D = \begin{vmatrix} a_{11} & a_{12} & a_{13} \\ a_{21} & a_{22} & a_{23} \\ a_{31} & a_{32} & a_{33} \end{vmatrix}; \quad D_1 = \begin{vmatrix} b_1 & a_{12} & a_{13} \\ b_2 & a_{22} & a_{23} \\ b_3 & a_{32} & a_{33} \end{vmatrix}; \quad D_2 = \begin{vmatrix} a_{11} & b_1 & a_{13} \\ a_{21} & b_2 & a_{23} \\ a_{31} & b_3 & a_{33} \end{vmatrix}; \quad D_3 = \begin{vmatrix} a_{11} & a_{12} & b_1 \\ a_{21} & a_{22} & b_2 \\ a_{31} & a_{32} & b_3 \end{vmatrix}$$

Ungleichungen

Äquivalenzumformungen

Die Lösungsmenge eine Ungleichung $T_1 < T_2$ ändert sich nicht, wenn auf beiden Seiten
dieselbe Zahl d addiert oder subtrahiert wird,
mit derselben positiven Zahl c multipliziert
oder durch dieselbe positive Zahl c dividiert wird.

$$T_1 < T_2$$
$$T_1 \pm d < T_2 \pm d$$
$$c > 0 \quad T_1 \cdot c < T_2 \cdot c$$
$$T_1 : c < T_2 : c$$

Werden beide Seiten mit einer negativen Zahl c multipliziert oder durch dieselbe negative Zahl c dividiert, bleibt die Lösungsmenge nur erhalten, wenn die Richtung des Ungleichheitszeichens umgekehrt wird.

$$c < 0 \quad T_1 \cdot c > T_2 \cdot c$$
$$T_1 : c > T_2 : c$$

Lineare Ungleichungen mit zwei Variablen

Eine Ungleichung der Form $a_1x + a_2y \leqq b_1$ hat als Lösungsmenge alle geordneten Paare (x; y), die die Ungleichung erfüllen.

Die Lösungsmenge kann als Menge aller Punkte gedeutet werden, die in der entsprechenden Halbebene liegen, die durch die Gerade $y = -\frac{a_1}{a_2}x + \frac{b_1}{a_2}$ festgelegt wird.

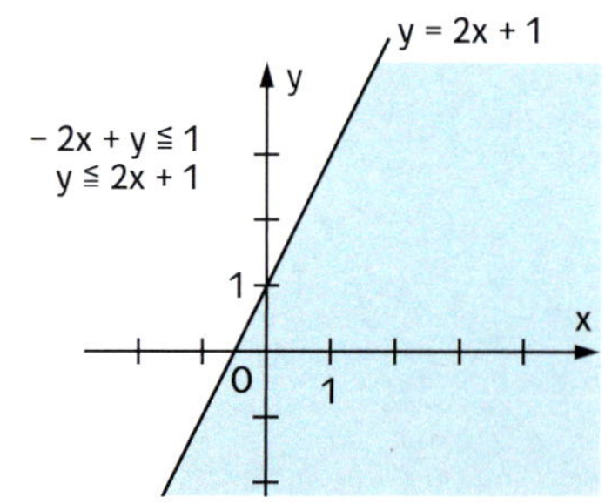

Systeme von Ungleichungen in zwei Variablen

Grafisch löst man ein System von Ungleichungen in zwei Variablen, indem man für jede Ungleichung die entsprechende Halbebene kennzeichnet. Der Bereich B, der allen gemeinsam ist, bestimmt die Lösungsmenge des Systems der Ungleichungen.

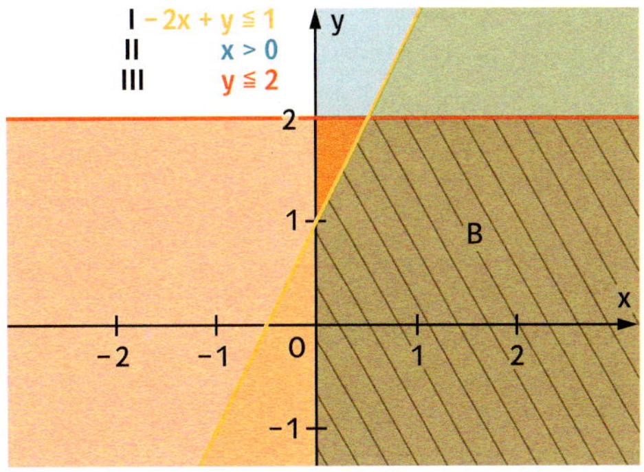

Matrizen

Matrix, Zeilenvektor, Spaltenvektor

Ein rechteckiges System von $m \cdot n$ Zahlen, die in m Zeilen und n Spalten angeordnet sind, heißt $(m \times n)$-Matrix:

$$\begin{pmatrix} a_{11} & a_{12} & \dots & a_{1n} \\ a_{21} & a_{22} & \dots & a_{2n} \\ \dots & \dots & \dots & \dots \\ a_{m1} & a_{m2} & \dots & a_{mn} \end{pmatrix}.$$

Zwei Matrizen sind genau dann gleich, wenn sie gleiche Zeilen- und Spaltenzahl haben und wenn alle einander entsprechenden Elemente gleich sind.
Die Elemente einer Zeile, etwa der 2. Zeile, bilden den so genannten 2. Zeilenvektor $(a_{21}\ a_{22}\ \dots\ a_{2n})$. Ein Zeilenvektor ist also eine $(1 \times n)$-Matrix.

Die Elemente einer Spalte, etwa der 3. Spalte, bilden einen Spaltenvektor $\begin{pmatrix} a_{13} \\ a_{23} \\ \dots \\ a_{m3} \end{pmatrix}$.

Ein Spaltenvektor ist also eine $(m \times 1)$-Matrix.

Rang einer Matrix

Eine $(m \times n)$-Matrix hat den Rang r, wenn die Anzahl der linear unabhängigen Zeilenvektoren r ist.
Hat eine Matrix den Rang r, so ist auch die Anzahl der linear unabhängigen Spaltenvektoren r.

Transponierte und quadratische Matrix, Diagonalmatrix, Einheitsmatrix

Vertauscht man in einer $(m \times n)$-Matrix die Zeilen mit den entsprechenden Spalten, so entsteht eine $(n \times m)$-Matrix A^T. Sie heißt transponierte Matrix.
Stimmen in einer Matrix Zeilenzahl m und Spaltenzahl n überein, so heißt die Matrix quadratisch.

Diagonalmatrix:

$$\begin{pmatrix} d_{11} & 0 & \dots & 0 \\ 0 & d_{22} & \dots & 0 \\ \dots & \dots & \dots & \dots \\ 0 & 0 & \dots & d_{nn} \end{pmatrix}$$

Einheitsmatrix:

$$\begin{pmatrix} 1 & 0 & \dots & 0 \\ 0 & 1 & \dots & 0 \\ \dots & \dots & \dots & \dots \\ 0 & 0 & \dots & 1 \end{pmatrix}$$

Addieren von Matrizen

Man kann Matrizen A und B nur dann addieren bzw. subtrahieren, wenn sie in ihrer Zeilen- und ihrer Spaltenzahl übereinstimmen.
Beim Addieren bzw. Subtrahieren werden die an der jeweils entsprechenden Stelle stehenden Elemente addiert bzw. subtrahiert:

$$\begin{pmatrix} a_{11} & a_{12} & \dots & a_{1n} \\ a_{21} & a_{22} & \dots & a_{2n} \\ \dots & \dots & \dots & \dots \\ a_{m1} & a_{m2} & \dots & a_{mn} \end{pmatrix} \pm \begin{pmatrix} b_{11} & b_{12} & \dots & b_{1n} \\ b_{21} & b_{22} & \dots & b_{2n} \\ \dots & \dots & \dots & \dots \\ b_{m1} & b_{m2} & \dots & b_{mn} \end{pmatrix} = \begin{pmatrix} a_{11} \pm b_{11} & a_{12} \pm b_{12} & \dots & a_{1n} \pm b_{1n} \\ a_{21} \pm b_{21} & a_{22} \pm b_{22} & \dots & a_{2n} \pm b_{2n} \\ \dots & \dots & \dots & \dots \\ a_{m1} \pm b_{m1} & a_{m2} \pm b_{m2} & \dots & a_{mn} \pm b_{mn} \end{pmatrix}$$

Multiplikation einer Matrix mit einer reellen Zahl

Bei der Multiplikation einer Matrix mit einer reellen Zahl r werden alle Elemente mit r multipliziert:

$$r \cdot \begin{pmatrix} a_{11} & a_{12} & \dots & a_{1n} \\ a_{21} & a_{22} & \dots & a_{2n} \\ \dots & \dots & \dots & \dots \\ a_{m1} & a_{m2} & \dots & a_{mn} \end{pmatrix} = \begin{pmatrix} r \cdot a_{11} & r \cdot a_{12} & \dots & r \cdot a_{1n} \\ r \cdot a_{21} & r \cdot a_{22} & \dots & r \cdot a_{2n} \\ \dots & \dots & \dots & \dots \\ r \cdot a_{m1} & r \cdot a_{m2} & \dots & r \cdot a_{mn} \end{pmatrix}$$

Multiplizieren von Matrizen

Zwei Matrizen können nur dann miteinander multipliziert werden, wenn die Spaltenzahl von A mit der Zeilenzahl von B übereinstimmt.
Multiplikation einer $(1 \times n)$-Matrix (Zeilenvektor) mit einer $(n \times 1)$-Matrix (Spaltenvektor):

$$(a_{11} \ a_{12} \ \dots \ a_{1n}) \cdot \begin{pmatrix} b_{11} \\ b_{21} \\ \dots \\ b_{n1} \end{pmatrix} = a_{11} \cdot b_{11} + a_{12} \cdot b_{21} + \dots + a_{1n} \cdot b_{n1}$$

Multiplikation einer $(m \times n)$-Matrix mit einer $(n \times p)$-Matrix:

$$\begin{pmatrix} a_{11} & a_{12} & \dots & a_{1k} & \dots & a_{1n} \\ a_{21} & a_{22} & \dots & a_{2k} & \dots & a_{2n} \\ \dots & \dots & \dots & \dots & \dots & \dots \\ a_{i1} & a_{i2} & \dots & a_{ik} & \dots & a_{in} \\ \dots & \dots & \dots & \dots & \dots & \dots \\ a_{m1} & a_{m2} & \dots & a_{mk} & \dots & a_{mn} \end{pmatrix} \cdot \begin{pmatrix} b_{11} & b_{12} & \dots & b_{1k} & \dots & b_{1p} \\ b_{21} & b_{22} & \dots & b_{2k} & \dots & b_{2p} \\ \dots & \dots & \dots & \dots & \dots & \dots \\ b_{i1} & b_{i2} & \dots & b_{ik} & \dots & b_{ip} \\ \dots & \dots & \dots & \dots & \dots & \dots \\ b_{n1} & b_{n2} & \dots & b_{nk} & \dots & b_{np} \end{pmatrix} = \begin{pmatrix} c_{11} & c_{12} & \dots & c_{1k} & \dots & c_{1p} \\ c_{21} & c_{22} & \dots & c_{2k} & \dots & c_{2p} \\ \dots & \dots & \dots & \dots & \dots & \dots \\ c_{i1} & c_{i2} & \dots & c_{ik} & \dots & c_{ip} \\ \dots & \dots & \dots & \dots & \dots & \dots \\ c_{m1} & c_{m2} & \dots & c_{mk} & \dots & c_{mp} \end{pmatrix}$$

Dabei berechnet man das Element in der i-ten Zeile und der k-ten Spalte folgendermaßen:
$c_{ik} = a_{i1} \cdot b_{1k} + a_{i2} \cdot b_{2k} + \dots + a_{in} \cdot b_{nk}$ $(i = 1, 2, \dots m;\ k = 1, 2, \dots, p)$.

Unter der n-ten **Potenz A^n** $(n \in \mathbb{N})$ einer quadratischen Matrix A versteht man das n-fache Produkt von A mit sich selbst: $A^n = A \cdot A \cdot \ldots \cdot A$.

Gleichungssysteme und Matrizen

Ein Gleichungssystem von m Gleichungen mit n Variablen kann in Matrixschreibweise dargestellt werden:

$$\begin{aligned} a_{11}x_1 + a_{12}x_2 + \ldots + a_{1n}x_n &= b_1 \\ a_{21}x_1 + a_{22}x_2 + \ldots + a_{2n}x_n &= b_2 \\ \ldots \\ a_{m1}x_1 + a_{m2}x_2 + \ldots + a_{mn}x_n &= b_m \end{aligned} \qquad \begin{pmatrix} a_{11} & a_{12} & \ldots & a_{1n} \\ a_{21} & a_{22} & \ldots & a_{2n} \\ \ldots & \ldots & \ldots & \ldots \\ a_{m1} & a_{m2} & \ldots & a_{mn} \end{pmatrix} \cdot \begin{pmatrix} x_1 \\ x_2 \\ \ldots \\ x_n \end{pmatrix} = \begin{pmatrix} b_1 \\ b_2 \\ \ldots \\ b_m \end{pmatrix}$$

Koeffizientenmatrix:

$$\begin{pmatrix} a_{11} & a_{12} & \ldots & a_{1n} \\ a_{21} & a_{22} & \ldots & a_{2n} \\ \ldots & \ldots & \ldots & \ldots \\ a_{m1} & a_{m2} & \ldots & a_{mn} \end{pmatrix}$$

Erweiterte Matrix:

$$\left(\begin{array}{cccc|c} a_{11} & a_{12} & \ldots & a_{1n} & b_1 \\ a_{21} & a_{22} & \ldots & a_{2n} & b_2 \\ \ldots & \ldots & \ldots & \ldots & \ldots \\ a_{m1} & a_{m2} & \ldots & a_{mn} & b_m \end{array}\right)$$

Mehrstufige Prozesse

Bedarfsmatrix

Zur Herstellung zweier Produkte P_1 und P_2 werden jeweils die drei Stoffe S_1, S_2 und S_3 benötigt. Wie groß der Bedarf an Stoffen für das Produkt P_1 ist, ist in dem Diagramm durch die Zahlen a_{11}, a_{12} und a_{13} angegeben. Entsprechendes gilt für das Produkt P_2. Sollen von P_1 die Menge x_1 und von P_2 die Menge x_2 produziert werden, so gilt für die Menge y_1, y_2, y_3 der dazu benötigten Stoffe:

$$\begin{pmatrix} y_1 \\ y_2 \\ y_3 \end{pmatrix} = \begin{pmatrix} a_{11} \cdot x_1 + a_{21} \cdot x_2 \\ a_{12} \cdot x_1 + a_{22} \cdot x_2 \\ a_{13} \cdot x_1 + a_{23} \cdot x_2 \end{pmatrix} = \begin{pmatrix} a_{11} & a_{21} \\ a_{12} & a_{22} \\ a_{13} & a_{23} \end{pmatrix} \cdot \begin{pmatrix} x_1 \\ x_2 \end{pmatrix}.$$

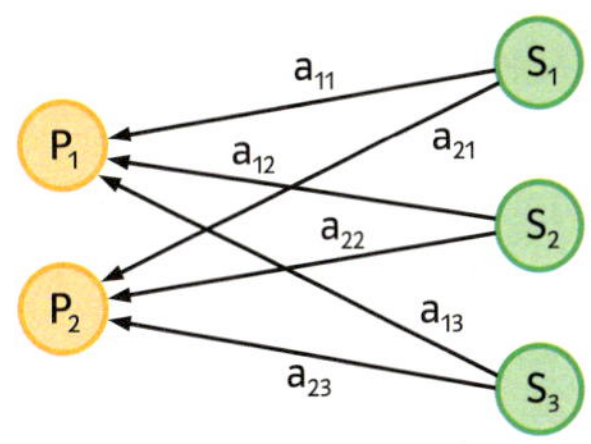

Übergangsmatrix

Im Diagramm stellen Z_1, Z_2 und Z_3 drei Zustände dar in Abhängigkeit von der Zeit. Nach einer Zeiteinheit wechselt der Zustand Z_1 in den Zustand Z_1 mit der Wahrscheinlichkeit p_{11}, Z_1 in Z_2 mit der Wahrscheinlichkeit p_{12}, Z_1 in Z_3 mit der Wahrscheinlichkeit p_{13}, usw.
Sind zu einem Zeitpunkt die Anzahlen der sich in den Zuständen Z_1, Z_2 und Z_3 befindenden Individuen jeweils z_1, z_2, z_3, so gilt für die entsprechenden Anzahlen y_1, y_2, y_3 nach einer Zeiteinheit:

$$\begin{pmatrix} y_1 \\ y_2 \\ y_3 \end{pmatrix} = \begin{pmatrix} p_{11} & p_{21} & p_{31} \\ p_{12} & p_{22} & p_{32} \\ p_{13} & p_{23} & p_{33} \end{pmatrix} \cdot \begin{pmatrix} z_1 \\ z_2 \\ z_3 \end{pmatrix}.$$

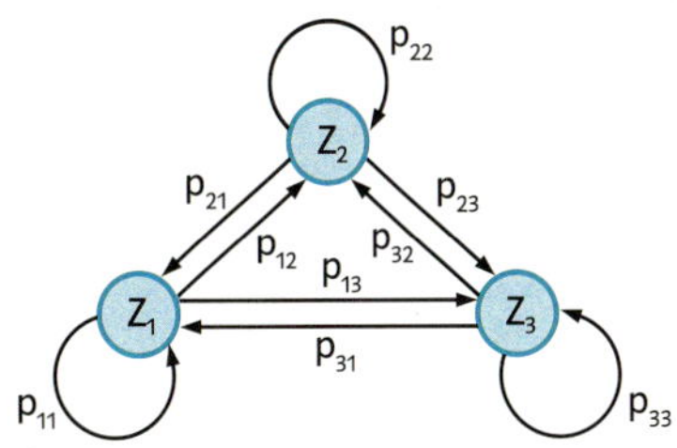

Die zu dem Diagramm gehörende Matrix heißt Übergangsmatrix. Sie ist stets eine quadratische Matrix. Es stimmen also die Zeilenzahl und die Spaltenzahl überein.

Stationärer Zustand, zyklischer Prozess

In einem mehrstufigen Prozess heißt ein Zustand $\vec{x}$ **stationär** oder **stabil**, wenn er durch die Übergangsmatrix A nicht verändert wird. In diesem Fall gilt: $A \cdot \vec{x} = \vec{x}$.

Ein mehrstufiger Prozess heißt **zyklisch**, wenn es eine natürliche Zahl $n > 1$ gibt, sodass für jeden beliebigen Zustand $\vec{x}$ gilt: $A^n \cdot \vec{x} = \vec{x}$. Dabei ist A die zum Prozess gehörige Matrix und $A^n = A \cdot A \cdot \ldots \cdot A$ ihre n-te Potenz.
Ein mehrstufiger Prozess ist genau dann zyklisch, wenn A^n die Einheitsmatrix ist.
Eine Übergangsmatrix mit nichtnegativen Elementen beschreibt einen **Markov'schen Prozess**, wenn in jeder Spalte die Summe der Spaltenelemente 1 ist.

Funktionen und ihre Graphen

Grundlagen

Funktionsgraph ⊳ **S. 30**

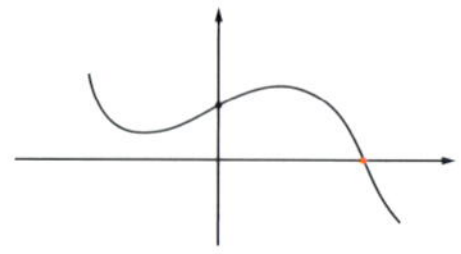

Funktionsbegriff ⊳ **S. 30**

$f: x \mapsto f(x),\ x \in D$

Lineare Funktionen

Geraden ⊳ **S. 31**

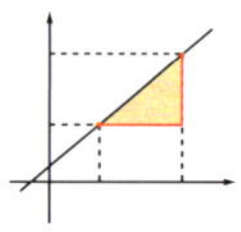

Quadratische Funktionen

Normalparabeln ⊳ **S. 33**

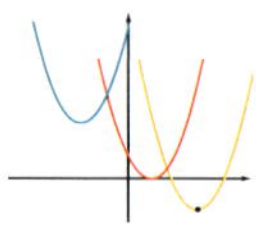

allgemeine Parabeln ⊳ **S. 32**

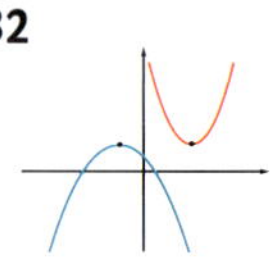

Potenzfunktionen

Parabeln n-ten Grades ⊳ **S. 33**

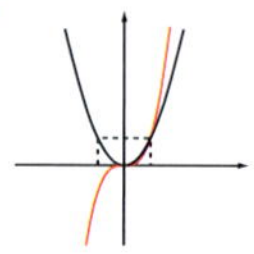

Hyperbeln ⊳ **S. 34**

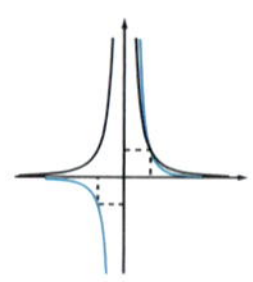

Wurzelfunktionen ⊳ **S. 34**

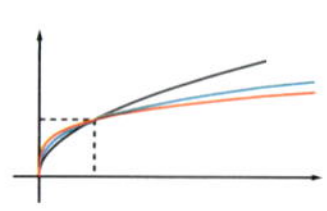

Winkelfunktionen

Sinus, Kosinus, Tangens, Kotangens ▻ **S. 36**

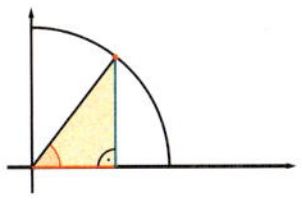

sin (α), cos (α), tan (α), cot (α) ▻ **S. 38/39**

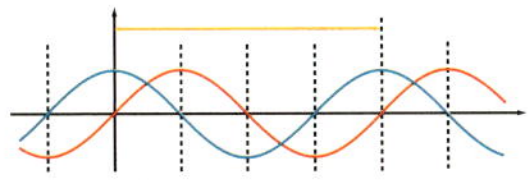

Bogenmaß ▻ **S. 38**

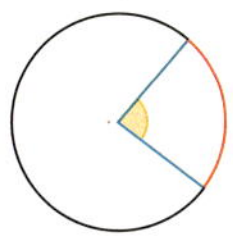

Trigonometrische Formeln ▻ **S. 37**

$$\sin^2(x) + \cos^2(x) = 1$$

Exponential-, Logarithmusfunktionen

Exponentialfunktion ▻ **S. 34**

Logarithmusfunktion ▻ **S. 35**

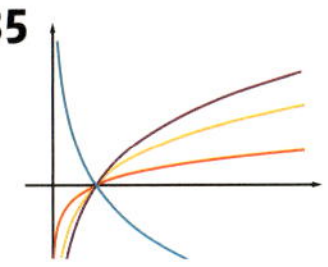

Grundbegriffe

Funktion f

Eine Funktion f ordnet jedem Element x (Argument) aus einer Menge D_f **(Definitionsmenge von f)** eindeutig ein Element y (Bild) zu.

Schreibweisen: f: $x \mapsto y$ mit $y = f(x)$, $x \in D_f$,
f: $x \mapsto f(x)$, $x \in D_f$,
f: $x \mapsto y = f(x)$, $x \in D_f$.

Funktionsterm: $f(x)$

Funktionsgleichung: $y = f(x)$

$x \to -0{,}5x^2 + x + 1$, $x \in \mathbb{R}$
$-0{,}5x^2 + x + 1$
$y = -0{,}5x^2 + x + 1$

Wertetabelle

In der Wertetabelle werden x-Werte und zugehörige Funktionswerte dargestellt.

$f(x) = -0{,}5x^2 + x + 1$

x	−2	0	1	...
y = f(x)	−3	1	1,5	...

Graph oder Schaubild von f

Jedem Paar $(x;y)$ mit $y = f(x)$ kann ein Punkt $P(x|y)$ in einem kartesischen Koordinatensystem zugeordnet werden.
Die Menge aller Punkte $P(x|y)$ mit $x \in D_f$ heißt Graph von f.

Die x-Koordinate eines Punktes heißt **Abszisse**, die y-Koordinate **Ordinate**.

Das kartesische Koordinatensystem zerlegt die Ebene in vier **Quadranten**.

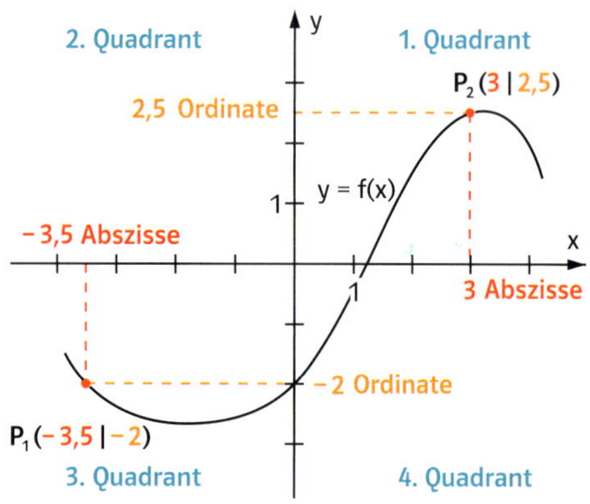

Wertemenge

Die Wertemenge W_f besteht aus allen Funktionswerten einer Funktion:
$W_f = \{y \,|\, y = f(x) \text{ mit } x \in D_f\}$.

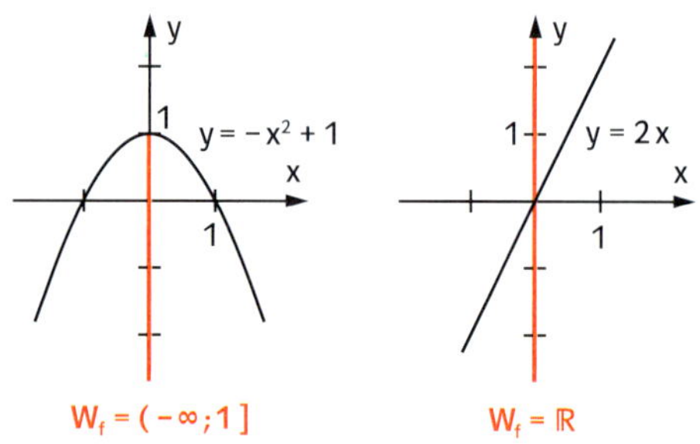

Schnitt- und Berührungspunkte mit den Koordinatenachsen

(→ Kurvenuntersuchung S. 69)

Gilt $f(x_0) = 0$, dann heißt x_0 **Nullstelle** von f.
Der Graph von f schneidet oder berührt die x-Achse im Punkt $N(x_0|0)$;
Schnittpunkt S mit der y-Achse: $S(0|f(0))$.

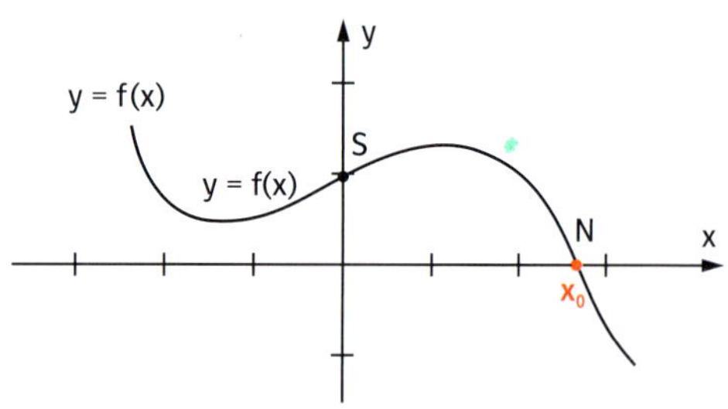

Funktionenschar

Menge von Funktionen, die sich mithilfe der Funktionsgleichung $y = f_a(x)$ beschreiben lässt, die neben den Variablen x und y noch einen **Scharparameter** a enthält.

Für jeden Wert des Scharparameters a beschreibt $f_a\colon x \mapsto f_a(x),\ x \in D_{f_a}$ eine Funktion.

$f_a(x) = ax + 1,\ a \in \mathbb{R},\ x \in \mathbb{R}$

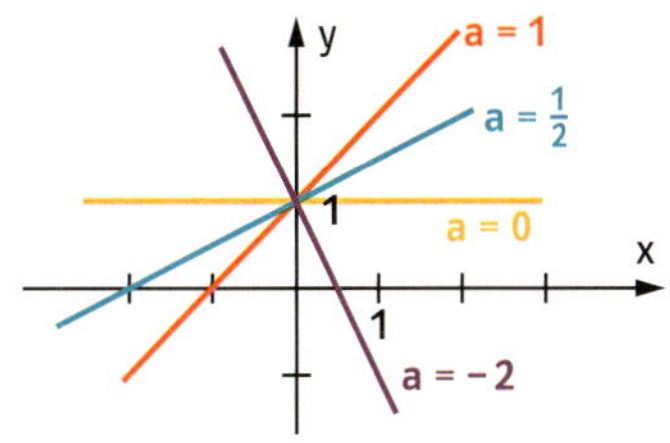

Symmetrie von Graphen (→ Kurvenuntersuchung S. 69)

Symmetrie zur y-Achse:
Der Graph der Funktion f ist genau dann symmetrisch zur y-Achse, wenn gilt:
$f(-x) = f(x)$ für alle $x \in D_f$,
f heißt **gerade Funktion**.

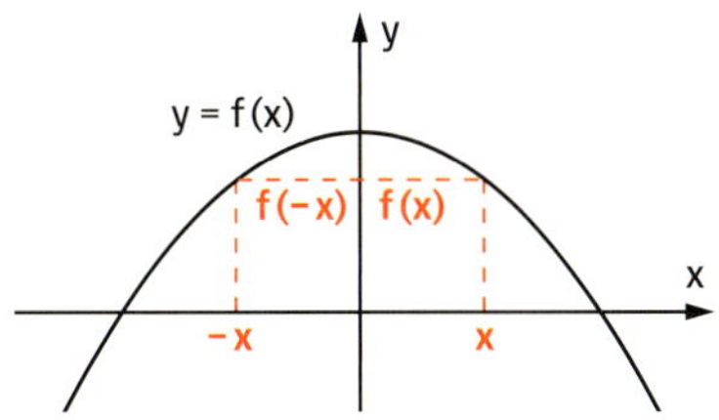

Symmetrie zum Koordinatenursprung:
Der Graph der Funktion f ist genau dann punktsymmetrisch zum Koordinatenursprung, wenn gilt:
$f(-x) = -f(x)$ für alle $x \in D_f$,
f heißt **ungerade Funktion**.

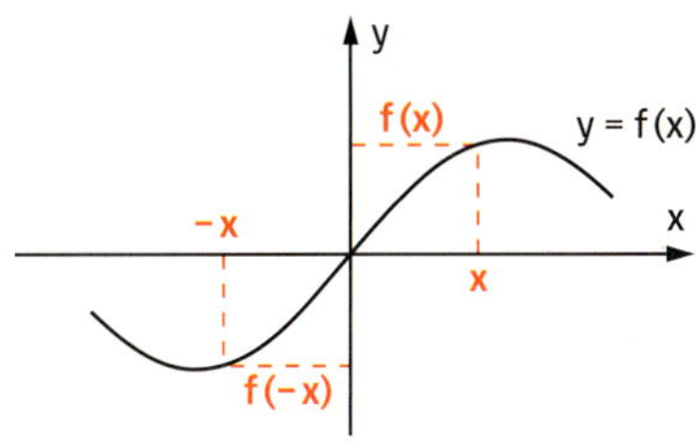

Lineare Funktionen, Geraden

Lineare Funktion

Funktionsgleichung:	$y = mx + n$
Definitionsmenge:	$\mathbb{R}$
Graph:	Gerade
Steigung des Graphen:	m
y-Achsenabschnitt:	n
Steigungswinkel:	α
Es gilt:	$\tan(\alpha) = m$
Nullstelle:	$x_0 = -\frac{n}{m}$, wenn $m \neq 0$

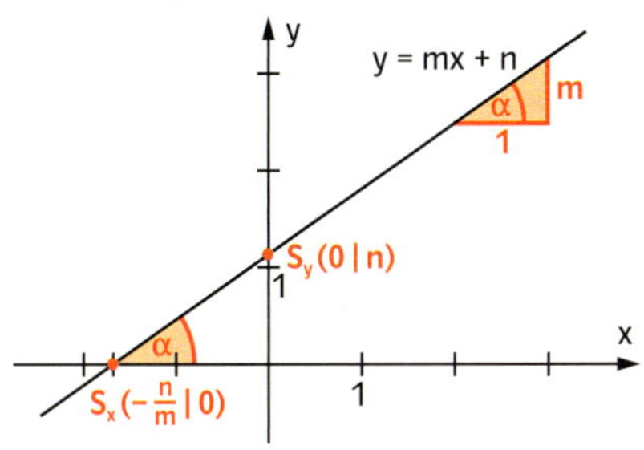

Bestimmen von Geradengleichungen

Steigung m der Geraden g durch $P_1(x_1 | y_1)$ und $P_2(x_2 | y_2)$:
$m = \frac{y_2 - y_1}{x_2 - x_1}$, wenn $x_1 \neq x_2$

Gleichung der Geraden g mit Steigung m durch $P_1(x_1 | y_1)$:
$y = m(x - x_1) + y_1$

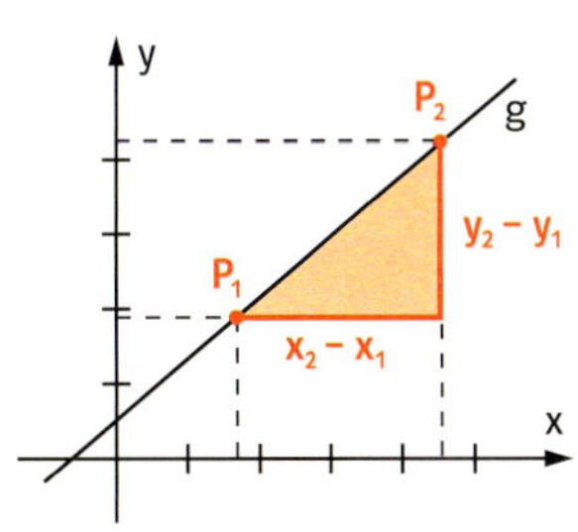

Ursprungsgerade

Geradengleichung: $\mathbf{y = m x}$, d.h. $c = 0$.

$m = 0$: $\mathbf{y = 0}$; Gleichung der x-Achse
$m = 1$: $\mathbf{y = x}$; Gleichung der 1. Winkelhalbierenden
$m = -1$: $\mathbf{y = -x}$; Gleichung der 2. Winkelhalbierenden

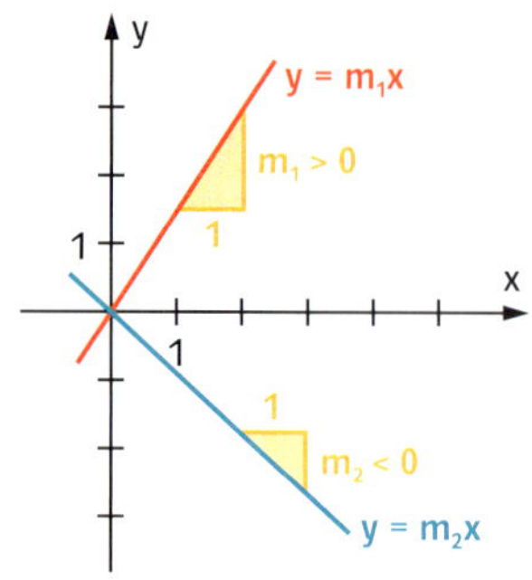

Orthogonale Geraden

Zwei Geraden mit den Steigungen m_1 bzw. m_2 sind genau dann orthogonal, wenn gilt $\mathbf{m_1 \cdot m_2 = -1}$.

Parallele zur x-Achse

Geradengleichung: $\mathbf{y = n}$, d.h. $m = 0$.

Gleichung der x-Achse: $y = 0$.

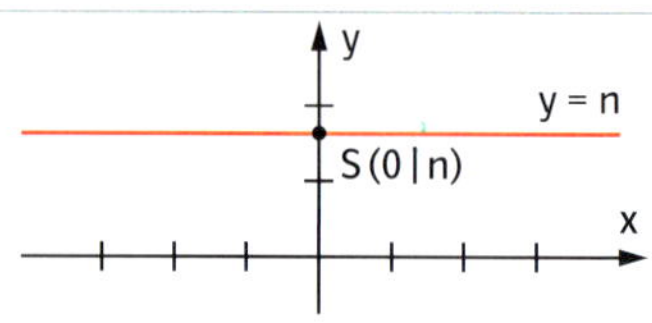

Parallele zur y-Achse

Eine Parallele zur y-Achse ist kein Funktionsgraph und kann daher nicht in der Form $y = mx + n$ dargestellt werden.
Gleichung der Parallele zur y-Achse durch den Punkt $S(x_0 | 0)$:
$\mathbf{x = x_0}$.

Gleichung der y-Achse: $x = 0$.

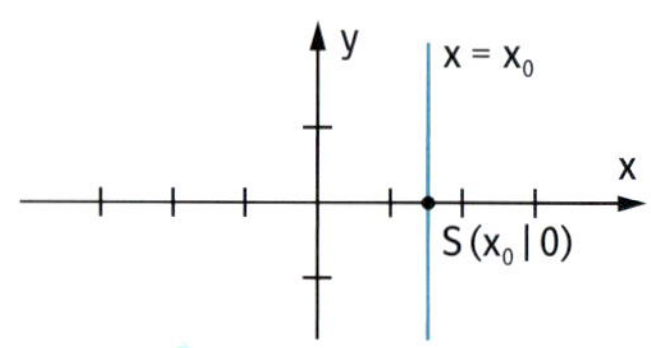

Allgemeine Form der Geradengleichung

$Ax + By + C = 0$, wobei A und B nicht gleichzeitig null sind. Jede Gerade kann in dieser Form dargestellt werden.

Quadratische Funktionen, Parabeln

Allgemeine Form

Funktionsgleichung: $\mathbf{y = a x^2 + b x + c}$
Definitionsmenge: $\mathbb{R}$
Graph: **Parabel**
Diskriminante: $D = b^2 - 4ac$
Scheitelpunkt: $S\left(-\frac{b}{2a} \,\middle|\, -\frac{D}{4a}\right)$
Scheitelpunktform: $y = a\left(x + \frac{b}{2a}\right)^2 - \frac{D}{4a}$
Nullstellen: $x_{1,2} = \frac{-b \pm \sqrt{D}}{2a}$, wenn $D \geq 0$
Wertemenge: $\left[-\frac{D}{4a}; +\infty\right)$, wenn $a > 0$
$\left(-\infty; -\frac{D}{4a}\right]$, wenn $a < 0$

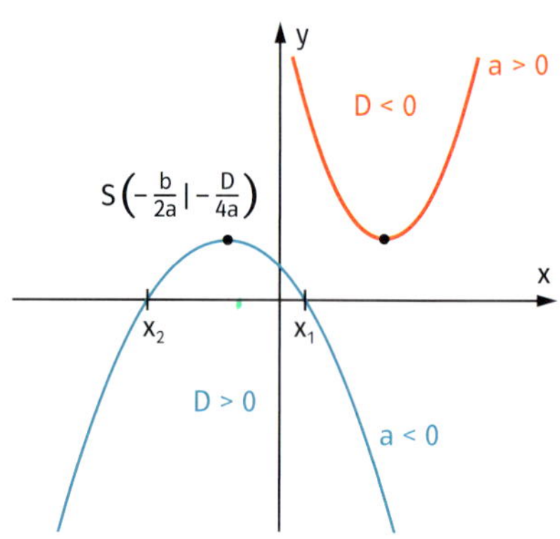

Sonderfall: $b = c = 0$

Funktionsgleichung: $\mathbf{y = a x^2}$
Scheitelpunkt: $S(0|0)$

a bestimmt die **Öffnung der Parabel:**
$a > 0$: nach oben offen
$a < 0$: nach unten offen
$|a| > 1$: schmaler als Normalparabel
$|a| < 1$: weiter als Normalparabel

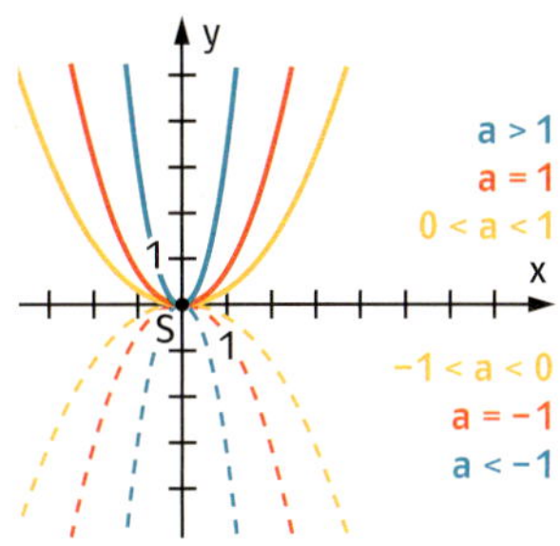

Sonderfall: $b = 0,\ c \neq 0$

Funktionsgleichung: $\mathbf{y = a x^2 + c}$
Scheitelpunkt: $S(0|c)$

c bestimmt die Verschiebung der Parabel mit der Gleichung $y = a x^2$ in y-Richtung:
$c > 0$: in positive y-Richtung
$c < 0$: in negative y-Richtung

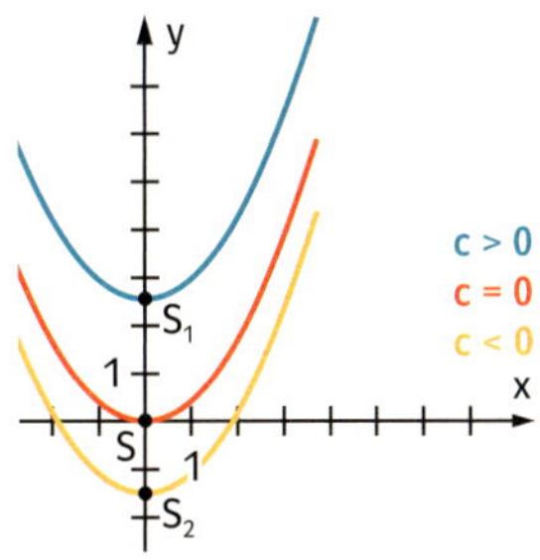

Sonderfall: $a = 1$

Funktionsgleichung: $\mathbf{y = x^2 + b x + c}$;
Graph: **Normalparabel**

Diskriminante: $D = \left(\frac{b}{2}\right)^2 - c$

Scheitelpunkt: $S\left(-\frac{b}{2}\middle|-D\right)$

Scheitelpunktform: $y = \left(x + \frac{b}{2}\right)^2 - D$

Nullstellen: $x_{1,2} = -\frac{b}{2} \pm \sqrt{D}$, wenn $D \geq 0$

Wertemenge: $[-D|+\infty)$

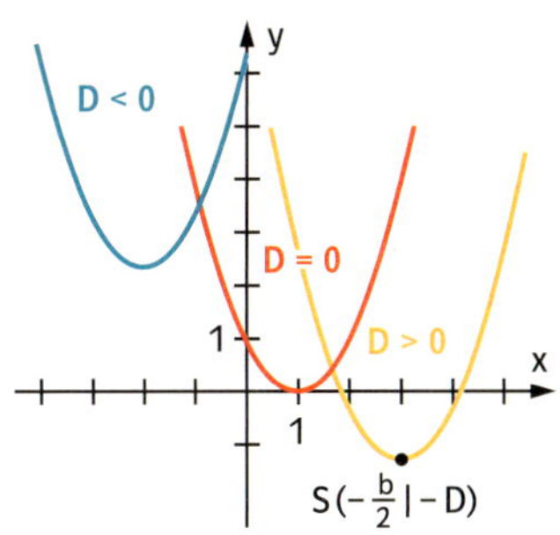

Potenzfunktionen mit ganzzahligen Exponenten größer als 1

Funktionsgleichung: $\mathbf{y = x^n,\ n \in \mathbb{N},\ \ n > 1}$
Definitionsmenge: $\mathbb{R}$
Wertemenge: $\mathbb{R}_0^+$, wenn n gerade ist
$\mathbb{R}$, wenn n ungerade ist
Graphen: **Parabel n-ten Grades**
Nullstellen: $x_0 = 0$
Symmetrie: Der Graph ist achsensymmetrisch zur y-Achse, wenn n gerade ist; punktsymmetrisch zum Ursprung, wenn n ungerade ist.

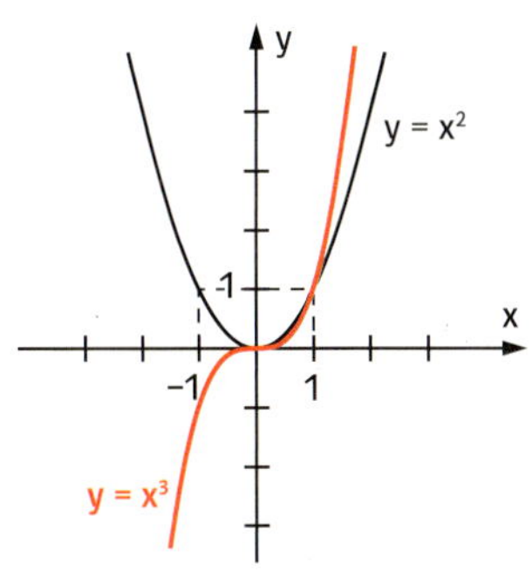

Funktionsgleichung: $\mathbf{y = x^{-n}}$, $\mathbf{n \in \mathbb{N}^*}$
Definitionsmenge: $\mathbb{R} \setminus \{0\}$
Wertemenge: $\mathbb{R}^+$, wenn n gerade ist
$\mathbb{R} \setminus \{0\}$, wenn n ungerade ist
Graphen: **Hyperbeln**
Nullstellen: keine
Symmetrie: Der Graph ist achsensymmetrisch zur y-Achse, wenn n gerade ist; punktsymmetrisch zum Ursprung, wenn n ungerade ist.

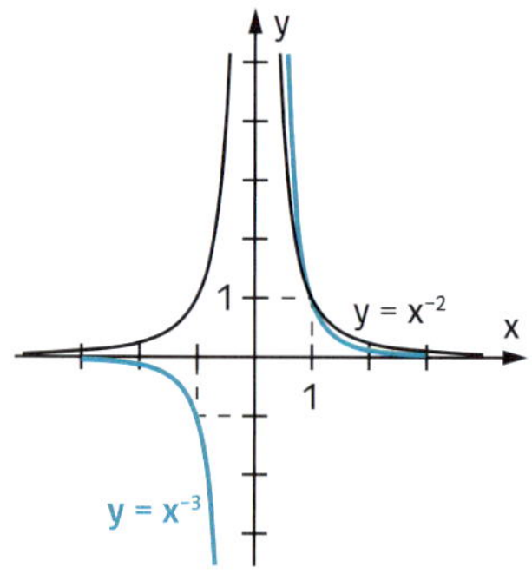

Wurzelfunktionen

Funktionsgleichung: $\mathbf{y = \sqrt[n]{x} = x^{\frac{1}{n}}}$, $\mathbf{n \in \mathbb{N}}$, $\mathbf{n \geq 2}$
Definitionsmenge: $\mathbb{R}_0^+$
Wertemenge: $\mathbb{R}_0^+$
Graph: An der 1. Winkelhalbierenden gespiegelter Parabelast der Parabel $y = x^n$, $x \geq 0$
Nullstellen: $x_0 = 0$

Sonderfall für n = 2: $y = \sqrt{x} = x^{\frac{1}{2}}$

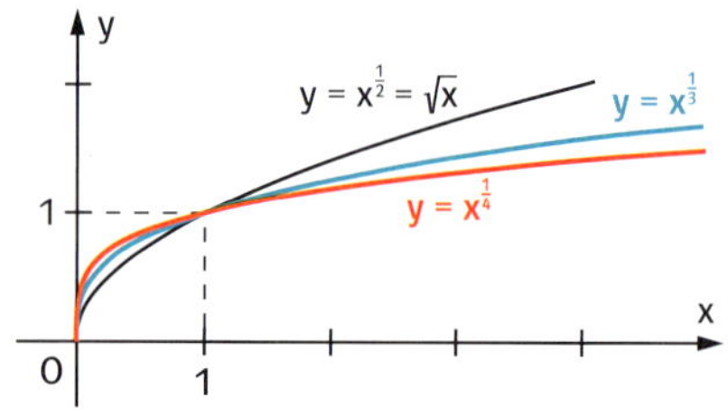

Wurzelfunktion als Umkehrfunktion

(→ Umkehrfunktion S. 65)

Die Potenzfunktion mit $y = x^n$, $n \in \mathbb{N}^*$ und eingeschränkter Definitionsmenge $\mathbb{R}_0^+$ ist umkehrbar.

Funktionsgleichung der Umkehrfunktion:

1. Funktionsgleichung nach x auflösen:
   $y = x^n \iff y^{\frac{1}{n}} = (x^n)^{\frac{1}{n}} \iff y^{\frac{1}{n}} = x$
2. Variablen vertauschen: $x^{\frac{1}{n}} = y$

Graph der Umkehrfunktion: Spiegelung des Graphen der Ausgangsfunktion an der 1. Winkelhalbierenden

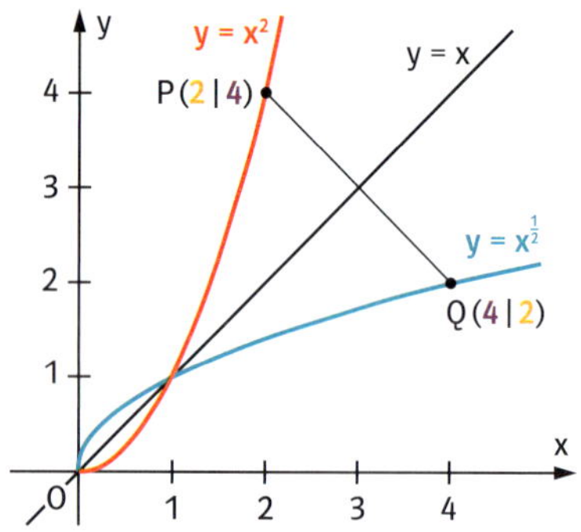

Exponential- und Logarithmusfunktion

Exponentialfunktion

Funktionsgleichung: $\mathbf{y = a^x}$
$a \in \mathbb{R}^+$, $a \neq 1$
Definitionsmenge: $\mathbb{R}$
Wertemenge: $\mathbb{R}^+$
Graph: Gemeinsamer Punkt der Graphen aller Exponentialfunktionen: S (0|1)
Nullstellen: keine
Spezialfälle: $y = e^x$ $(e \approx 2{,}71)$
$y = 10^x$
$y = 2^x$

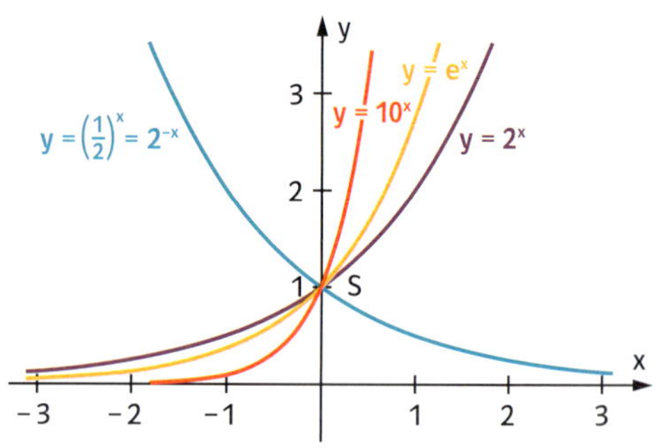

Logarithmusfunktion

Funktionsgleichung:	$\mathbf{y = \log_a (x)}$ $a \in \mathbb{R}^+, a \neq 1$
Definition Logarithmus:	$y = \log_a (x) \Longleftrightarrow a^y = x$
Definitionsmenge:	$\mathbb{R}^+$
Wertemenge:	$\mathbb{R}$
Graph:	Gemeinsamer Punkt der Graphen aller Logarithmusfunktionen ist N (1|0)
Nullstelle:	$x_0 = 1$
Sonderfälle:	$y = \ln (x) = \log_e (x)$ $y = \lg (x) = \log_{10} (x)$ $y = \text{lb} (x) = \log_2 (x)$

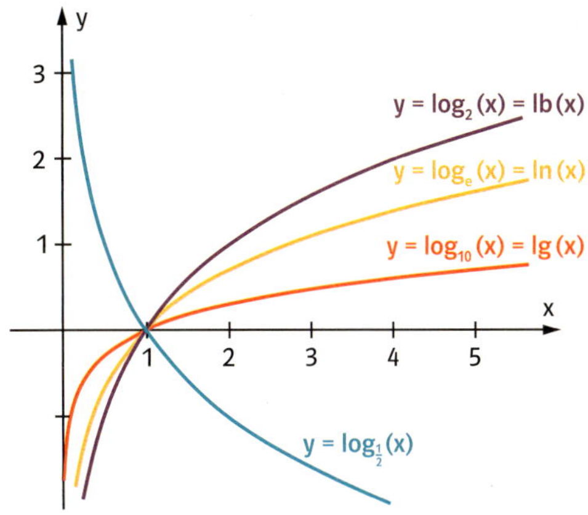

Logarithmusfunktion als Umkehrfunktion
(→ Umkehrfunktion S. 65)

Die Exponentialfunktion mit $y = a^x$ ($a \in \mathbb{R}^+, a \neq 1$) ist umkehrbar.

Funktionsgleichung der Umkehrfunktion:
1. Funktionsgleichung nach x auflösen:
   $y = a^x \Longleftrightarrow \log_a (y) = x$
2. Variablen vertauschen: $\log_a (x) = y$

Graph der Umkehrfunktion: Spiegelung des Graphen der Ausgangsfunktion an der 1. Winkelhalbierenden

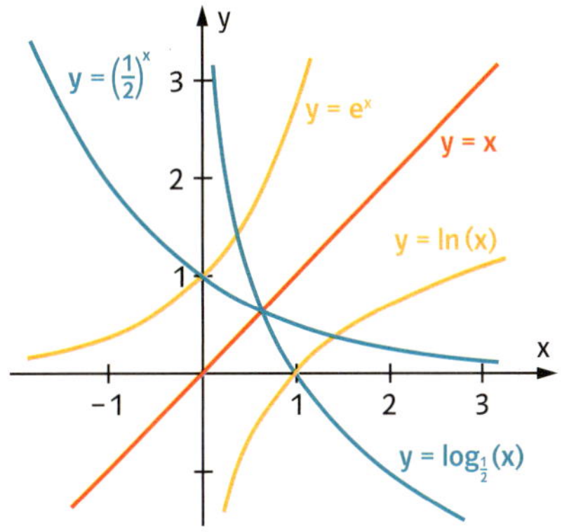

Sinus, Kosinus, Tangens und Kotangens

Definition am rechtwinkligen Dreieck
$0° < \alpha < 90°$

Sinus:	$\sin (\alpha) = \frac{\text{Gegenkathete}}{\text{Hypotenuse}}$	$= \frac{a}{c}$
Kosinus:	$\cos (\alpha) = \frac{\text{Ankathete}}{\text{Hypotenuse}}$	$= \frac{b}{c}$
Tangens:	$\tan (\alpha) = \frac{\text{Gegenkathete}}{\text{Ankathete}}$	$= \frac{a}{b}$
Kotangens:	$\cot (\alpha) = \frac{\text{Ankathete}}{\text{Gegenkathete}}$	$= \frac{b}{a}$

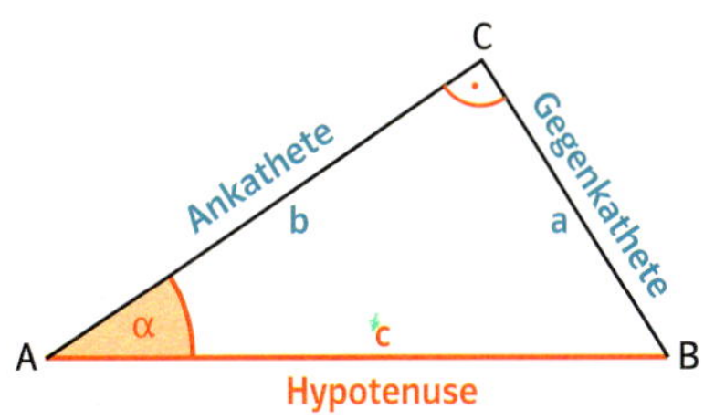

Definition am Einheitskreis

Liegt Punkt P(x | y) auf dem Einheitskreis um den Ursprung und ist α der Winkel $\sphericalangle$ SOP, dann gilt:

$\sin(\alpha) = y$,
$\cos(\alpha) = x$,
$\tan(\alpha) = \frac{y}{x}$, wenn $x \neq 0$,
$\cot(\alpha) = \frac{x}{y}$, wenn $y \neq 0$.

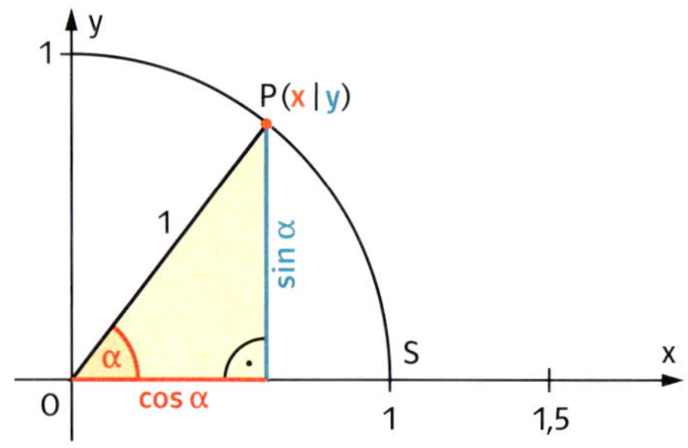

Veranschaulichung am Einheitskreis

1. Quadrant

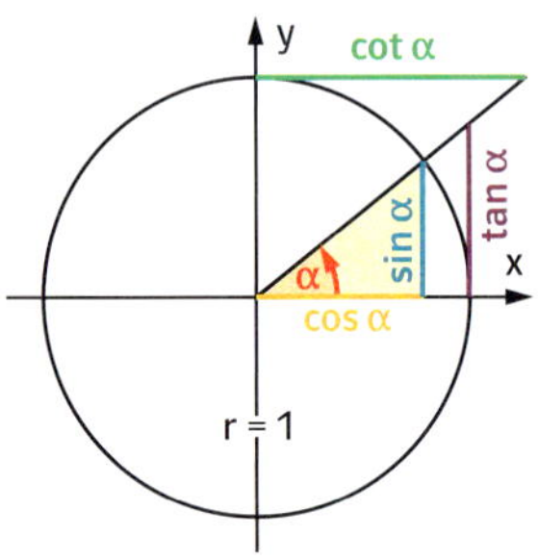

sin (α) > 0
cos (α) > 0
tan (α) > 0
cot (α) > 0

2. Quadrant

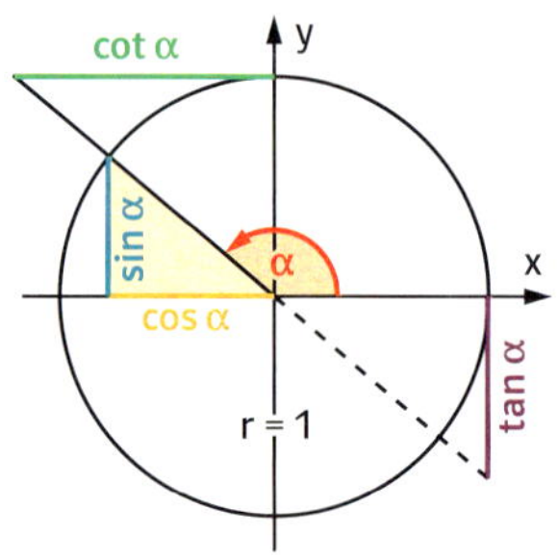

sin (α) > 0
cos (α) < 0
tan (α) < 0
cot (α) < 0

3. Quadrant

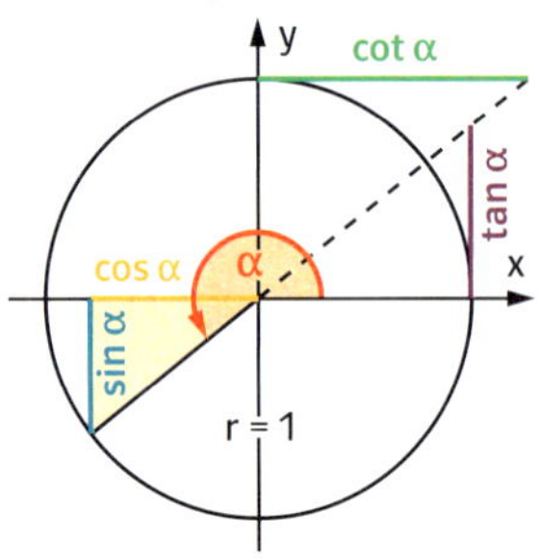

sin (α) < 0
cos (α) < 0
tan (α) > 0
cot (α) > 0

4. Quadrant

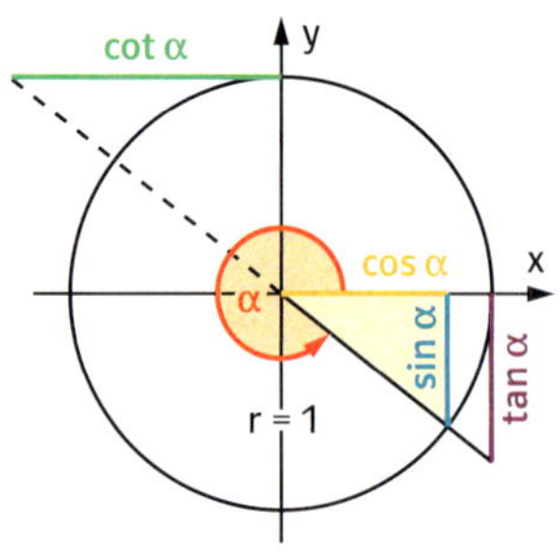

sin (α) < 0
cos (α) > 0
tan (α) < 0
cot (α) < 0

Werte für spezielle Winkel, Vorzeichen

Werte für spezielle Winkel

	0°	30°	45°	60°	90°
sin (α)	0	$\frac{1}{2}$	$\frac{1}{2}\sqrt{2}$	$\frac{1}{2}\sqrt{3}$	1
cos (α)	1	$\frac{1}{2}\sqrt{3}$	$\frac{1}{2}\sqrt{2}$	$\frac{1}{2}$	0
tan (α)	0	$\frac{1}{3}\sqrt{3}$	1	$\sqrt{3}$	–
cot (α)	–	$\sqrt{3}$	1	$\frac{1}{3}\sqrt{3}$	0

Vorzeichen in den vier Quadranten

	I	II	III	IV
sin (α)	+	+	–	–
cos (α)	+	–	–	+
tan (α)	+	–	+	–
cot (α)	+	–	+	–

Reduktionsformeln

	$90° \pm \alpha$	$180° \pm \alpha$	$270° \pm \alpha$	$360° \pm \alpha$	$-\alpha$
sin	$+\cos(\alpha)$	$\mp\sin(\alpha)$	$-\cos(\alpha)$	$\pm\sin(\alpha)$	$-\sin(\alpha)$
cos	$\mp\sin(\alpha)$	$-\cos(\alpha)$	$\pm\sin(\alpha)$	$+\cos(\alpha)$	$+\cos(\alpha)$
tan	$\mp\cot(\alpha)$	$\pm\tan(\alpha)$	$\mp\cot(\alpha)$	$\pm\tan(\alpha)$	$-\tan(\alpha)$
cot	$\mp\tan(\alpha)$	$\pm\cot(\alpha)$	$\mp\tan(\alpha)$	$\pm\cot(\alpha)$	$-\cot(\alpha)$

Beziehungen zwischen Sinus, Kosinus, Tangens und Kotangens

$$\sin^2(\alpha) + \cos^2(\alpha) = 1$$

$$\tan(\alpha) = \frac{\sin(\alpha)}{\cos(\alpha)} \qquad \cot(\alpha) = \frac{\cos(\alpha)}{\sin(\alpha)} \qquad \tan(\alpha) \cdot \cot(\alpha) = 1$$

$$1 + \tan^2(\alpha) = \frac{1}{\cos^2(\alpha)} \qquad 1 + \cot^2(\alpha) = \frac{1}{\sin^2(\alpha)}$$

Additionstheoreme

$$\sin(\alpha + \beta) = \sin(\alpha)\cos(\beta) + \cos(\alpha)\sin(\beta) \qquad \sin(\alpha - \beta) = \sin(\alpha)\cos(\beta) - \cos(\alpha)\sin(\beta)$$

$$\cos(\alpha + \beta) = \cos(\alpha)\cos(\beta) - \sin(\alpha)\sin(\beta) \qquad \cos(\alpha - \beta) = \cos(\alpha)\cos(\beta) + \sin(\alpha)\sin(\beta)$$

$$\tan(\alpha + \beta) = \frac{\tan(\alpha) + \tan(\beta)}{1 - \tan(\alpha)\tan(\beta)} \qquad \tan(\alpha - \beta) = \frac{\tan(\alpha) - \tan(\beta)}{1 + \tan(\alpha)\tan(\beta)}$$

Funktionen des doppelten und halben Winkels

$$\sin(2\alpha) = 2\sin(\alpha)\cos(\alpha) \qquad \sin^2\left(\frac{\alpha}{2}\right) = \frac{1}{2}(1 - \cos(\alpha))$$

$$\cos(2\alpha) = \cos^2(\alpha) - \sin^2(\alpha) = 2\cos^2(\alpha) - 1 = 1 - 2\sin^2(\alpha) \qquad \cos^2\left(\frac{\alpha}{2}\right) = \frac{1}{2}(1 + \cos(\alpha))$$

$$\tan(2\alpha) = \frac{2\tan(\alpha)}{1 - \tan^2(\alpha)} \qquad \tan^2\left(\frac{\alpha}{2}\right) = \frac{1 - \cos(\alpha)}{1 + \cos(\alpha)}$$

Umformung einer Summe oder Differenz in ein Produkt

$$\sin(\alpha) + \sin(\beta) = 2\sin\left(\frac{\alpha + \beta}{2}\right)\cos\left(\frac{\alpha - \beta}{2}\right) \qquad \sin(\alpha) - \sin(\beta) = 2\cos\left(\frac{\alpha + \beta}{2}\right)\sin\left(\frac{\alpha - \beta}{2}\right)$$

$$\cos(\alpha) + \cos(\beta) = 2\cos\left(\frac{\alpha + \beta}{2}\right)\cos\left(\frac{\alpha - \beta}{2}\right) \qquad \cos(\alpha) - \cos(\beta) = -2\sin\left(\frac{\alpha + \beta}{2}\right)\sin\left(\frac{\alpha - \beta}{2}\right)$$

Umformung eines Produkts in eine Summe oder Differenz

$$2\sin(\alpha)\sin(\beta) = \cos(\alpha - \beta) - \cos(\alpha + \beta) \qquad 2\cos(\alpha)\cos(\beta) = \cos(\alpha - \beta) + \cos(\alpha + \beta)$$

$$2\sin(\alpha)\cos(\beta) = \sin(\alpha - \beta) + \sin(\alpha + \beta)$$

Bogen- und Gradmaß

Bogenmaß

Ein Winkel mit der Größe ein **Grad** (1°) ist der 360. Teil des Vollwinkels.

Das zum Winkel α gehörende Verhältnis $\frac{b}{r}$ heißt Bogenmaß des Winkels α.
Das Bogenmaß 1 heißt auch 1 Radiant (1 rad).

Im **Einheitskreis**, dem Kreis mit Radius 1, ist das Bogenmaß eines Winkels gleich der Maßzahl der zugehörigen Bogenlänge.

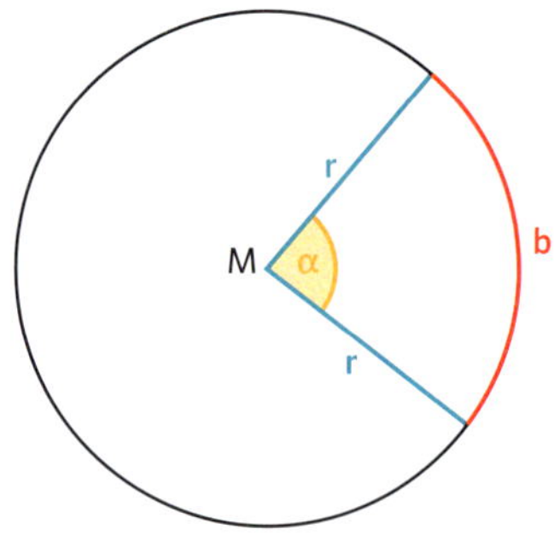

Umrechnungen Grad-, Bogenmaß

Bezeichnet man die Winkelgröße im Gradmaß mit α und im Bogenmaß mit x, so gilt:

$$\frac{\alpha}{180^\circ} = \frac{x}{\pi}$$

$$x = \frac{\alpha}{180^\circ} \cdot \pi \qquad 1^\circ \approx 0{,}01745\,\text{rad}$$

$$\alpha = \frac{x}{\pi} \cdot 180^\circ \qquad 1\,\text{rad} \approx 57{,}30^\circ$$

Gradmaß	0°	15°	30°	45°	60°	90°
Bogenmaß	0	$\frac{\pi}{12}$	$\frac{\pi}{6}$	$\frac{\pi}{4}$	$\frac{\pi}{3}$	$\frac{\pi}{2}$
Gradmaß	135°	180°	225°	270°	315°	360°
Bogenmaß	$\frac{3}{4}\pi$	π	$\frac{5}{4}\pi$	$\frac{3}{2}\pi$	$\frac{7}{4}\pi$	2π

Winkelfunktionen

	Sinusfunktion	**Kosinusfunktion**
Funktionsgleichung:	$y = \sin(x)$	$y = \cos(x)$
Definitionsmenge:	$\mathbb{R}$	$\mathbb{R}$
Wertemenge:	$[-1; 1]$	$[-1; 1]$
Nullstellen:	$x_k = k\pi, k \in \mathbb{Z}$	$x_k = (2k+1)\frac{\pi}{2}, k \in \mathbb{Z}$
Periode:	2π	2π
	$\sin(x + 2\pi) = \sin(x)$	$\cos(x + 2\pi) = \cos(x)$
Symmetrie:	Punktsymmetrie zum Koordinatenursprung: $\sin(-x) = -\sin(x)$	Achsensymmetrie zur y-Achse: $\cos(-x) = \cos(x)$

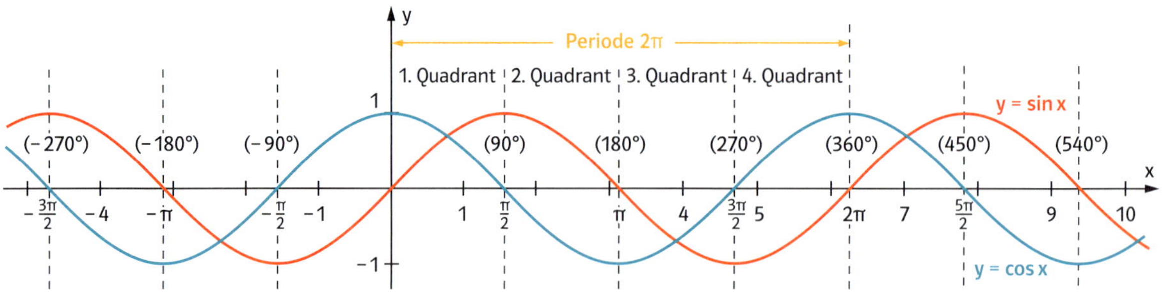

$y = a \sin(bx + c)$, $a \neq 0$, $b \neq 0$

Wertemenge: $[-|a|; |a|]$

Nullstellen: $x_k = \frac{k\pi - c}{b}$, $k \in \mathbb{Z}$

Periodenlänge: $\frac{2\pi}{|b|}$

Sonderfall: $y = a \sin(x)$
a: Graph von $y = \sin(x)$ wird in y-Richtung mit Faktor a gestreckt.

Sonderfall: $y = \sin(x + c)$
c: Graph von $y = \sin(x)$ wird in x-Richtung um $-c$ verschoben.

Sonderfall: $y = \sin(bx)$
b: Graph von $y = \sin(x)$ wird in x-Richtung mit Faktor $\frac{1}{b}$ gestreckt.

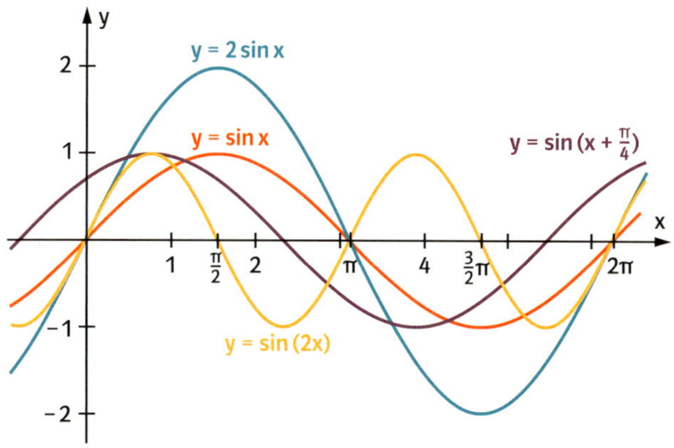

	Tangensfunktion	**Kotangensfunktion**
Funktionsgleichung:	$y = \tan(x) = \frac{\sin(x)}{\cos(x)}$	$y = \cot(x) = \frac{\cos(x)}{\sin(x)}$
Definitionsmenge:	$\mathbb{R} \setminus \{(2k+1)\frac{\pi}{2} \mid k \in \mathbb{Z}\}$	$\mathbb{R} \setminus \{k\pi \mid k \in \mathbb{Z}\}$
Wertemenge:	$\mathbb{R}$	$\mathbb{R}$
Nullstellen:	$x_k = k\pi$, $k \in \mathbb{Z}$	$x_k = (2k+1)\frac{\pi}{2}$, $k \in \mathbb{Z}$
Periode:	π	π
	$\tan(x + \pi) = \tan(x)$	$\cot(x + \pi) = \cot(x)$
Symmetrie:	Punktsymmetrie zum Koordinatenursprung:	
	$\tan(-x) = -\tan(x)$	$\cot(-x) = -\cot(x)$

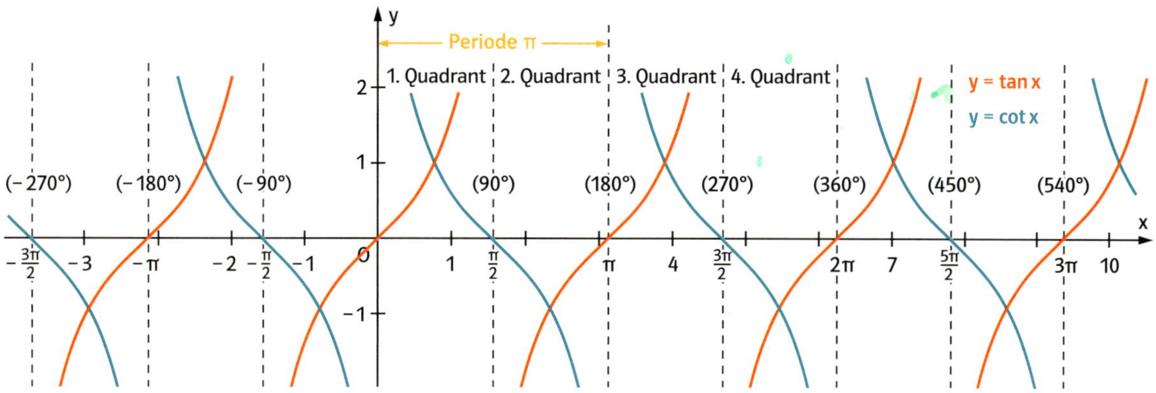

Periodizität von Funktionen

Eine Funktion f heißt periodisch, wenn es eine Zahl $p > 0$ gibt, so dass
$f(x + p) = f(x)$ für alle $x \in D_f$ gilt.
Die kleinste Zahl p, für die dies zutrifft, heißt **Periode** p von f.

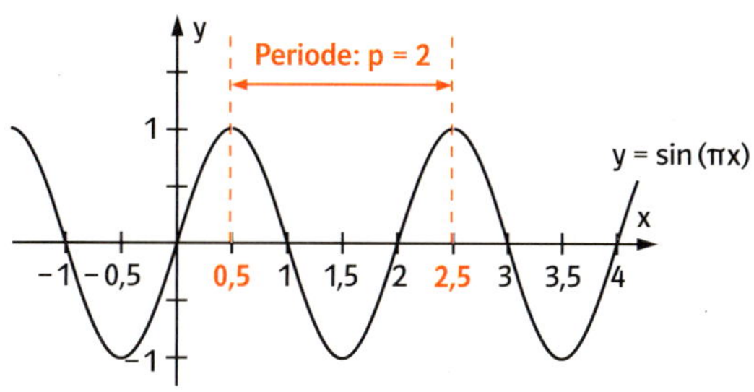

Ebene Figuren und geometrische Sätze

regelmäßige Vielecke

▻ S. 47

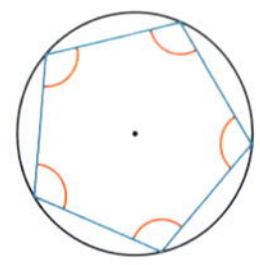

Vierecke

Besondere Vierecke ▻ S. 46

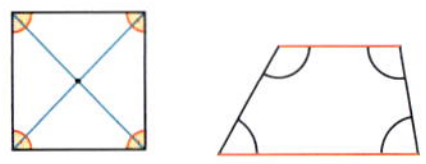

Sehnen-, Tangentenviereck ▻ S. 46

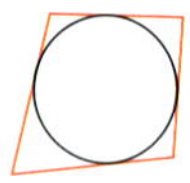

Dreiecke

Besondere Dreiecke ▻ S. 44

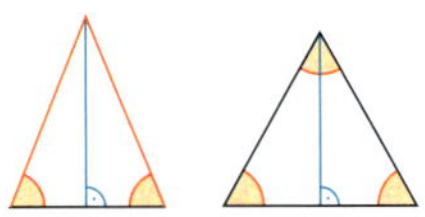

Flächeninhalt ▻ S. 43

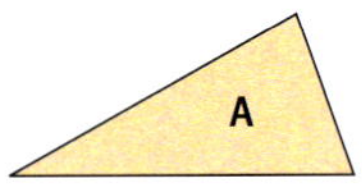

Rechtwinklige Dreiecke ▻ S. 45

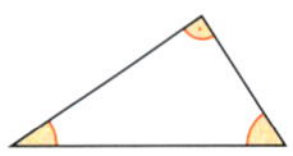

Umkreis, Inkreis ▻ S. 44

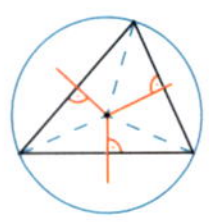

Winkel und Abstände

Winkel ▻ S. 42

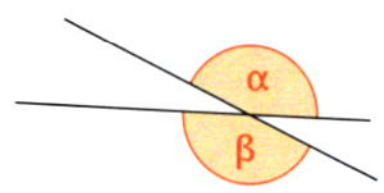

Abstände ▻ S. 43

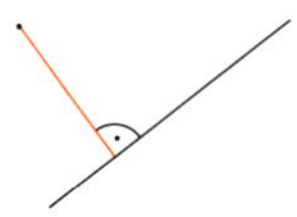

Mittelsenkrechte, Winkelhalbierende ▻ S. 43

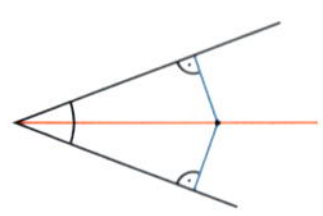

Kongruenz, Ähnlichkeit

Strahlensätze ▷ **S. 51**

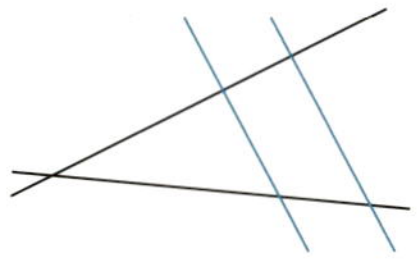

zentrische Streckung, Ähnlichkeit ▷ **S. 50**

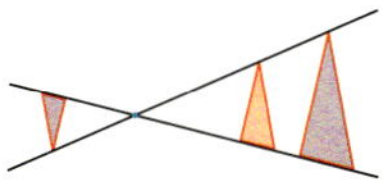

Kongruenz ▷ **S. 49**

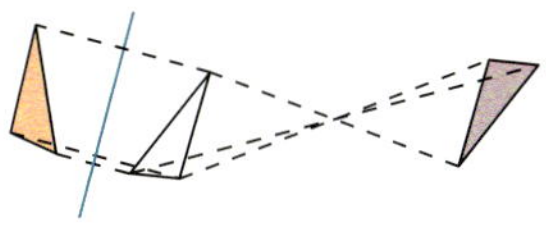

Kreis, Sätze zum Kreis

Kreis ▷ **S. 48**

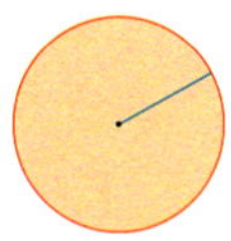

Kreisteile ▷ **S. 48**

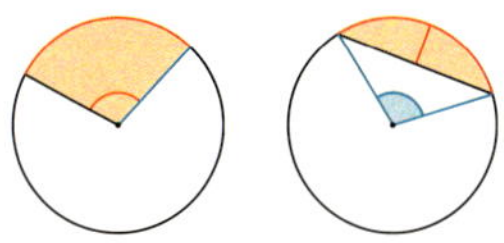

Satz des Thales ▷ **S. 48**

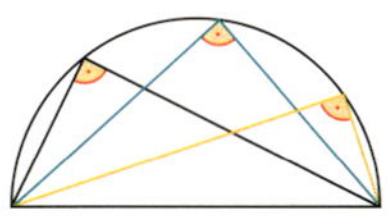

Sehnen-, Sekanten-Satz ▷ **S. 49**

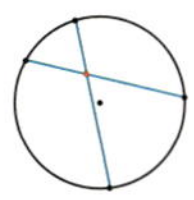

Winkel und Abstände

Winkel

Winkel kann man mit zwei Halbgeraden oder mit drei Punkten festlegen.

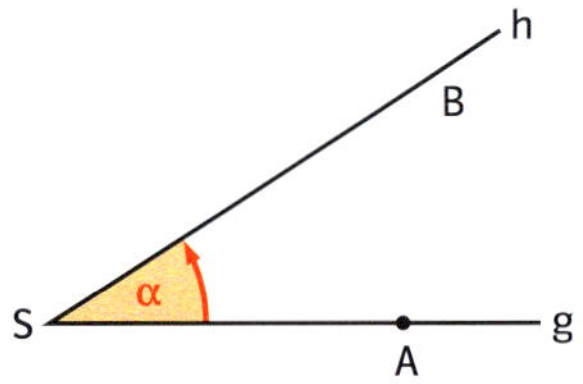

$\sphericalangle (g, h) = \sphericalangle ASB = \alpha$

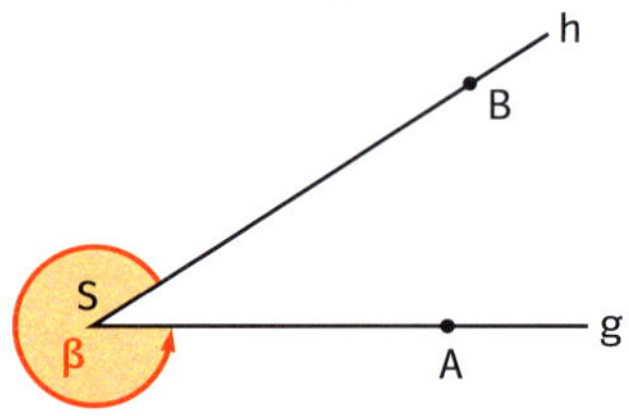

$\sphericalangle (h, g) = \sphericalangle BSA = \beta$

Winkelgrößen (→ Bogenmaß S. 38)

Winkelgrößen werden im Gradmaß angegeben.
Es gilt: 1° = 60 Minuten (= 60'); 1 Minute = 60 Sekunden (= 60").

Spitzer Winkel

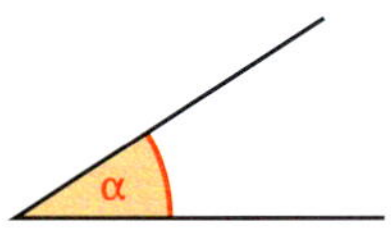

$0° < \alpha < 90°$

Rechter Winkel

$\alpha = 90°$

Stumpfer Winkel

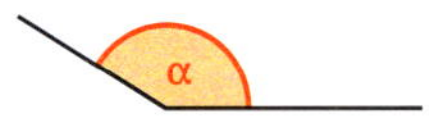

$90° < \alpha < 180°$

Überstumpfer Winkel

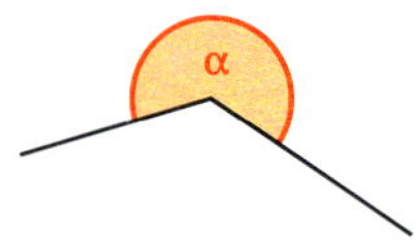

$180° < \alpha < 360°$

Ein **gestreckter Winkel** entspricht 180°; ein **Vollwinkel** entspricht 360°.

Winkel an sich schneidenden Geraden

Scheitelwinkel sind gleich weit:
$\alpha = \beta$

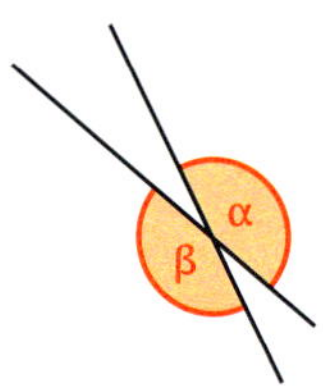

Nebenwinkel ergeben zusammen 180°:
$\alpha + \beta = 180°$

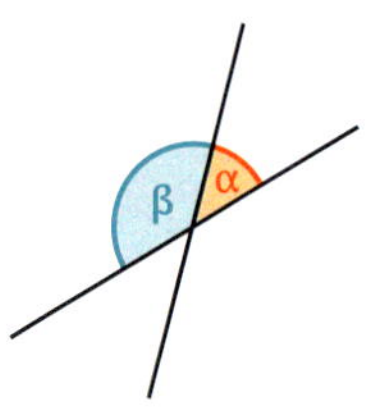

Stufenwinkel $\alpha = \beta$ und $\gamma = \delta$ genau dann, wenn $g \parallel h$

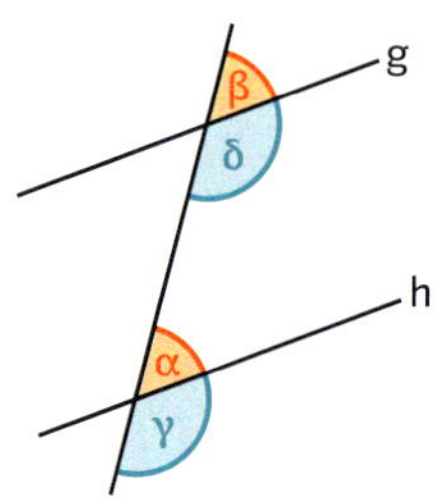

Wechselwinkel $\alpha = \beta$ und $\gamma = \delta$ genau dann, wenn $g \parallel h$

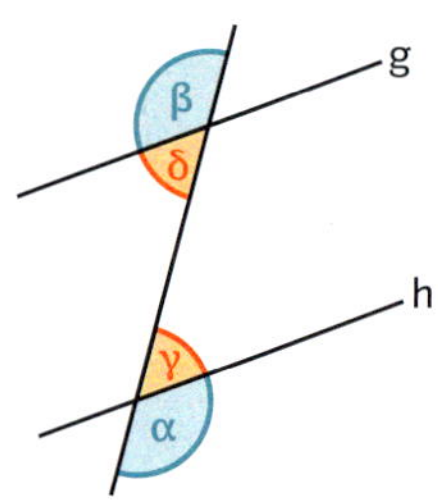

Orthogonale (senkrechte) und parallele Geraden

Zwei Geraden g und h heißen orthogonal (senkrecht) zueinander, wenn ihr Schnittwinkel 90° beträgt.
Schreibweise: $g \perp h$.

Zwei Geraden j und k heißen parallel, wenn sie keinen Schnittpunkt haben oder gleich (identisch) sind.
Schreibweise: $j \parallel k$.

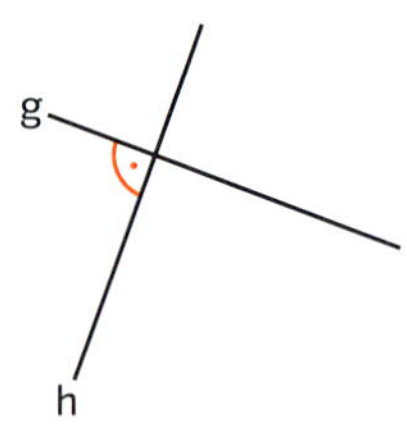

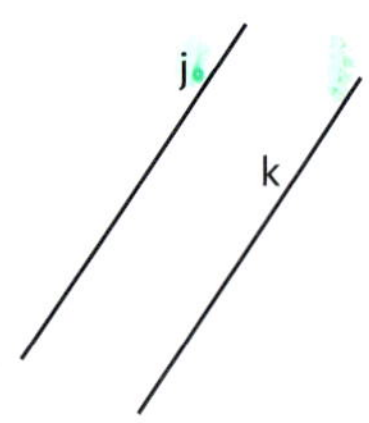

Abstand

Der Abstand d bedeutet die kürzeste Entfernung.

Abstand **Punkt-Punkt**

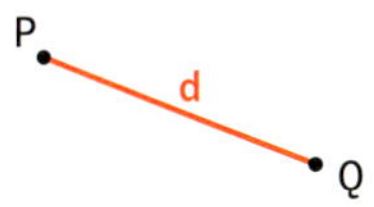

Abstand **Punkt-Gerade**

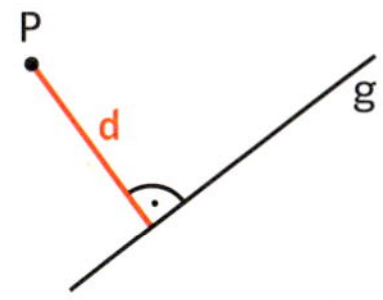

Abstand **paralleler Geraden**

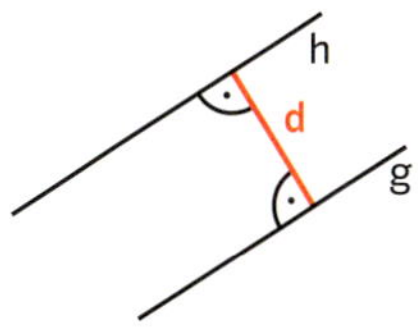

Mittelsenkrechte

Die Mittelsenkrechte m_{AB} zu einer Strecke $\overline{AB}$ geht durch den Mittelpunkt M von $\overline{AB}$ und ist orthogonal zu $\overline{AB}$.

Wenn ein Punkt P auf der Mittelsenkrechten von $\overline{AB}$ liegt, dann ist der Abstand von P zu A und von P zu B gleich. Wenn der Abstand eines Punktes P zu A und zu B gleich ist, dann liegt P auf der Mittelsenkrechten von $\overline{AB}$.

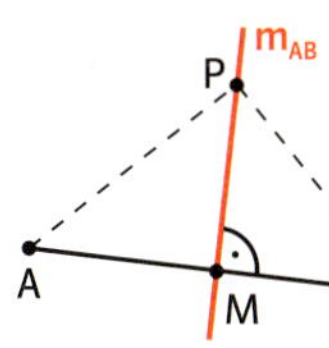

Winkelhalbierende

Die Winkelhalbierende w_α eines Winkels α geht durch den Scheitel S von α und halbiert α.

Wenn ein Punkt P auf der Winkelhalbierenden von α liegt, dann ist der Abstand d von P zu beiden Schenkeln von α gleich. Wenn der Abstand eines Punktes P zu beiden Schenkeln von α gleich ist, dann liegt dieser Punkt auf der Winkelhalbierenden von α.

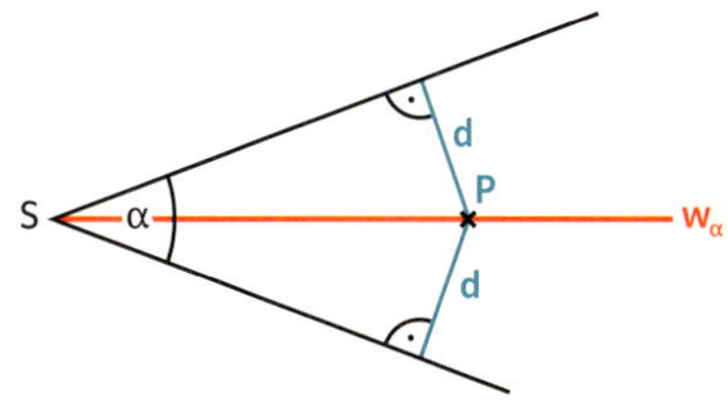

Dreiecke

Bezeichnungen

Eckpunkte A, B, C; Seiten a, b, c; Winkel α, β, γ.

Winkelsumme (→ Winkelsumme beim n-Eck, S. 47)

Summe der Innenwinkel: $\alpha + \beta + \gamma = 180°$

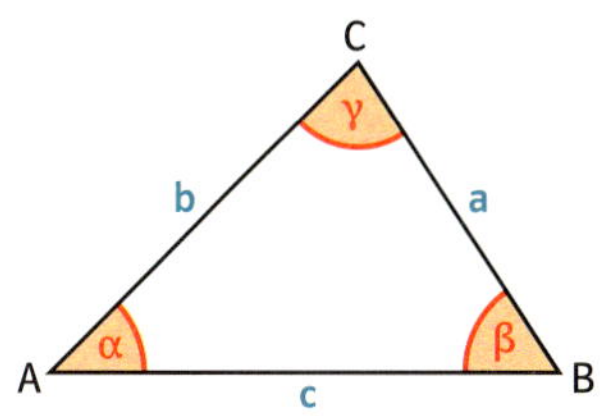

Flächeninhalt

$A = \frac{1}{2} g \cdot h$ (Grundseite g; Höhe h zur Grundseite g)

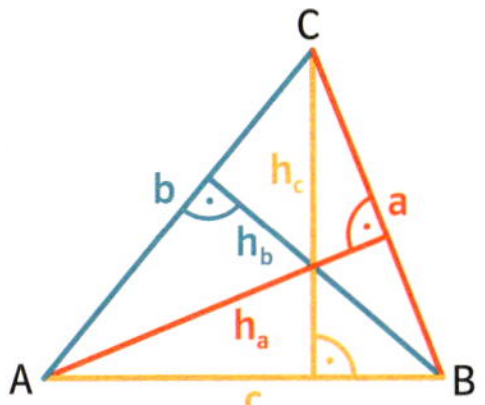

$A = \frac{1}{2} a \cdot h_a$ oder

$A = \frac{1}{2} b \cdot h_b$ oder

$A = \frac{1}{2} c \cdot h_c$

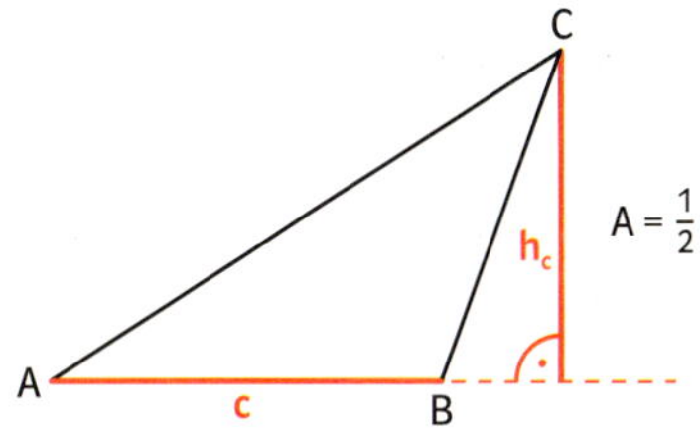

$A = \frac{1}{2} c \cdot h_c$

Umkreismittelpunkt

Die drei Mittelsenkrechten m_a, m_b, m_c schneiden sich in einem Punkt. Dieser Punkt heißt Umkreismittelpunkt U.
U hat zu den drei Eckpunkten A, B, C den gleichen Abstand. Der Umkreis geht durch alle drei Eckpunkte.

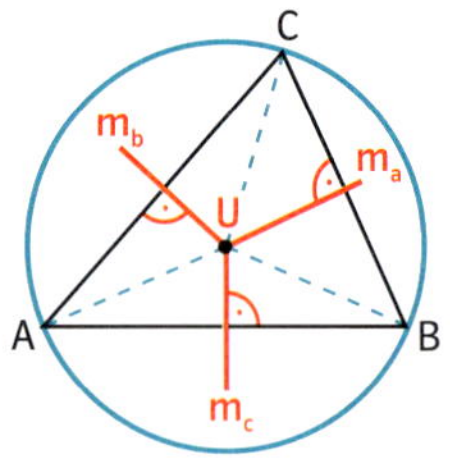

Inkreismittelpunkt

Die drei Winkelhalbierenden w_α, w_β, w_γ schneiden sich in einem Punkt. Dieser Punkt heißt Inkreismittelpunkt I.
I hat von allen Seiten a, b, c den gleichen Abstand. Der Inkreis berührt alle drei Seiten.

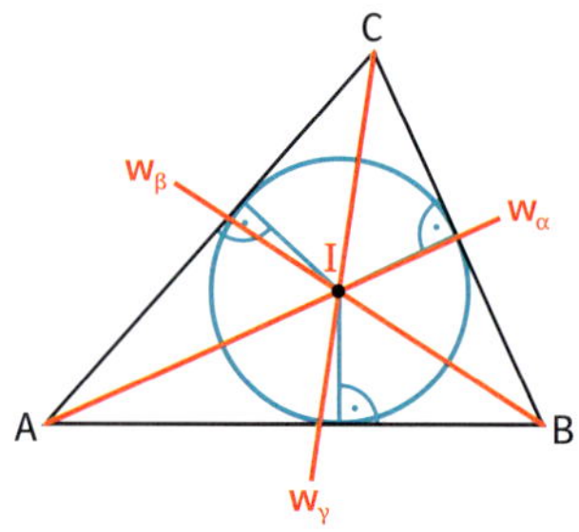

Schwerpunkt

Die Strecken vom Mittelpunkt einer Seite zum gegenüberliegenden Eckpunkt heißen Seitenhalbierende s_a, s_b, s_c. Die drei Seitenhalbierenden schneiden sich in einem Punkt. Dieser Punkt heißt Schwerpunkt S.

Der Schwerpunkt S teilt jede Seitenhalbierende im Verhältnis 2 : 1 vom Eckpunkt in Richtung Seitenmitte.

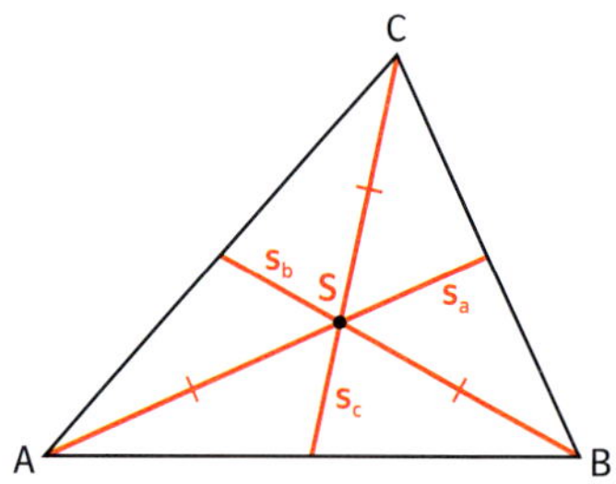

Höhenschnittpunkt

Die drei Höhen (bzw. ihre Verlängerungen) schneiden sich in einem Punkt. Dieser Punkt heißt Höhenschnittpunkt.

Gleichschenkliges Dreieck

Zwei Seiten (die Schenkel) sind gleich lang: $a = b$.
Die dritte Seite heißt Basis.

Die Basiswinkel sind gleich weit: $\alpha = \beta$.

Die Höhe zur Basis hat die Länge: $h_c = \sqrt{a^2 - \left(\frac{c}{2}\right)^2}$.

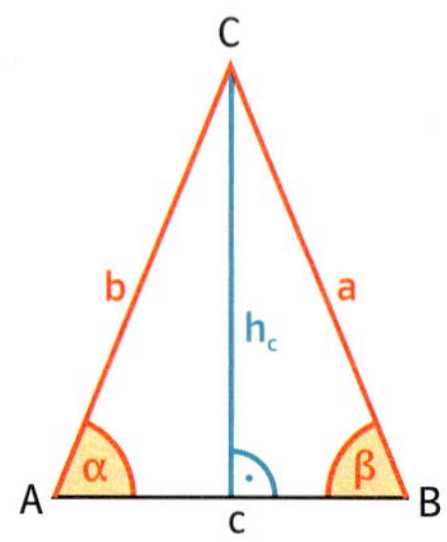

Gleichseitiges Dreieck

Alle Seiten sind gleich lang: $a = b = c$.

Alle Winkel haben die Weite 60°: $\alpha = \beta = \gamma = 60°$.

Alle Höhen sind gleich lang: $h = \frac{a}{2}\sqrt{3}$.

Für den Flächeninhalt gilt: $A = \frac{a^2}{4}\sqrt{3}$.

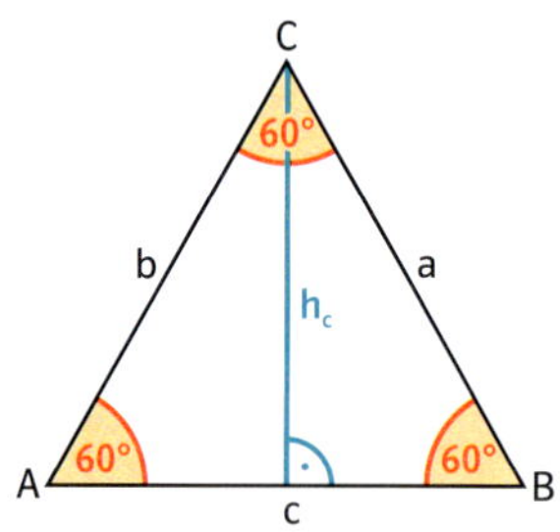

Rechtwinkliges Dreieck (→ Satz des Thales, S. 48)

Die dem rechten Winkel (90°) gegenüberliegende Seite heißt Hypotenuse.
Die beiden anderen Seiten heißen Katheten.

Ist $\gamma = 90°$, dann gilt für den Flächeninhalt

$A = \frac{1}{2} a \cdot b$ oder auch $A = \frac{1}{2} c \cdot h_c$.

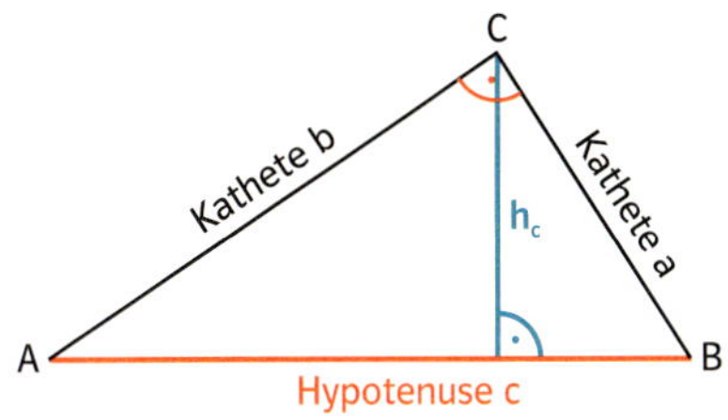

Sinus, Kosinus und Tangens
(→ Trigonometrische Funktionen S. 38; Einheitskreis S. 36)

Für die spitzen Winkel im rechtwinkligen Dreieck gilt:

Sinus $\sin(\alpha) = \frac{\text{Gegenkathete}}{\text{Hypotenuse}} = \frac{a}{c}$; $\sin(\beta) = \frac{b}{c}$;

Kosinus $\cos(\alpha) = \frac{\text{Ankathete}}{\text{Hypotenuse}} = \frac{b}{c}$; $\cos(\beta) = \frac{a}{c}$;

Tangens $\tan(\alpha) = \frac{\text{Gegenkathete}}{\text{Ankathete}} = \frac{a}{b}$; $\tan(\beta) = \frac{b}{a}$.

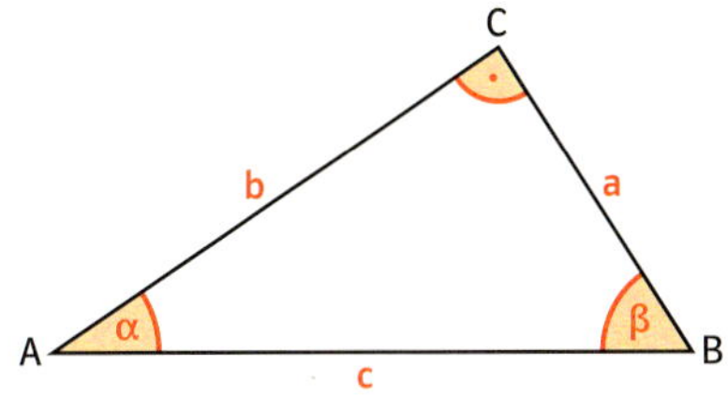

Satz des Pythagoras

Im rechtwinkligen Dreieck ist das Quadrat über der Hypotenuse gleich der Summe der Quadrate über den beiden Katheten:
$a^2 + b^2 = c^2$.

Gilt bei einem Dreieck $a^2 + b^2 = c^2$, dann ist das Dreieck rechtwinklig.

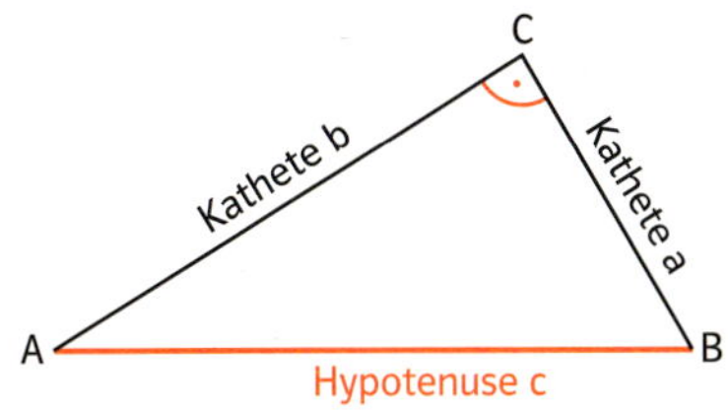

Höhensatz

Ist ein Dreieck rechtwinklig mit $\gamma = 90°$, dann gilt: $h^2 = p \cdot q$.

Kathetensatz

Ist ein Dreieck rechtwinklig mit $\gamma = 90°$,
dann gilt: $a^2 = c \cdot p$ und $b^2 = c \cdot q$.

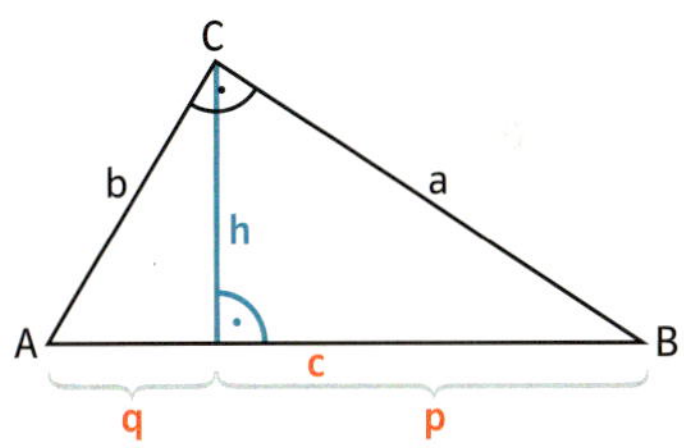

Sinussatz

In einem beliebigen Dreieck gilt: $\frac{a}{\sin(\alpha)} = \frac{b}{\sin(\beta)} = \frac{c}{\sin(\gamma)}$.

Kosinussatz

In einem beliebigen Dreieck gilt: $c^2 = a^2 + b^2 - 2ab\cos(\gamma)$.

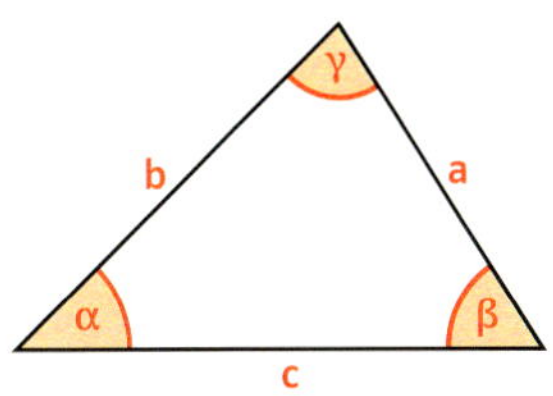

Vierecke

Bezeichnungen

Eckpunkte A, B, C, D; Seiten a, b, c, d;
Winkel α, β, γ, δ; Diagonalen e, f mit Schnittpunkt S.

Winkelsumme

Summe der Innenwinkel: $\alpha + \beta + \gamma + \delta = 360°$

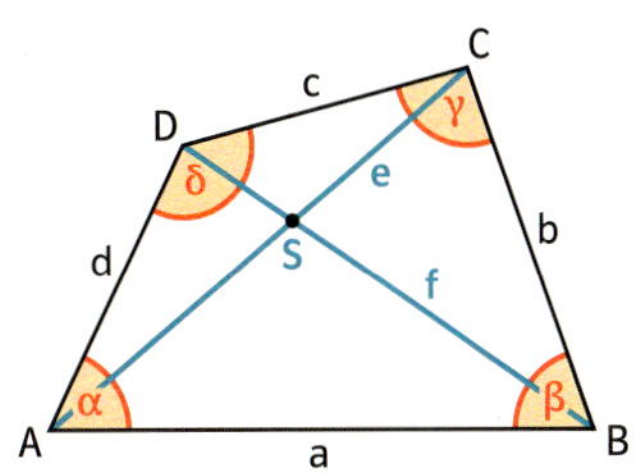

	Quadrat	**Rechteck**	**Raute**
Definierende Eigenschaften	$\alpha = \beta = \gamma = \delta = 90°$ und $a = b = c = d$	$\alpha = \beta = \gamma = \delta = 90°$	$a = b = c = d$
	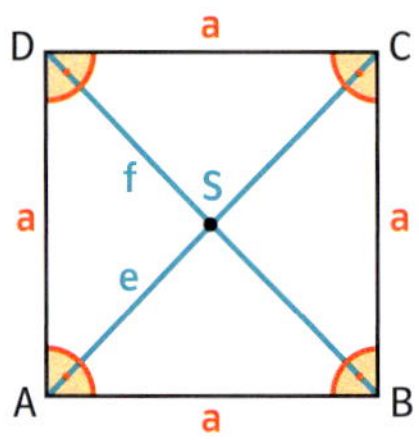	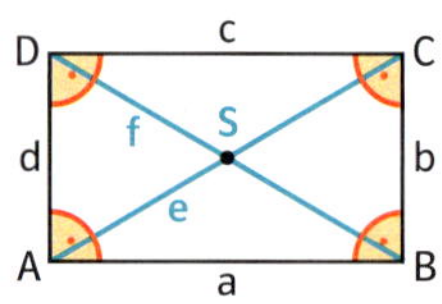	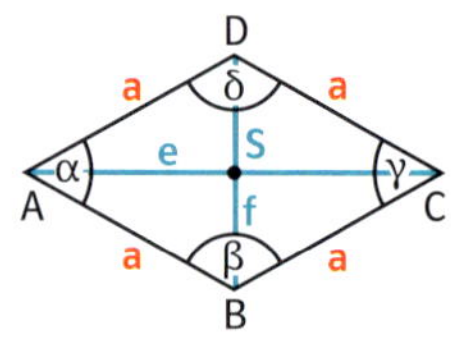
Flächeninhalt	$A = a^2$	$A = a \cdot b$	$A = \frac{1}{2} e \cdot f$
Umfang	$U = 4a$	$U = 2(a + b)$	$U = 4a$
Diagonalen	$e = f = a\sqrt{2}$; $e \perp f$; e und f halbieren einander	$e = f$; e und f halbieren einander	$e \perp f$; e und f halbieren einander
weitere Eigenschaften	vier Symmetrieachsen; Punktsymmetrie zu S	$a = c$ und $b = d$; Punktsymmetrie zu S; zwei Symmetrieachsen	$\alpha = \gamma$ und $\beta = \delta$; $\alpha + \beta = \gamma + \delta = 180°$; Punktsymmetrie zu S

	Parallelogramm	**Drachenviereck**	**Trapez**
Definierende Eigenschaften	$a \parallel c$ und $b \parallel d$	Eine Diagonale ist Symmetrieachse.	Mindestens zwei Seiten sind parallel.
	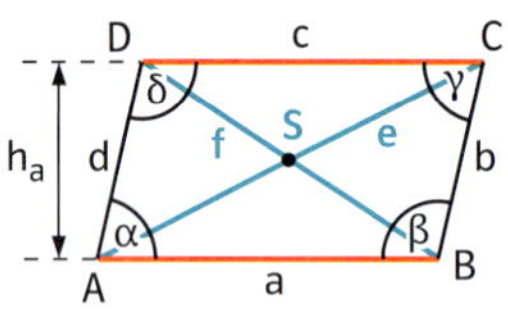	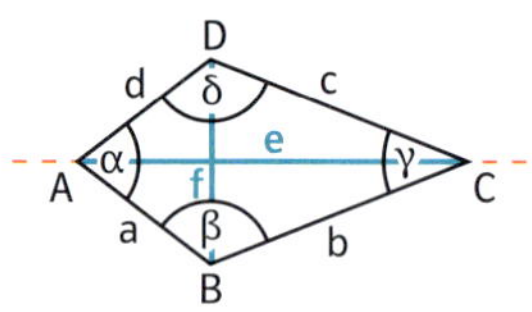	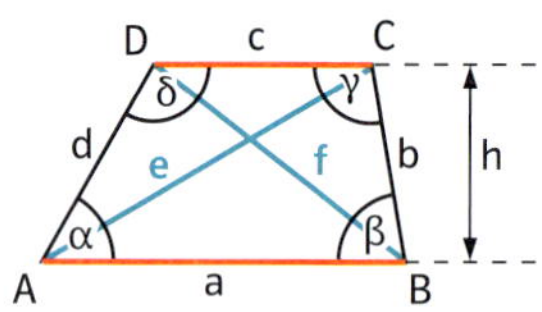
Flächeninhalt	$A = a \cdot h_a = b \cdot h_b$	$A = \frac{1}{2} e \cdot f$	$A = \frac{1}{2}(a + c) \cdot h = m \cdot h$
Umfang	$U = 2(a + b)$	$U = 2(a + b)$	$U = a + b + c + d$
Diagonalen	e und f halbieren einander	$e \perp f$; Eine Diagonale wird halbiert.	
weitere Eigenschaften	Punktsymmetrie zu S; $\alpha = \gamma$; $\beta = \delta$; $a = c$; $b = d$ Benachbarte Winkel haben die Summe 180°	$a = d$; $b = c$	$\alpha + \delta = 180°$; $\beta + \gamma = 180°$

Sehnenviereck

Die vier Eckpunkte liegen auf einem Kreis, dem Umkreis des Vierecks. Die vier Seiten sind Sehnen dieses Kreises.

Ein Viereck besitzt genau dann einen Umkreis, wenn die Summe gegenüberliegender Winkel 180° beträgt: $\alpha + \gamma = 180°$ und $\beta + \delta = 180°$.
Das Viereck heißt dann Sehnenviereck.

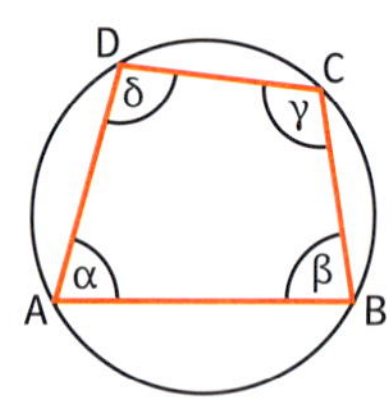

Tangentenviereck

Ein Viereck besitzt genau dann einen Inkreis, wenn die Summe gegenüberliegender Seitenlängen gleich ist:
$a + c = b + d$.
Das Viereck heißt dann Tangentenviereck.

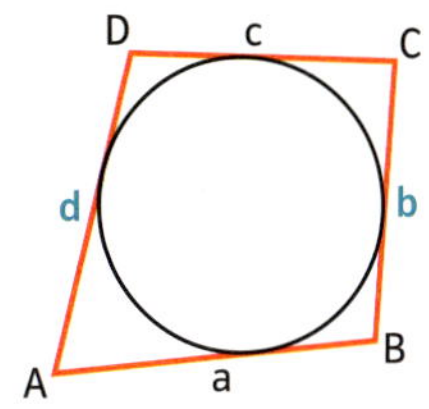

Vielecke

Winkelsumme

Hat ein Vieleck die Eckenzahl n, dann beträgt die Summe der Innenwinkel $(n-2)\cdot 180°$:
$\alpha_1 + \alpha_2 + \ldots + \alpha_n = (n-2)\cdot 180°$.

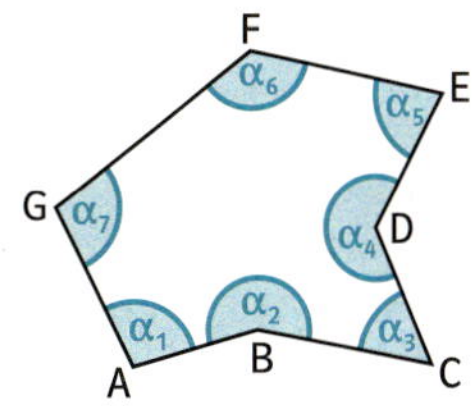

Regelmäßiges Vieleck

Ein Vieleck heißt regelmäßig, wenn alle Seiten die gleiche Länge s haben und alle Innenwinkel gleich sind.

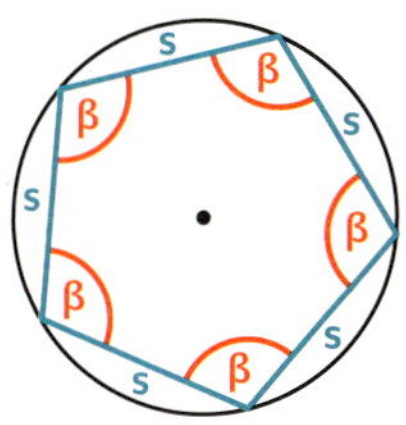

Alle Mittelpunktswinkel haben die gleiche Weite α. Alle Höhen h_s der Teildreiecke sind gleichlang.

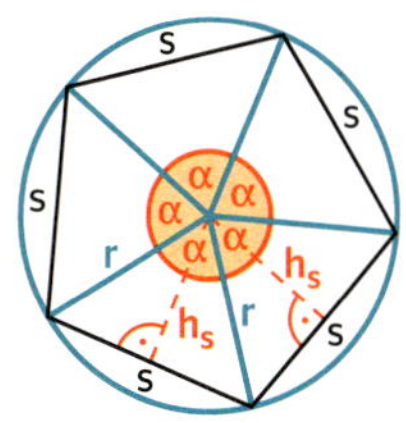

Anzahl der Ecken	Mittelpunkts-Winkel α	Innenwinkel $\beta = 180° - \alpha$	Seitenlänge in Abhängigkeit von r	Flächeninhalt in Abhängigkeit von r
n = 3 **Regelmäßiges Dreieck** (Gleichseitiges Dreieck)	$\alpha = 120°$	$\beta = 60°$	$s = r\sqrt{3}$	$A = \frac{3}{4}r^2\sqrt{3}$
n = 4 **Regelmäßiges Viereck** (Quadrat)	$\alpha = 90°$	$\beta = 90°$	$s = r\sqrt{2}$	$A = 2r^2$
n = 5 **Regelmäßiges Fünfeck** (Pentagramm)	$\alpha = 72°$	$\beta = 108°$	$s = \frac{r}{2}\sqrt{10 - 2\sqrt{5}}$	$A = \frac{5}{8}r^2\sqrt{10 + 2\sqrt{5}}$
n = 6 **Regelmäßiges Sechseck**	$\alpha = 60°$	$\beta = 120°$	$s = r$	$A = \frac{3}{2}r^2\sqrt{3}$
n = 10 **Regelmäßiges Zehneck**	$\alpha = 36°$	$\beta = 144°$	$s = \frac{r}{2}(\sqrt{5} - 1)$	$A = \frac{5}{4}r^2\sqrt{10 - 2\sqrt{5}}$
	Angaben in Abhängigkeit von n		**von n und r**	
Regelmäßiges n-Eck	$\alpha = \frac{360°}{n}$	$\beta = \frac{(n-2)}{n}\cdot 180°$	$s = 2r\cdot\sin\left(\frac{180°}{n}\right)$	$A = \frac{nr^2}{2}\sin\left(\frac{360°}{n}\right)$

Rekursionsformel

Aus der Seitenlänge s_n eines regelmäßigen n-Ecks kann man die Seitenlänge s_{2n} des demselben Kreis einbeschriebenen 2n-Ecks bestimmen:

$s_{2n} = \sqrt{2r^2 - r\sqrt{4r^2 - s_n^2}}$.

Kreis und Kreisteile

Bezeichnungen

Kreiszahl π, mit $\pi \approx 3{,}14159$.

Der Kreisdurchmesser d hat die doppelte Länge des Kreisradius r.

Eine **Sehne** verbindet zwei Punkte der Kreislinie.

Eine Gerade heißt **Tangente,** wenn sie mit dem Kreis genau einen Punkt B gemeinsam hat. Eine Tangente ist orthogonal zum Radius MB.

Eine Gerade heißt **Sekante**, wenn sie die Kreislinie in zwei Punkten schneidet.

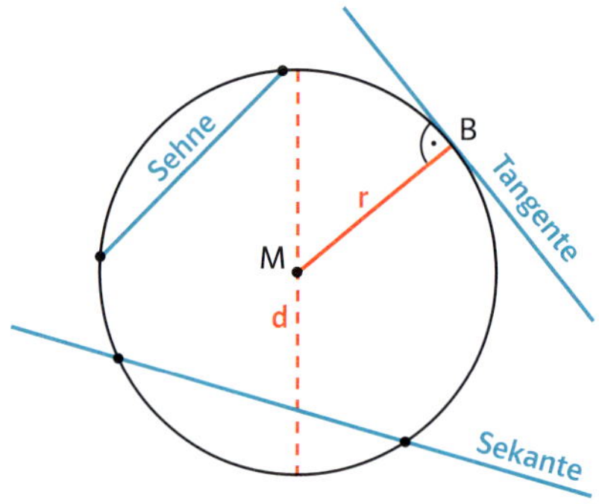

Kreis

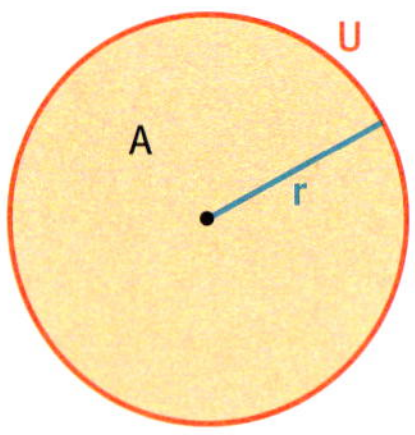

Umfang

$U = 2\pi r$

$= 2\pi \cdot \frac{d}{2}$

Flächeninhalt

$A = \pi r^2 = \pi \frac{d^2}{4}$

Kreisausschnitt (Sektor)

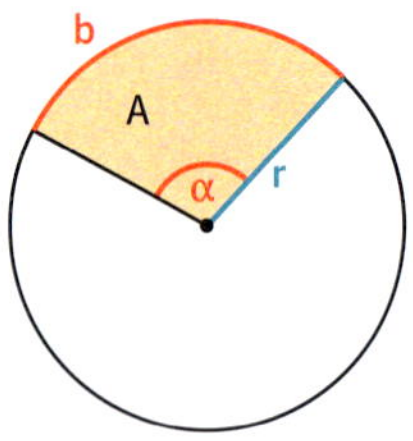

Bogenlänge

$b = 2\pi r \frac{\alpha}{360°}$

Flächeninhalt

$A = \pi r^2 \frac{\alpha}{360°} = \frac{1}{2} b \cdot r$

Kreisabschnitt (Segment)

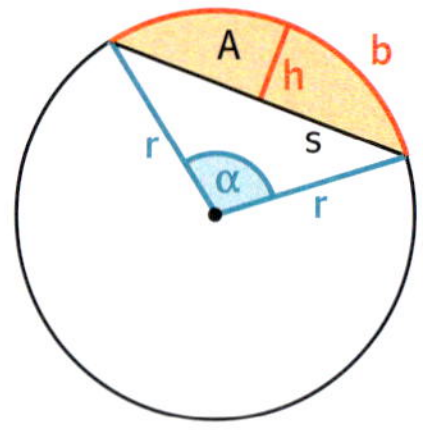

Bogenlänge

$b = 2\pi r \frac{\alpha}{360°}$

Sehnenlänge

$s = 2r \cdot \sin\left(\frac{\alpha}{2}\right) = 2\sqrt{2hr - h^2}$

Flächeninhalt

$A = \frac{r^2}{2}\left(\pi \frac{\alpha}{180°} - \sin(\alpha)\right)$

Satz des Thales

Liegt der Punkt C eines Dreiecks ABC auf dem Halbkreis über der Strecke $\overline{AB}$, dann ist der Winkel bei C ein rechter Winkel: $\gamma = 90°$.

Umkehrung: Hat ein Dreieck bei C einen rechten Winkel, dann liegt der Punkt C auf dem Halbkreis über der Strecke $\overline{AB}$.

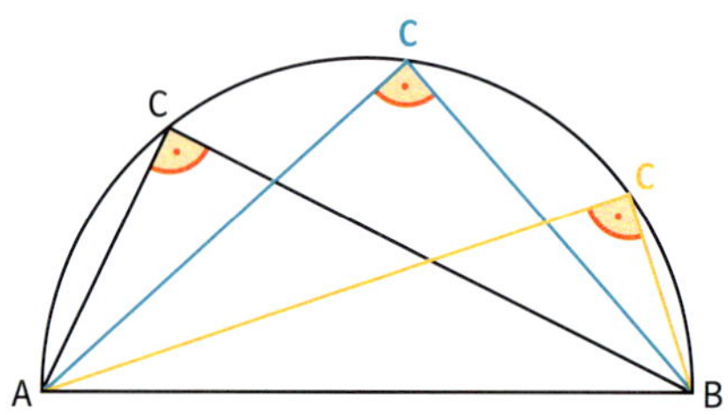

Satz vom Umfangswinkel

Alle Umfangswinkel β über derselben Sehne sind gleich weit und es gilt: $\beta = \frac{\alpha}{2}$.

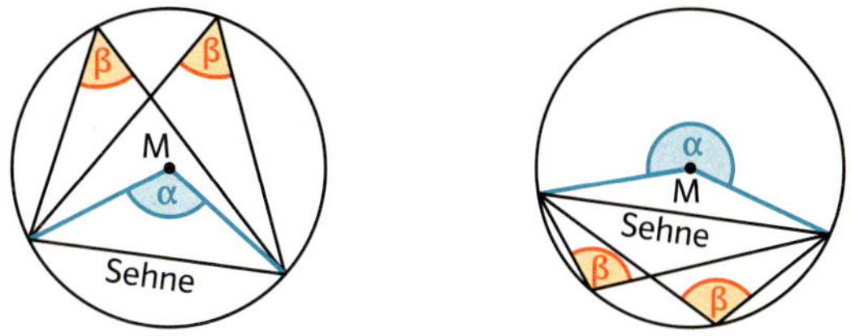

Sehnensatz

Schneiden sich zwei Sehnen in einem Punkt S, dann gilt:

$\overline{SA} \cdot \overline{SB} = \overline{SC} \cdot \overline{SD}$.

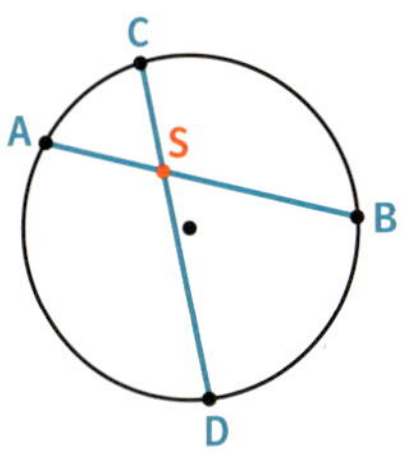

Sekantensatz

Schneiden sich zwei Sekanten in einem Punkt S außerhalb des Kreises, dann gilt:

$\overline{SA} \cdot \overline{SB} = \overline{SC} \cdot \overline{SD}$.

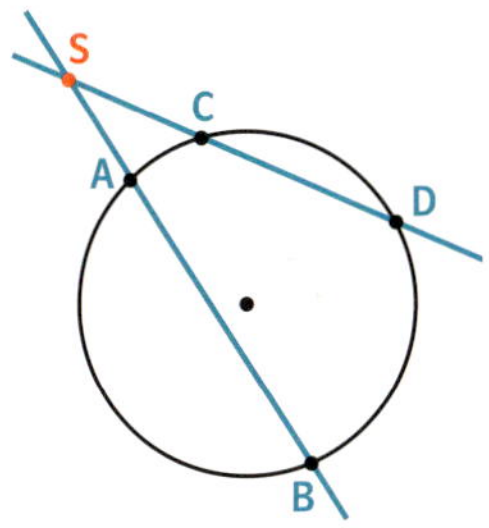

Sekanten-Tangentensatz

Schneiden sich eine Tangente und eine Sekante in einem Punkt S außerhalb des Kreises, dann gilt:

$\overline{SA} \cdot \overline{SB} = \overline{SC}^2$.

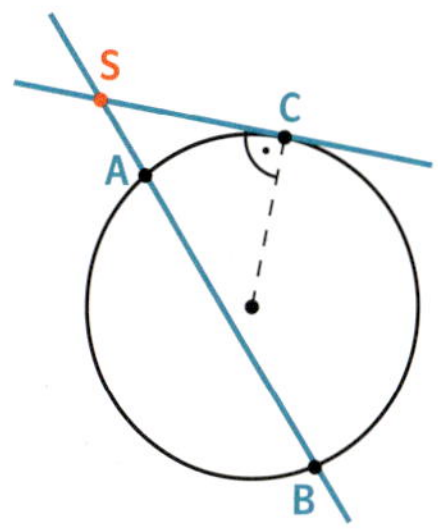

Kongruenz und Ähnlichkeit

Kongruenzabbildungen

Achsenspiegelung (Geradenspiegelung), Punktspiegelung, Drehung und Verschiebung sind Kongruenzabbildungen.

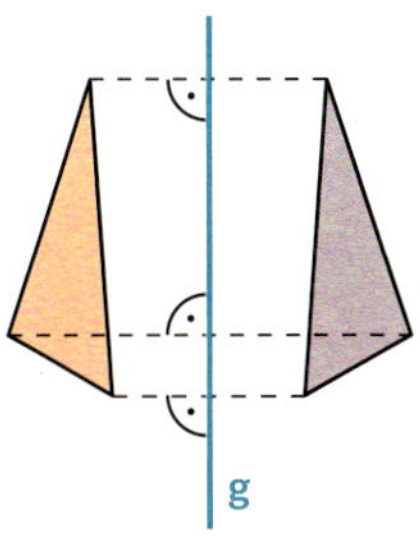

Spiegelachse g

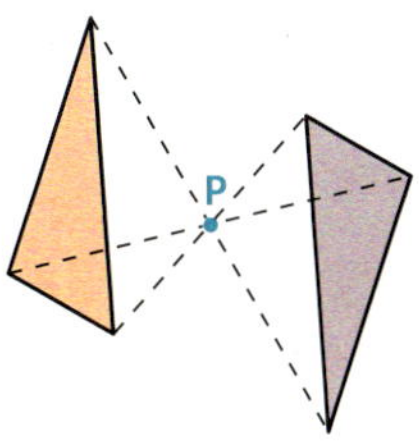

Spiegelzentrum P

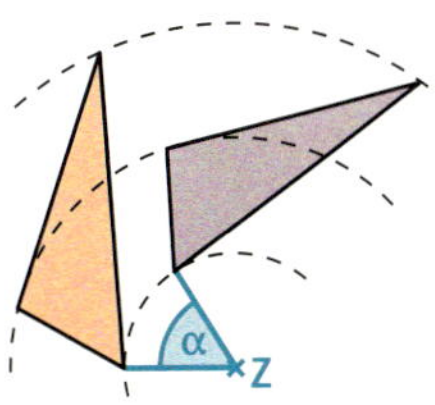

Drehzentrum Z
Drehwinkel α

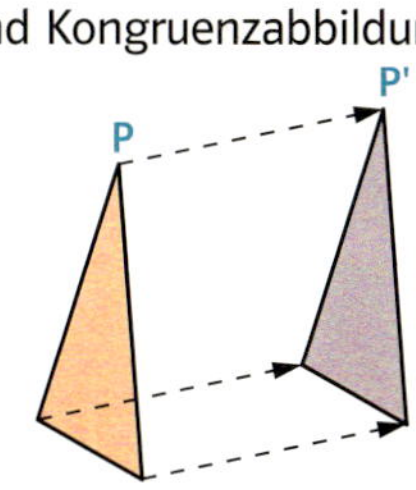

Verschiebungspfeil
von P nach P'

Eine Hintereinanderausführung (Verkettung) von Kongruenzabbildungen ist wieder eine Kongruenzabbildung.

Kongruente Figuren

Zwei Figuren heißen kongruent (deckungsgleich), wenn man die eine Figur durch Kongruenzabbildungen auf die andere Figur abbilden kann.

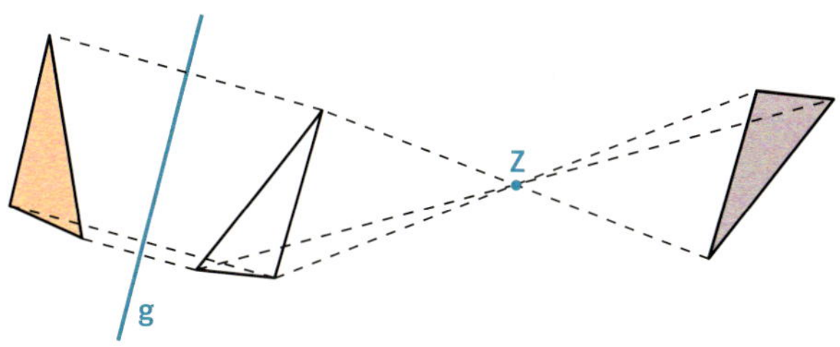

Winkel, Strecken und Flächeninhalte bei kongruenten Figuren

Wenn zwei Figuren kongruent sind, dann sind alle entsprechenden Strecken gleich lang und alle entsprechenden Winkel gleich weit. Der Flächeninhalt kongruenter Figuren ist gleich.

Kongruenzsätze für Dreiecke

Zwei Dreiecke sind kongruent (deckungsgleich), wenn eine der vier Bedingungen erfüllt ist:

Kongruenzsatz sss:	Die Dreiecke stimmen in drei entsprechenden Seiten überein.
Kongruenzsatz sws:	Die Dreiecke stimmen in zwei entsprechenden Seiten überein und die von diesen Seiten jeweils eingeschlossenen Winkel sind gleich weit.
Kongruenzsatz Ssw:	Die Dreiecke stimmen in zwei entsprechenden Seiten überein und die Gegenwinkel der jeweils längeren Seite sind gleich weit.
Kongruenzsatz wsw oder wws:	Die Dreiecke stimmen in einer Seite und zwei entsprechend gleichliegenden Winkeln überein.

Zentrische Streckung

Eine zentrische Streckung ist durch das Streckzentrum Z und den Streckfaktor k festgelegt.

Für eine zentrische Streckung gilt:
- das Bild einer Geraden ist wieder eine Gerade,
- Originalwinkel und Bildwinkel sind gleich weit,
- das Bild eines Parallelenpaares ist wieder ein Parallelenpaar,
- wird die Originalstrecke durch einen Punkt P im Verhältnis a : b geteilt, dann wird die Bildstrecke vom Bildpunkt von P im gleichen Verhältnis geteilt.

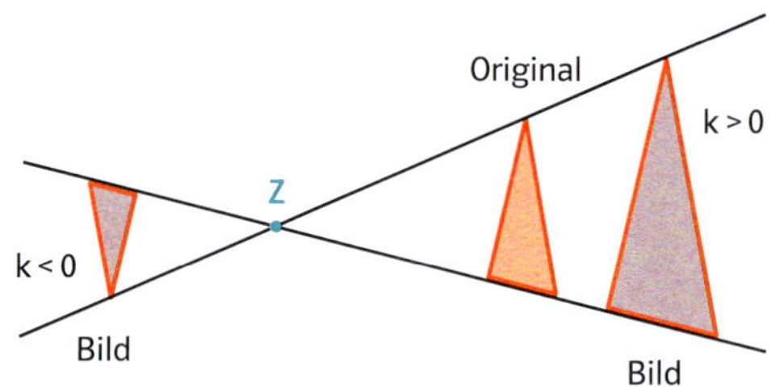

Eine zentrische Streckung ist nur für $k = 1$ oder $k = -1$ eine Kongruenzabbildung.

Ähnlichkeitsabbildungen; ähnliche Figuren

Zentrische Streckungen, Kongruenzabbildungen und die Hintereinanderausführung (Verkettung) dieser Abbildungen sind Ähnlichkeitsabbildungen.

Zwei Figuren heißen ähnlich, wenn man die eine Figur mit Ähnlichkeitsabbildungen auf die andere Figur abbilden kann.

Winkel, Strecken und Flächeninhalte bei ähnlichen Figuren

Wenn zwei Figuren ähnlich sind, dann sind alle entsprechenden Winkel gleich weit und für die Längen von Originalstrecke a und Bildstrecke a' gilt: $a' = k \cdot a$ mit einer festen Zahl k.

Der Flächeninhalt A' der Bildfigur ergibt sich aus dem Flächeninhalt A der Originalfigur mit $A' = k^2 \cdot A$.

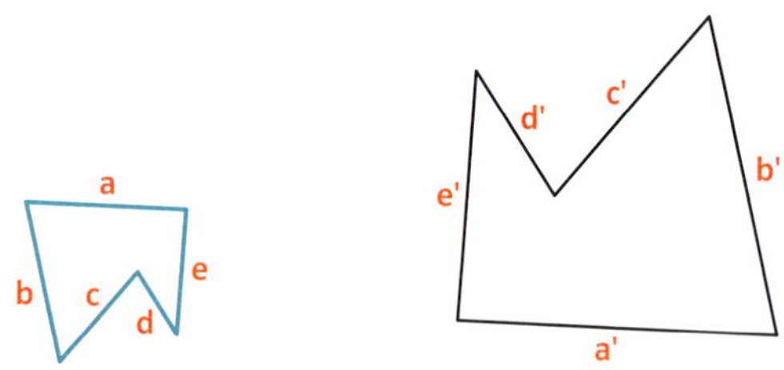

Ähnlichkeitssätze für Dreiecke

Zwei Dreiecke sind bereits dann ähnlich, wenn eine der vier Bedingungen erfüllt ist:

- Die Dreiecke stimmen in zwei Winkeln überein.
- Das Verhältnis der Seitenlängen in einem Dreieck ist gleich dem Verhältnis entsprechender Seitenlängen im anderen Dreieck.
- Die Dreiecke stimmen in einem Winkel überein und das Längenverhältnis der diesem Winkel anliegenden entsprechenden Seiten ist gleich.
- Die Dreiecke stimmen im Längenverhältnis zweier Seiten überein und die Gegenwinkel der jeweils längeren Seiten sind gleich weit.

Strahlensätze

Teilverhältnis

Jeder Punkt T (mit $T \neq B$) auf einer Strecke $\overline{AB}$ legt ein Teilverhältnis t mit $t = \frac{\overline{AT}}{\overline{TB}}$ fest.

Es gilt: $\overline{AT} = t \cdot \overline{TB}$.

Die Strahlensätze gelten nur in einer Strahlensatzfigur. Diese besteht aus zwei sich schneidenden Geraden g und h und aus einem Parallelenpaar, das g und h schneidet.

Erster Strahlensatz

Entsprechende Längen auf g verhalten sich wie entsprechende Längen auf h.

$\frac{x+y}{y} = \frac{u+v}{v}$; $\frac{x}{y} = \frac{u}{v}$

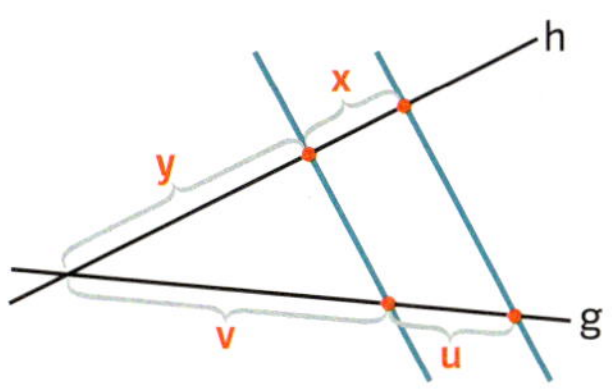

$\frac{a}{d} = \frac{c}{b}$; $\frac{a}{c} = \frac{d}{b}$

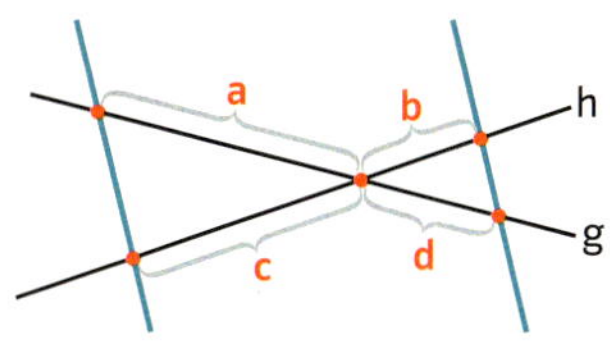

Zweiter Strahlensatz

Entsprechende Längen auf g bzw. h verhalten sich wie entsprechende Parallelenabschnitte.

$\frac{x+y}{p} = \frac{y}{q}$; $\frac{p}{q} = \frac{x+y}{y}$

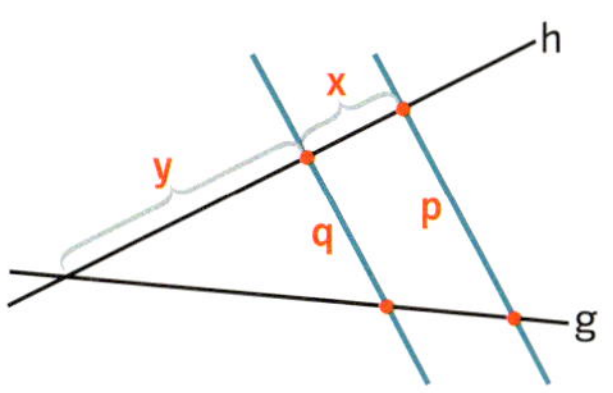

$\frac{a}{b} = \frac{c}{d}$; $\frac{a}{c} = \frac{b}{d}$

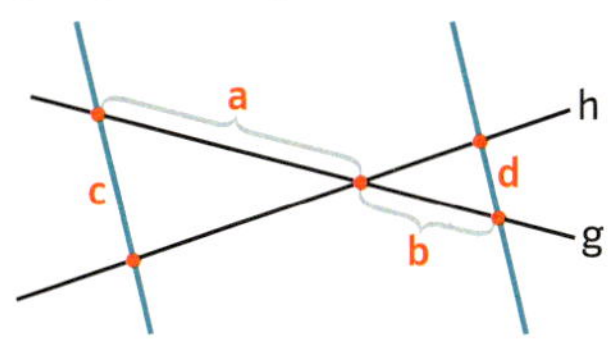

Goldener Schnitt

Zwei Teilstrecken a und b mit a > b stehen im Verhältnis des Goldenen Schnitts (oder: Die Strecke $\overline{PQ}$ wird im Verhältnis des Goldenen Schnitts geteilt), wenn gilt: $\frac{a+b}{a} = \frac{a}{b}$.

In diesem Fall gilt: $b = \frac{1}{2}(\sqrt{5} - 1) \cdot a \approx 0{,}6180 \cdot a$.

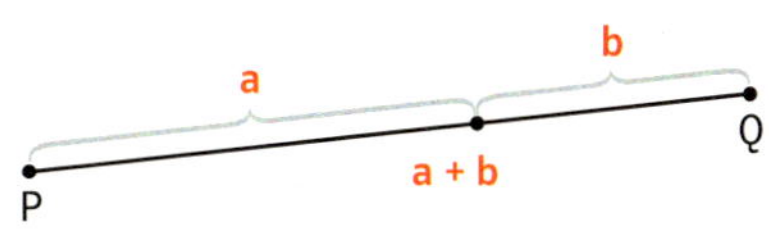

Körper berechne und darstellen

Kugel, Rotationskörper

Rotationskörper ▻ **S. 58**

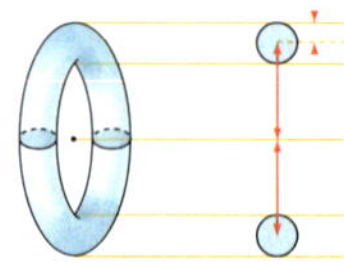

Kugel ▻ **S. 58**

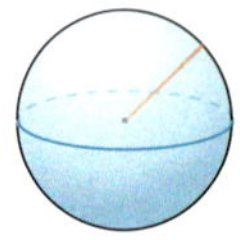

Regelmäßige Körper

Polyeder ▻ **S. 59**

$e + f = k + 2$

Tetraeder, Oktaeder ▻ **S. 59**

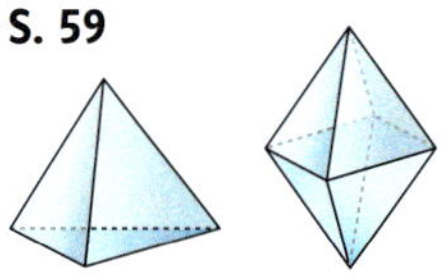

Darstellen von Körpern

Schrägbild ▻ **S. 54**

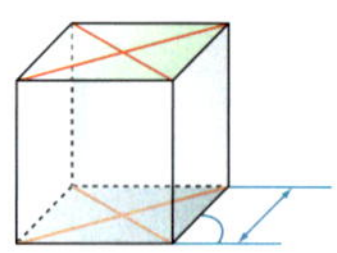

Grundriss, Aufriss, Seitenriss ▻ **S. 55**

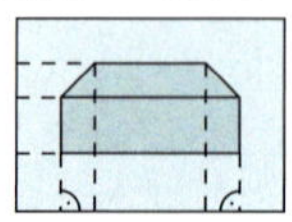

Pyramidenstumpf ▻ **S. 57**

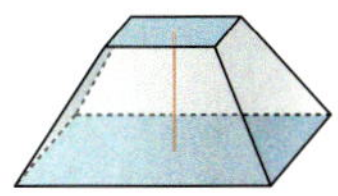

Pyramide, Kegel

Pyramide, Kegel ▻ **S. 56**

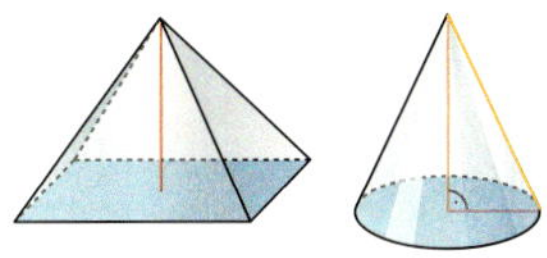

Körpernetze ▻ **S. 56**

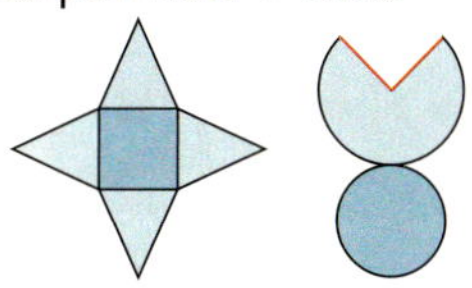

Würfel, Quader, Zylinder, Prisma

Würfel, Zylinder ▻ **S. 55**

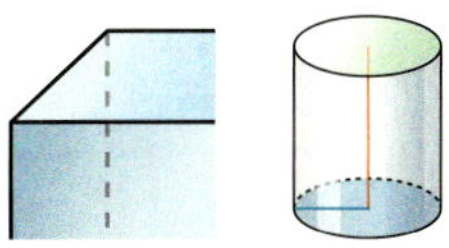

Körpernetze ▻ **S. 56**

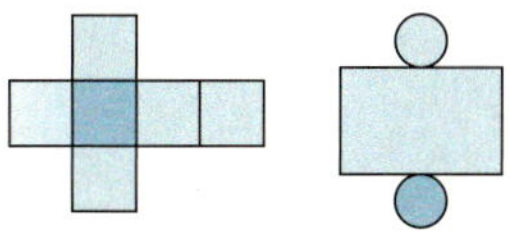

Schiefe Körper ▻ **S. 57**

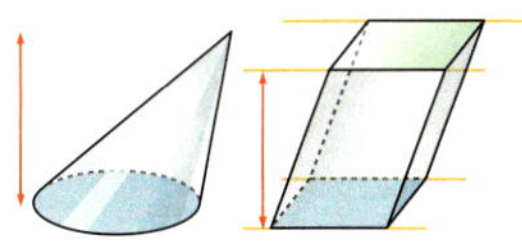

Darstellung von Körpern

Parallelprojektion

Wird ein Körper von parallelem Licht bestrahlt, dann heißt der auf einer Ebene erzeugte Schatten Parallelprojektion des Körpers. Eine Parallelprojektion ist durch die Richtung der Lichtstrahlen (**Projektionsrichtung**) und die Lage der Zeichenebene (**Projektionsebene**) festgelegt.

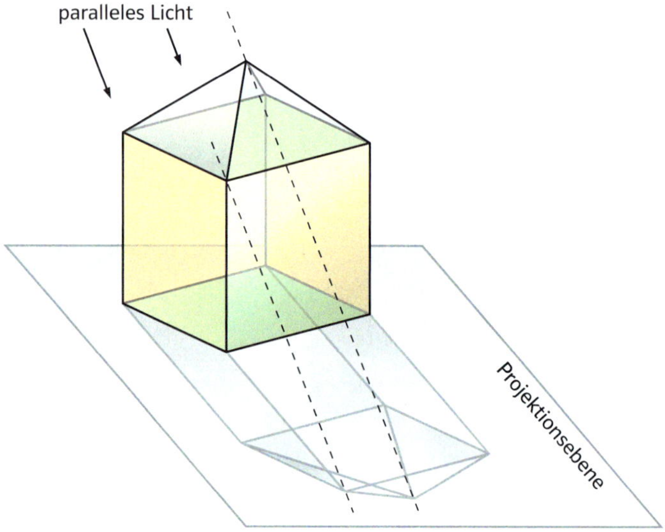

Schrägbilder (Schräge Parallelprojektion)

Eine Parallelprojektion, bei der die Projektionsrichtung und die Zeichenebene keinen rechten Winkel bilden ($0 < \alpha < 90°$), heißt **Schrägbild**. Beim Schrägbild eines Körpers unterscheidet man, ob Strecken des Körpers (Kanten, Diagonalen) parallel oder orthogonal zur Zeichenebene sind.

	Strecken parallel zur Zeichenebene (Hauptlage)	Strecken nicht parallel zur Zeichenebene
Streckenlängen erscheinen in wahrer Länge	Ja	Im Allgemeinen nicht
Winkel erscheinen in wahrer Weite	Ja	Im Allgemeinen nicht
Parallele Strecken erscheinen parallel	Ja	Ja
Teilverhältnisse bleiben erhalten	Ja	Ja

Strecken, die zur Bildebene orthogonal sind, sind in ihrer Länge um denselben Verzerrungsfaktor k geändert. Sie werden mit demselben Verzerrungswinkel α gezeichnet.

Würfel

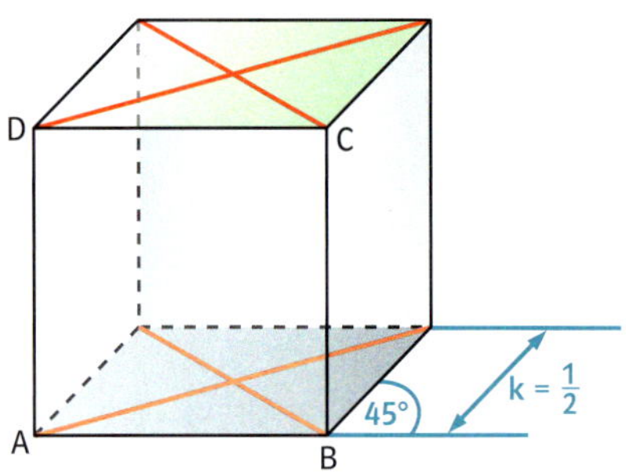

Viereck ABCD parallel zur Bildebene
$\alpha = 45°;\ k = \frac{1}{2}$

Würfel

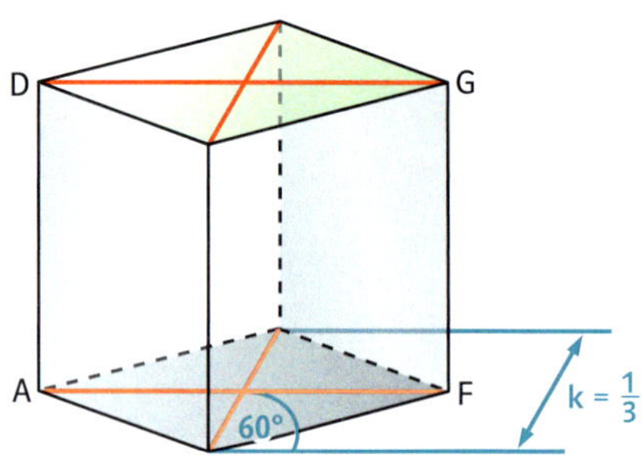

Viereck AFGD parallel zur Bildebene
$\alpha = 60°;\ k = \frac{1}{3}$

Grundriss – Aufriss – Seitenriss

Grundriss, Aufriss und Seitenriss entstehen, wenn bei einer Parallelprojektion die Projektionsrichtung und die Zeichenebene einen rechten Winkel bilden. Orthogonal zur Zeichenebene verlaufende Strecken erscheinen als Punkt.

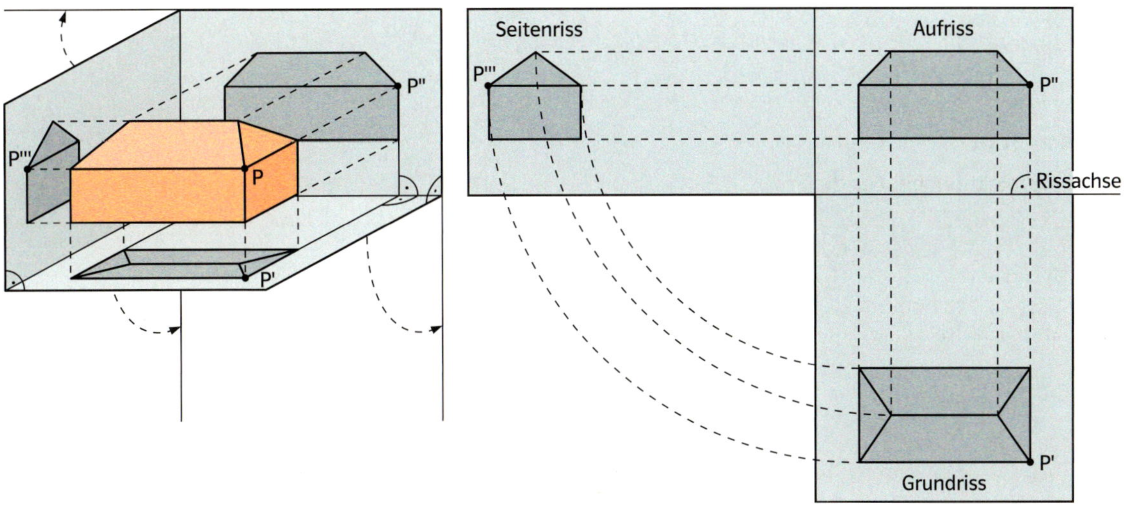

Würfel, Quader, Zylinder und Prisma

Volumen bei diesen Körpern $V = G \cdot h$ (G Grundfläche; h Höhe)

Würfel

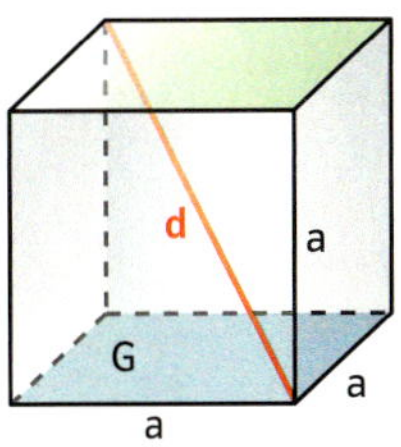

Quader

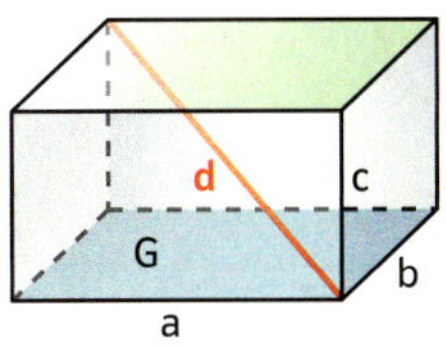

Zylinder

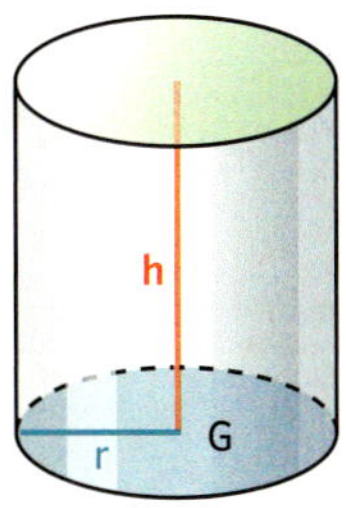

Prisma

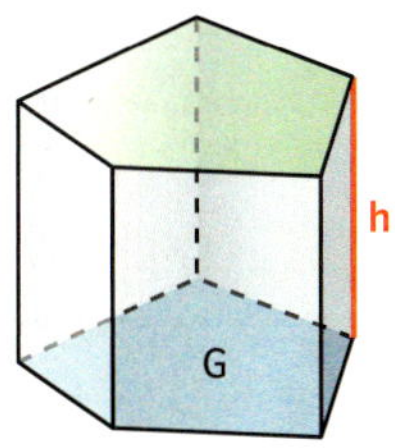

	Würfel	Quader	Zylinder	Prisma
Volumen	$V = a^3$	$V = a \cdot b \cdot c$	$V = \pi r^2 \cdot h$	$V = G \cdot h$
Oberflächeninhalt	$O = 6a^2$	$O = 2(ab + ac + bc)$	$O = 2\pi r(h + r)$	$O = 2G + M$
Länge der Raumdiagonale	$d = a\sqrt{3}$	$d = \sqrt{a^2 + b^2 + c^2}$		
Mantelflächeninhalt			$M = 2\pi r \cdot h$	
Grundflächeninhalt			$G = \pi r^2$	

Netz eines Würfels

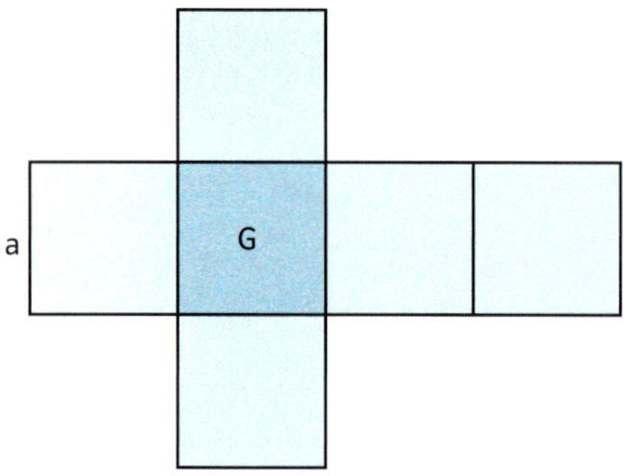

Netz eines Zylinders

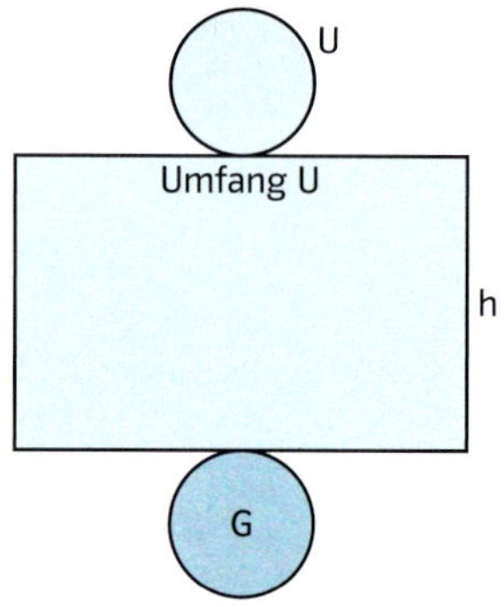

Pyramide und Kegel

Volumen bei diesen Körpern $V = \frac{1}{3} G \cdot h$ (G Grundfläche; h Höhe)

Pyramide

Volumen
$V = \frac{1}{3} G \cdot h$

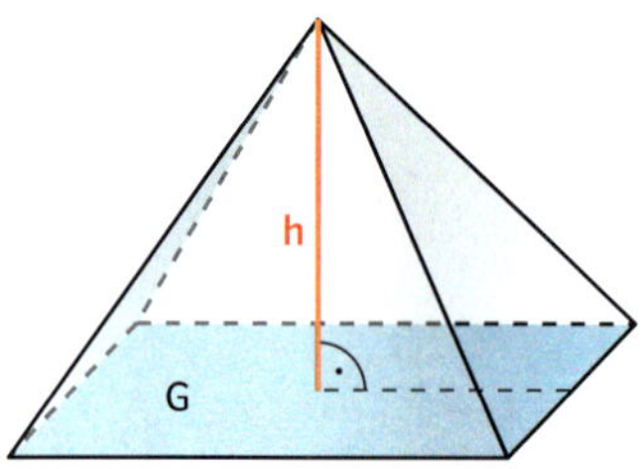

Gerader Kreiskegel

Volumen
$V = \frac{1}{3} \pi r^2 \cdot h$

Länge der Mantellinie
$s = \sqrt{r^2 + h^2}$

Grundflächeninhalt
$G = \pi r^2$

Mantelflächeninhalt
$M = \pi \cdot r \cdot s$

Oberflächeninhalt
$O = G + M$

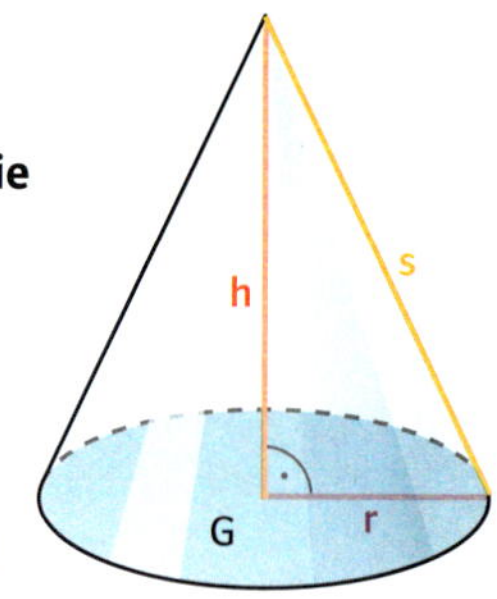

Netz einer Pyramide

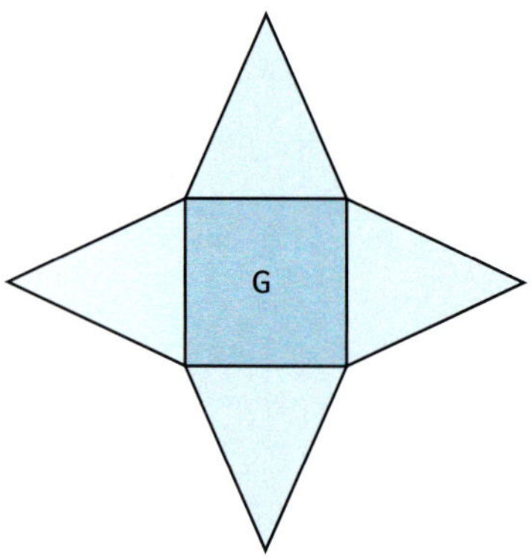

Netz eines geraden Kreiskegels

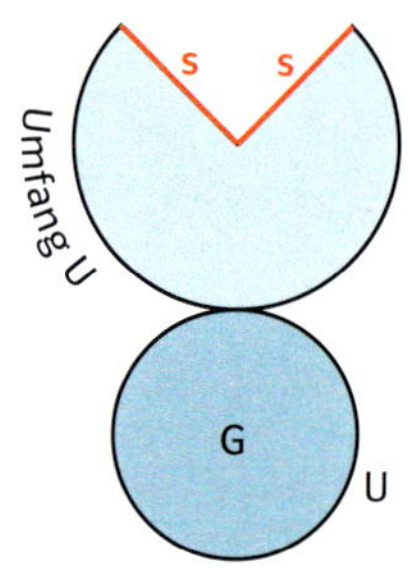

Pyramidenstumpf

(die Schnittfläche ist parallel zur Grundfläche)

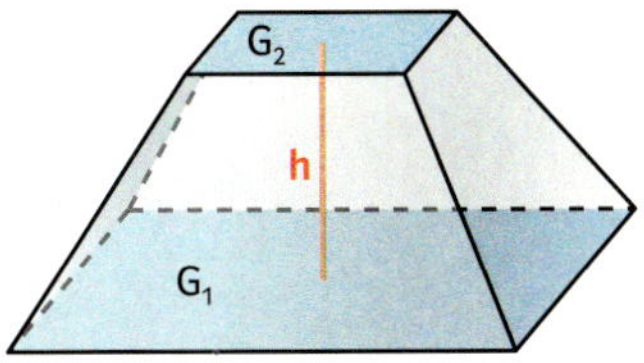

Volumen

$V = \frac{1}{3}h(G_1 + \sqrt{G_1G_2} + G_2)$

Gerader Kegelstumpf

(die Schnittfläche ist parallel zur Grundfläche)

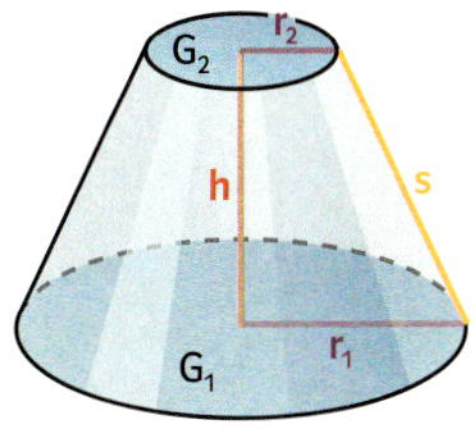

Volumen

$V = \frac{1}{3}h \cdot \pi \cdot (r_1^2 + r_1r_2 + r_2^2)$

Mantelflächeninhalt

$M = \pi s(r_1 + r_2)$

Das Volumen von Pyramidenstumpf und Kegelstumpf ändert sich nicht, wenn die Deckfläche parallel zur Grundfläche verschoben wird.

Schiefe Körper

Wenn die Deckfläche eines Würfels, Quaders, Zylinders oder Prismas parallel zu dessen Grundfläche verschoben wird, dann ändert sich das Volumen nicht:

$V = G \cdot h.$

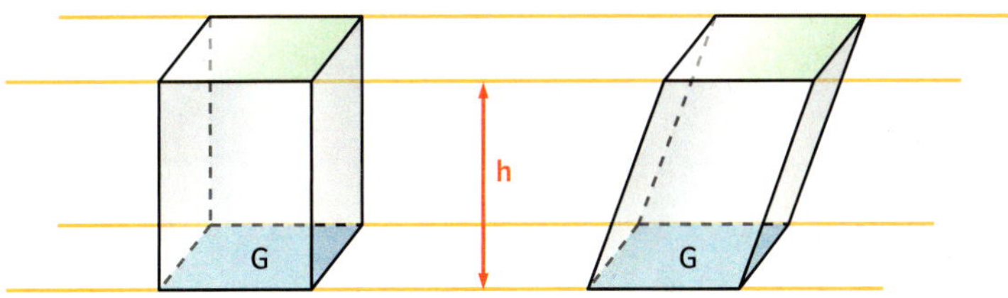

Wenn die Spitze einer Pyramide oder eines Kegels parallel zur Grundfläche verschoben wird, dann ändert sich das Volumen nicht:

$V = \frac{1}{3}G \cdot h.$

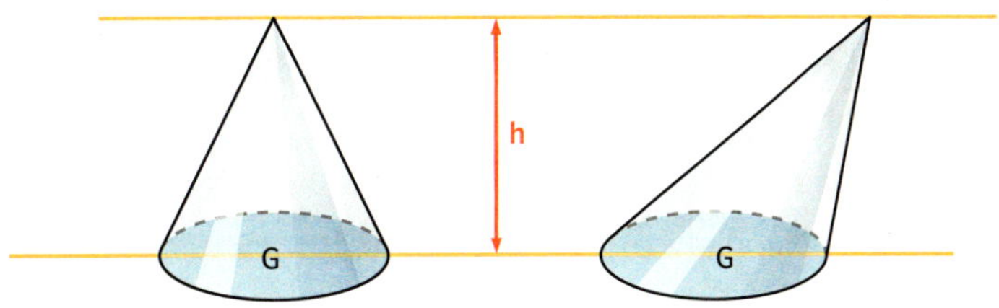

Kugel und Rotationskörper

Kugel, Kugelabschnitt, Kugelausschnitt

Kugel

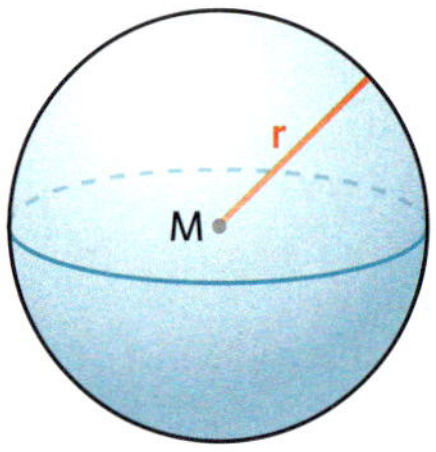

Kugelabschnitt (-kappe)

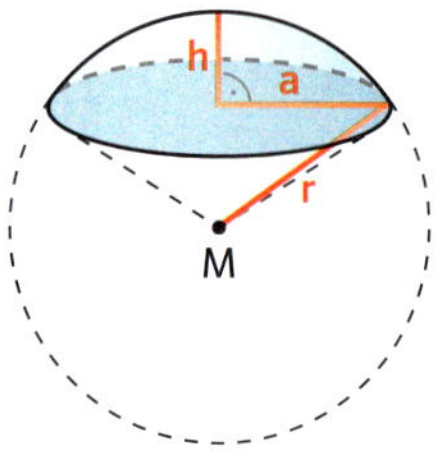

Kugelausschnitt (-sektor)

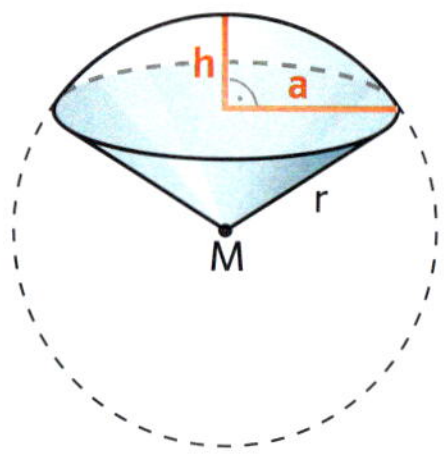

Volumen

Kugel: $V = \frac{4}{3}\pi r^3$

Kugelabschnitt: $V = \frac{1}{3}\pi h^2 (3r - h) = \frac{1}{6}\pi h (3a^2 + h^2)$

Kugelausschnitt: $V = \frac{2}{3}\pi \cdot r^2 h$

Kappenflächeninhalt

Kugelabschnitt: $M = 2\pi r h = \pi(a^2 + h^2)$

Kugelausschnitt: $M = 2\pi r h = \pi(a^2 + h^2)$

Oberflächeninhalt

Kugel: $O = 4\pi r^2$

Kugelabschnitt: $O = \pi(h^2 + 2a^2)$

Kugelausschnitt: $O = \pi r(2h + a)$

Torus (Ring)

Volumen

$V = 2\pi^2 r^2 R$

Oberflächeninhalt

$O = 4\pi^2 r R$

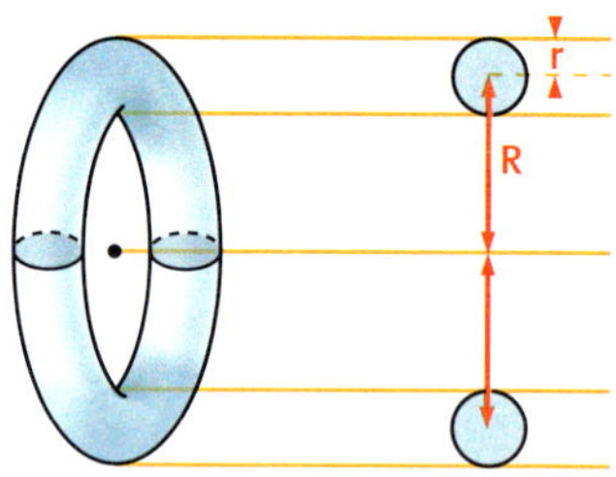

Guldin'sche Regeln (→ Rotationskörper S. 75)

- Der Körper entsteht durch Rotation einer ebenen Figur um eine Achse.
- Die Figur und die Achse liegen in einer gemeinsamen Ebene.
- Die Achse darf die Figur nicht schneiden.

Guldin'sche Regel für das Volumen V des Körpers:
V ergibt sich als Produkt aus dem Flächeninhalt der Figur und dem Umfang des Kreises, den der Schwerpunkt S der Figur bei der Rotation beschreibt.

Guldin'sche Regel für den Oberflächeninhalt O des Körpers:
O ergibt sich als Produkt aus dem Umfang der Figur und dem Umfang des Kreises, den der Schwerpunkt S der Figur bei der Rotation beschreibt.

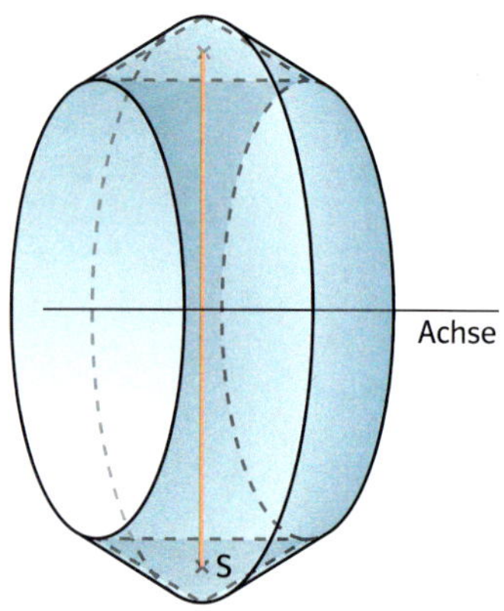

Regelmäßige Körper

Polyeder (Vielflach)

Ein Körper, dessen Oberfläche aus ebenen Vielecken besteht, heißt Polyeder.

Ein Polyeder heißt konvex, wenn mit zwei seiner Punkte stets die ganze Verbindungsstrecke im Inneren des Körpers liegt. Für alle konvexen Polyeder mit e Ecken, f Flächen und k Kanten gilt der Euler'sche Polyedersatz:
$e + f = k + 2$.

Regelmäßige Körper (Platonische Körper; Reguläre Polyeder)

Ein Körper heißt regelmäßig, wenn seine Oberfläche nur aus kongruenten regelmäßigen Vielecken besteht.
Es gibt genau fünf regelmäßige Körper.

	Tetraeder	**Würfel**	**Oktaeder**	**Dodekaeder**	**Ikosaeder**
	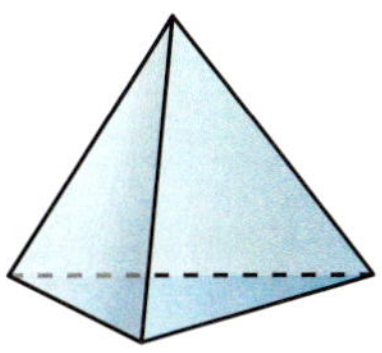	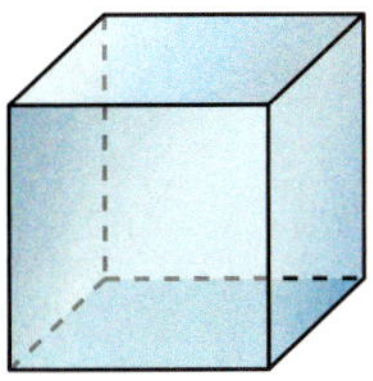	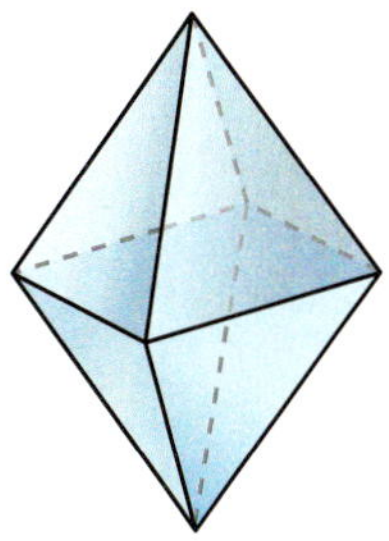	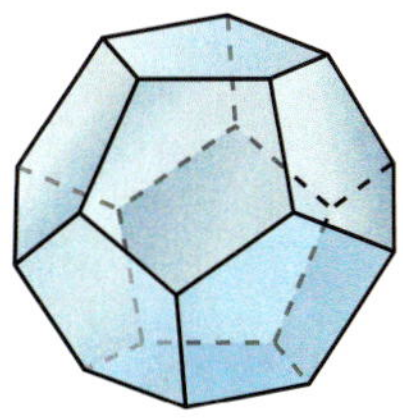	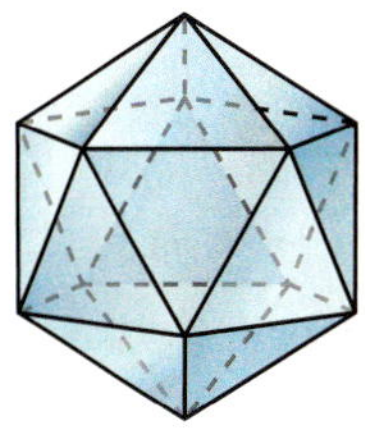
Seitenfläche	4 gleichseitige Dreiecke	6 Quadrate	8 gleichseitige Dreiecke	12 gleichseitige Fünfecke	20 gleichseitige Dreiecke
Eckenzahl	4	8	6	20	12
Kantenzahl	6	12	12	30	30
Volumen	(a Kantenlänge) $V = \frac{a^3}{12}\sqrt{2}$	(a Kantenlänge) $V = a^3$	(a Kantenlänge) $V = \frac{a^3}{3}\sqrt{2}$	(a Kantenlänge) $V = \frac{a^3}{4}(15 + 7\sqrt{5})$	(a Kantenlänge) $V = \frac{5a^3}{12}(3 + \sqrt{5})$
Oberflächeninhalt	$O = a^2\sqrt{3}$	$O = 6a^2$	$O = 2a^2\sqrt{3}$	$O = 3a^2\sqrt{5(5 + 2\sqrt{5})}$	$O = 5a^2\sqrt{3}$
Umkugelradius	$R = \frac{a}{4}\sqrt{6}$	$R = \frac{a}{2}\sqrt{3}$	$R = \frac{a}{2}\sqrt{2}$	$R = \frac{a}{4}\sqrt{3}(1 + \sqrt{5})$	$R = \frac{a}{4}\sqrt{2(5 + \sqrt{5})}$
Inkugelradius	$r = \frac{a}{12}\sqrt{6}$	$r = \frac{a}{2}$	$r = \frac{a}{6}\sqrt{6}$	$r = \frac{a}{4}\sqrt{10 + \frac{22}{5}\sqrt{5}}$	$r = \frac{a}{12}\sqrt{3}(3 + \sqrt{5})$

Nützliche Summenforme
▻ S. 63

$1 + 2 + 3 + \ldots + n = \frac{n}{2} \cdot (n + 1$

$2 + 4 + 6 + \ldots + 2n = n \cdot (n +$

Arithmetische und geometrische Folgen ▻ S. 63

$$s_n = a_1 \cdot \frac{q^n - 1}{q - 1}$$

Grenzwerte, Grenzwertsätze ▻ S. 62

Definition, Monotonie, Beschränktheit, Grenzwerte

Folgen und Reihen

Analysis – ableiten und integrieren

Rationale Funktionen

Ganzrationale Funktione
▻ S. 68

Nullstellen
Näherungskurven

Gebrochenrationale Funktionen ▻ S. 68

Definitionslücken, Asymptoten, Näherungskurven

Kontinuierliches Wachstum

Lineares Wachstum
▻ S. 76

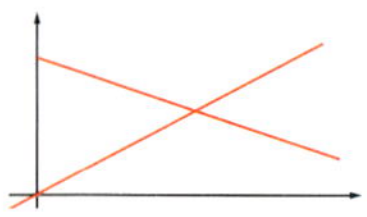

Beschränktes und logistisches Wachstum ▻ S. 77

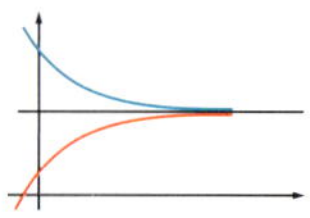

Kurvenuntersuchung

Symmetrie ▻ S. 69

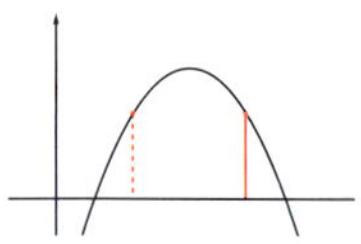

Näherungsweise Berechnung von Nullstellen
▻ S. 69

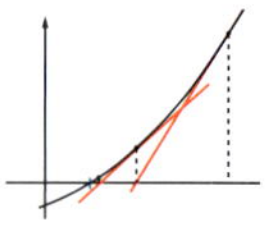

Extrempunkte, Extremstellen, Extremwerte ▻ S. 69

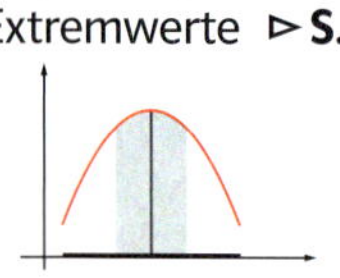

Wendepunkte ▻ S. 70

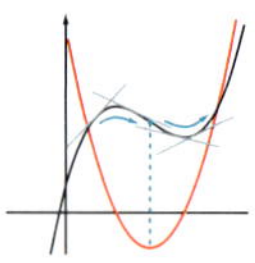

Schnittpunkte und Schnittwinkel ▻ S. 71

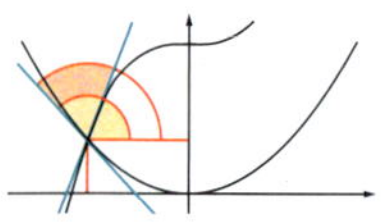

Ableitung von Grundfunktionen, Ableitungsregeln ▻ **S. 67**

$f(x) = e^x$; $f'(x) = \ln(x)$
$f(x) = f(u(x))$ mit $u = g(x)$

Ableitungen

Differenzenquotient, Änderungsrate ▻ **S. 65**

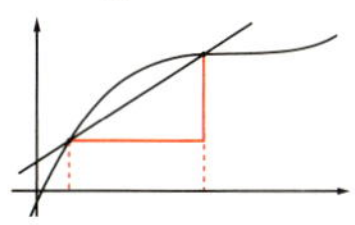

Ableitung, Ableitungsfunktion ▻ **S. 66**

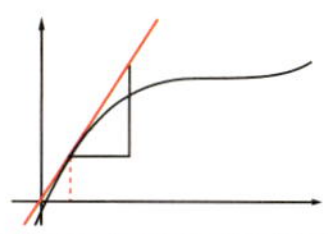

Monotonie ▻ **S. 66**

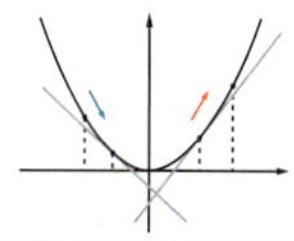

Verketten und Umkehren von Funktionen

Verschieben von Graphen ▻ **S. 64**

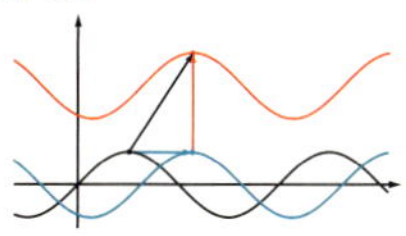

Verketten von Funktionen ▻ **S. 64**

$u \circ v\colon x \mapsto u(v(x))$
$v \circ u\colon x \mapsto v(u(x))$

Umkehrfunktionen ▻ **S. 65**

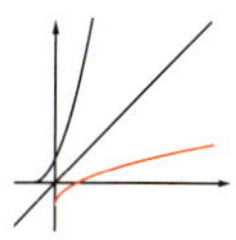

Existenzsätze

Nullstellensatz ▻ **S. 77**

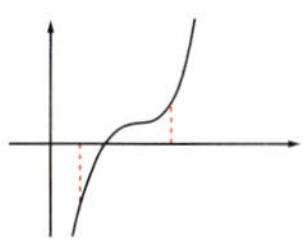

Mittelwertsatz ▻ **S. 77**

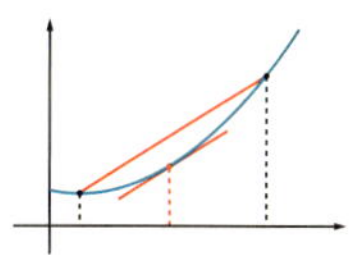

Integral und Fläche

Stammfunktion ▻ **S. 71**

$f(x) = \sin(x)$
$F(x) = -\cos(x) + c$

Integral und Integralfunktionen ▻ **S. 73**

$$\left(\int_a^x f(t)\,dt\right)' = f(x)$$

Flächenberechnung ▻ **S. 74**

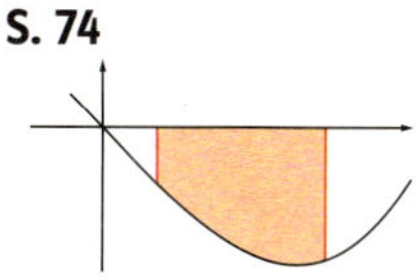

Rotationskörper ▻ **S. 75**

Mittelwert, Bogenlänge

$$V_x = \pi \cdot \int_a^b (f(x))^2\,dx$$

Näherungsweise Berechnung von Integralen ▻ **S. 76**

Folgen und Reihen

Zahlenfolge, Reihe

Eine reelle Zahlenfolge (a_n) ist eine Funktion, die jeder natürlichen Zahl $n \in \mathbb{N}$ oder $n \in \mathbb{N}^*$ eine reelle Zahl a_n zuordnet.
Explizit gegebene Folge (a_n): $a_n = 1 + 0{,}6^n, \quad n \in \mathbb{N}$
Rekursiv gegebene Folge (a_n):
$a_{n+1} = 1 + (a_n - 1) \cdot 0{,}6 \quad \text{mit } a_0 = 2, \quad n \in \mathbb{N}$

Unter der zu (a_n), $n \in \mathbb{N}^*$, gehörenden Reihe versteht man die **Summenfolge** (s_n) mit $s_n = a_1 + a_2 + \ldots + a_n$.

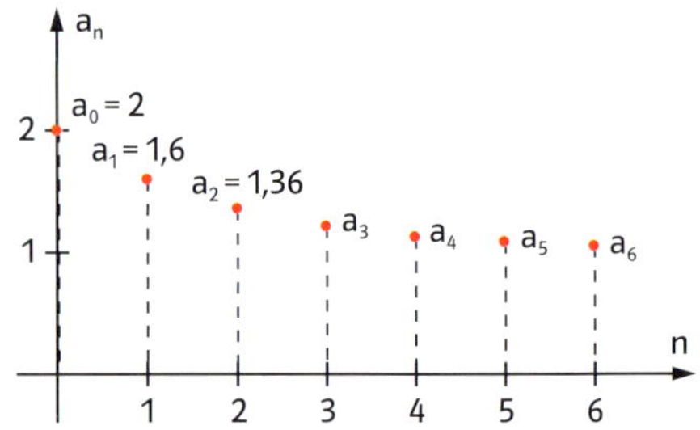

Monotonie und Beschränktheit

Eine reelle Zahlenfolge (a_n) heißt streng monoton fallend (monoton fallend), wenn für alle $n \in \mathbb{N}$ gilt:
$a_n > a_{n+1}$ $(a_n \geq a_{n+1})$.
Sie heißt streng monoton wachsend (monoton wachsend), wenn für alle $n \in \mathbb{N}$ gilt:
$a_n < a_{n+1}$ $(a_n \leq a_{n+1})$.

Eine reelle Zahlenfolge (a_n) heißt beschränkt, wenn alle Folgenglieder zwischen zwei festen Schranken s und S liegen: $s \leq a_n \leq S$ für alle $n \in \mathbb{N}$.

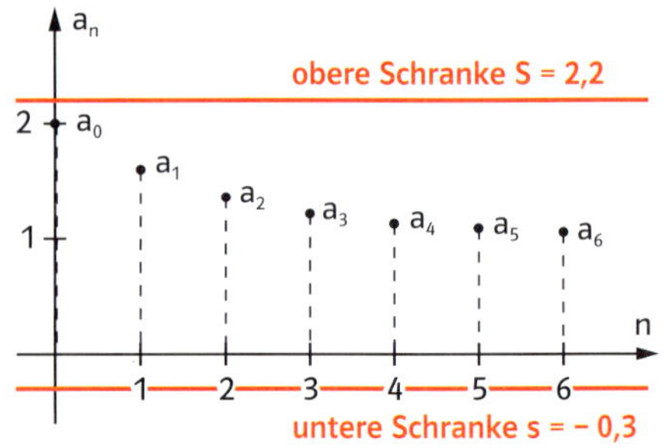

Grenzwert, Nullfolge, konvergent, divergent

Eine Zahl g ist **Grenzwert** einer reellen Zahlenfolge (a_n), wenn es zu jeder positiven Zahl ε eine natürliche Zahl n_ε gibt, so dass für alle $n \geq n_\varepsilon$ gilt: $|a_n - g| < \varepsilon$.
(a_n) heißt dann **konvergent** mit dem Grenzwert g.
Schreibweise: $g = \lim\limits_{n \to \infty} a_n$.
Eine Folge mit dem Grenzwert 0 heißt **Nullfolge**.
Eine nicht konvergente Folge heißt **divergent**.

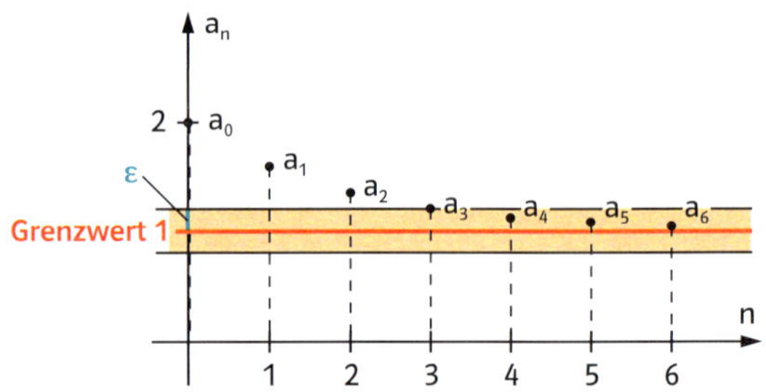

Grenzwertsätze

Hat die Folge (a_n) den Grenzwert a und die Folge (b_n) den Grenzwert b, dann sind die Folgen $(a_n \pm b_n)$, $(a_n \cdot b_n)$ und (falls $b_n \neq 0$) auch die Folge $\left(\frac{a_n}{b_n}\right)$ konvergent und es gilt:

1) $\lim\limits_{n \to \infty} (a_n \pm b_n) = a \pm b$,

2) $\lim\limits_{n \to \infty} (a_n \cdot b_n) = a \cdot b$,

3) $\lim\limits_{n \to \infty} \frac{a_n}{b_n} = \frac{a}{b}$.

Ist eine reelle Zahlenfolge monoton und beschränkt, so ist sie auch konvergent.

Intervallschachtelung

Eine Folge $[a_n; b_n]$, n = 1, 2, 3, … von Intervallen heißt Intervallschachtelung, wenn gilt:
(1) $a_n < b_n$ für alle $n \in \mathbb{N}^*$, d. h. es liegen Intervalle vor.
(2) (a_n) ist eine monoton wachsende, (b_n) eine monoton fallende Zahlenfolge.
(3) $\lim\limits_{n \to \infty} (a_n - b_n) = 0$.
Durch eine Intervallschachtelung wird genau eine reelle Zahl erfasst.

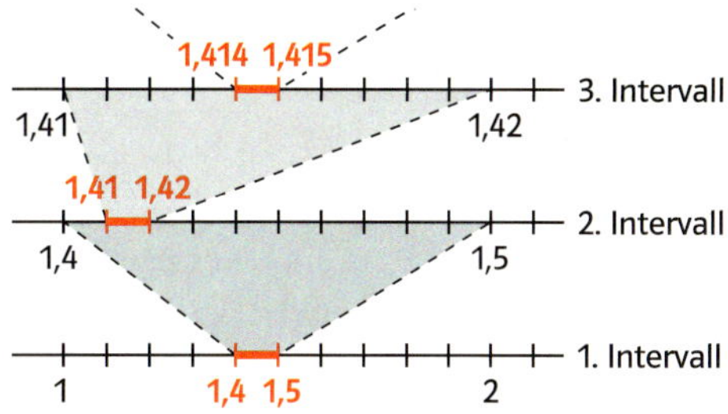

Arithmetische Folge, Summenfolge

Eine Zahlenfolge (a_n), $n \in \mathbb{N}^*$, für die die Differenz d zweier aufeinander folgender Glieder jeweils konstant ist, heißt arithmetische Zahlenfolge:
Explizit: $a_n = a_1 + (n-1) \cdot d$
Rekursiv: $a_{n+1} = a_n + d$, a_1 vorgegeben
Arithmetische Summenfolge:

$$s_n = a_1 + a_2 + \ldots + a_n = \frac{n}{2}(a_1 + a_n)$$
$$= n \cdot a_1 + \frac{(n-1) \cdot n}{2} \cdot d$$

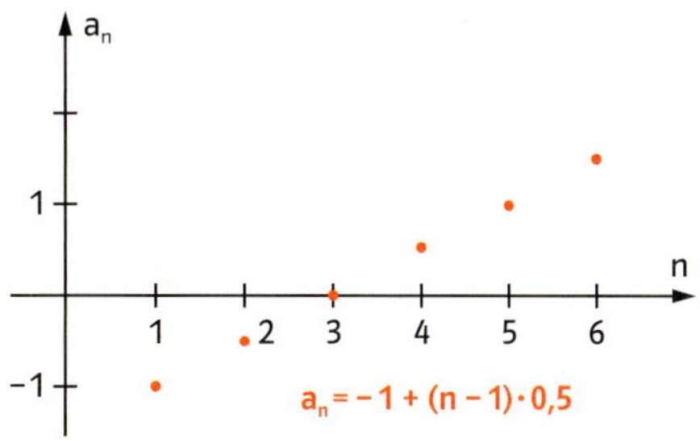

Geometrische Folge, Summenfolge

Eine Zahlenfolge (a_n), $n \in \mathbb{N}^*$, für die der Quotient q zweier aufeinander folgender Glieder jeweils konstant ist, heißt geometrische Zahlenfolge:
Explizit: $a_n = a_1 \cdot q^{n-1}$
Rekursiv: $a_{n+1} = a_n \cdot q$, a_1 vorgegeben
Für $|q| < 1$ ist (a_n) eine Nullfolge.
Geometrische Summenfolge:

$$s_n = a_1 + a_1 q + \ldots + a_1 q^{n-1} = a_1 \cdot \frac{q^n - 1}{q - 1} \quad \text{für } q \neq 1.$$

Für $|q| < 1$ gilt: $\lim\limits_{n \to \infty} s_n = a_1 \cdot \frac{1}{1-q}$.

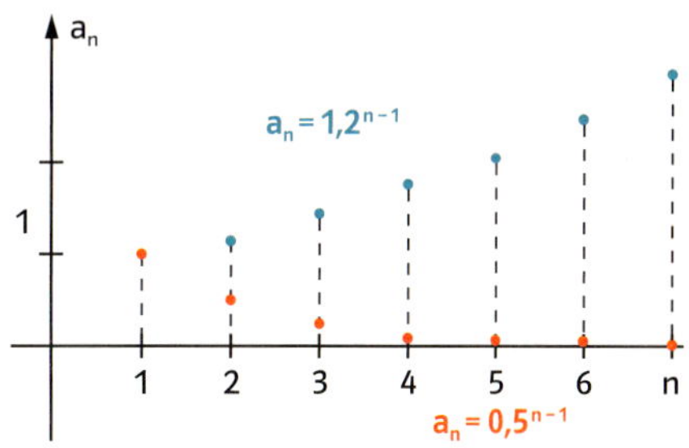

Spezielle Folgengrenzwerte

$\lim\limits_{n \to \infty} a^n = 0$ für $-1 < a < 1$

$\lim\limits_{n \to \infty} \sqrt[n]{a} = 1$ für $a > 0$

$\lim\limits_{n \to \infty} \left(1 + \frac{1}{n}\right)^n = e \approx 2{,}718\,281\,828\,4$

$\lim\limits_{n \to \infty} \left(1 + \frac{x}{n}\right)^n = e^x$

Summenformeln

$1 + 2 + 3 + \ldots + n = \frac{n}{2} \cdot (n+1)$

$2 + 4 + 6 + \ldots + 2n = n \cdot (n+1)$

$1 + 3 + 5 + \ldots + 2n - 1 = n^2$

$1^2 + 2^2 + 3^2 + \ldots + n^2 = \frac{n}{6} \cdot (n+1) \cdot (2n+1)$

$1^3 + 2^3 + 3^3 + \ldots + n^3 = \frac{n^2 \cdot (n+1)^2}{4}$

Vollständige Induktion
Eine Aussage, die für alle natürlichen Zahlen $n \in \mathbb{N}^*$ gelten soll, kann durch vollständige Induktion bewiesen werden. Dazu müssen folgende zwei Bedingungen erfüllt sein:
(I) Induktionsanfang: Die Aussage gilt für $n = 1$.
(II) Induktionsschritt:
Man nimmt an, dass die Aussage für eine Zahl $k \in \mathbb{N}^*$ gilt.
Man kann beweisen, dass diese Aussage unter dieser Voraussetzung auch für $k + 1$ gilt.

Wenn beide Bedingungen erfüllt sind, dann ist die Aussage für alle natürlichen Zahlen wahr.

Beispiel:
Gilt die Aussage $2 + 4 + 6 + \ldots + 2n = n \cdot (n + 1)$ für alle natürlichen Zahlen?

Beweis:
(I) Induktionsanfang: Die Aussage ist richtig für $n = 1$: $2 = 1 \cdot (1 + 1)$.
(II) Induktionsschritt: Annahme: Es gibt ein $k \in \mathbb{N}^*$, für das gilt: $2 + 4 + 6 + \ldots + 2k = k \cdot (k + 1)$.

Behauptung: $2 + 4 + 6 + \ldots + 2k + 2 \cdot (k + 1) = (k + 1) \cdot (k + 2)$

Beweis: $2 + 4 + 6 + \ldots + 2k + 2 \cdot (k + 1) = k \cdot (k + 1) + 2 \cdot (k + 1) = (k + 1) \cdot (k + 2)$.

Damit gilt die Aussage $2 + 4 + 6 + \ldots + 2n = n \cdot (n + 1)$ für alle natürlichen Zahlen aus N^*.

Verketten und Umkehren von Funktionen

Verketten von Funktionen
Unter der Verkettung zweier Funktionen v und u versteht man die Funktion $u \circ v \colon x \mapsto u(v(x))$.
Sprechweise: u nach v
Man erhält den Funktionsterm von $u \circ v$, indem man den Term $v(x)$ der „inneren" Funktion für die Variable der „äußeren" Funktion einsetzt.

$u(x) = \frac{2}{x - 1}$; $v(x) = 3x^2$

$u(v(x)) = \frac{2}{v(x) - 1} = \frac{2}{3x^2 - 1}$;

$v(u(x)) = 3(u(x))^2 = 3\left(\frac{2}{x - 1}\right)^2$

Verschieben und Strecken von Graphen
Wird der Graph einer Funktion f verschoben um a in x- und um b in y-Richtung, so lautet die zugehörige Funktionsgleichung der Bildfunktion g:
$g(x) = f(x - a) + b$.

Wird der Graph der Funktion f von der x-Achse in y- Richtung mit $k > 0$ gestreckt, so lautet die zugehörige Funktionsgleichung der Bildfunktion h:
$h(x) = k \cdot f(x)$.

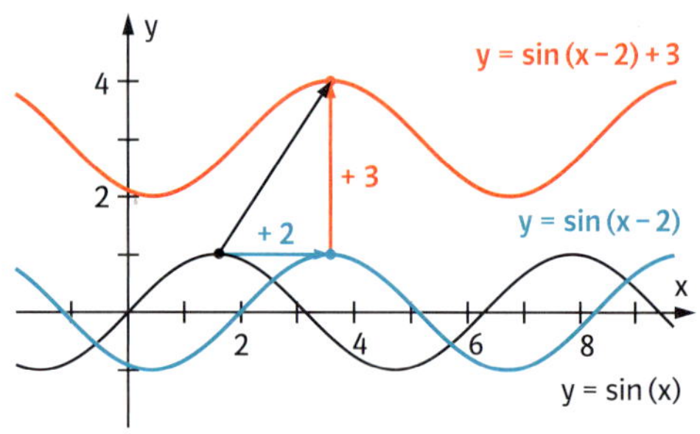

Umkehrfunktion

Eine Funktion f: $x \mapsto y$ mit $y = f(x)$ mit der Definitionsmenge D_f und der Wertemenge W_f heißt **umkehrbar**, wenn es zu jedem $y \in W_f$ genau ein $x \in D_f$ mit $f(x) = y$ gibt. Damit ist die Zuordnung $y \mapsto x$ eine Funktion. Sie heißt Umkehrfunktion der Funktion f oder inverse Funktion von f.
Man schreibt dafür $\overline{f}$ oder auch f^{-1}.

Den Graphen der Umkehrfunktion erhält man durch Spiegelung des Graphen von f an der 1. Winkelhalbierenden.

Die Umkehrfunktion von f^{-1} ist wieder die Ausgangsfunktion f: Es gilt $(f^{-1})^{-1} = f$.

$f(x) = (x + 1)^2$; $D_f = [-1; \infty)$; $W_f = [0; \infty)$
$y = (x + 1)^2$ ergibt $x = \sqrt{y} - 1$ wegen $W_f = [0; \infty)$.
Vertauschen der Variablen: $\overline{f}(x) = \sqrt{x} - 1$.

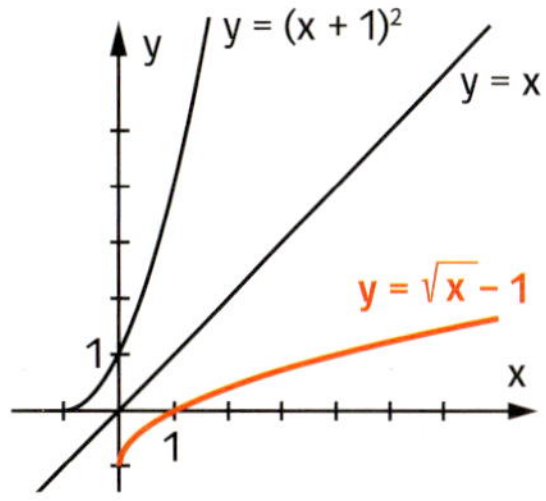

Spezielle Umkehrfunktionen

$f(x) = x^2$ mit $x \geqq 0$	$f^{-1}(x) = \sqrt{x}$ mit $x \geqq 0$
$f(x) = e^x$ mit $x \in \mathbb{R}$	$f^{-1}(x) = \ln(x)$ mit $x > 0$
$f(x) = \sin(x)$ mit $x \in \left[-\frac{\pi}{2}; +\frac{\pi}{2}\right]$	$f^{-1}(x) = \arcsin(x)$ mit $x \in [-1; 1]$
$f(x) = \cos(x)$ mit $x \in [0; \pi]$	$f^{-1}(x) = \arccos(x)$ mit $x \in [-1; 1]$
$f(x) = \tan(x)$ mit $x \in \left(-\frac{\pi}{2}; +\frac{\pi}{2}\right)$	$f^{-1}(x) = \arctan(x)$ mit $x \in \mathbb{R}$

Ableitungen

Grenzwerte von Funktionen

a heißt Grenzwert einer Funktion f für $x \to x_0$, wenn für jede gegen x_0 konvergierende Folge (x_n) mit $x_n \neq x_0$ gilt: Die Folge $(f(x_n))$ konvergiert gegen a. Schreibweise: $\lim\limits_{x \to x_0} f(x) = a$

a heißt Grenzwert einer Funktion f für $x \to \infty$, wenn für jede Folge (x_n) mit $x_n \to \infty$ gilt: Die Folge $(f(x_n))$ konvergiert gegen a. Schreibweise: $\lim\limits_{x \to \infty} f(x) = a$

Differenzenquotient, mittlere Änderungsrate

Der Differenzenquotient ist der Quotient $m = \frac{f(x) - f(x_0)}{x - x_0}$

oder mit $x = x_0 + h$: $m = \frac{f(x_0 + h) - f(x_0)}{h} = \frac{\Delta y}{\Delta x}$

Anschaulich handelt es sich um die Steigung der Geraden durch die Punkte $P_0(x_0 \mid f(x_0))$ und $P(x \mid f(x))$.
Der Differenzenquotient entspricht der mittleren Änderungsrate der Funktionswerte f(x) über dem Intervall $[x_0; x]$.

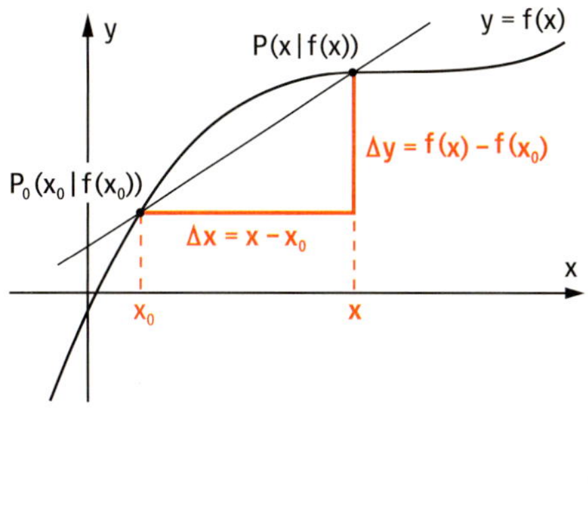

Ableitung, lokale Änderungsrate, Tangente

Der Grenzwert des Differenzenquotienten für $x \to x_0$ heißt Ableitung (Differenzialquotient) an der Stelle x_0:

$f'(x_0) = \lim\limits_{x \to x_0} \frac{f(x) - f(x_0)}{x - x_0}$ oder

mit $x = x_0 + h$: $f'(x_0) = \lim\limits_{h \to 0} \frac{f(x_0 + h) - f(x_0)}{h} = \frac{dy}{dx}\Big|_{x = x_0}$

Falls $f'(x_0)$ existiert, heißt die Funktion f **differenzierbar** an der Stelle x_0. Der Wert $f'(x_0)$ wird als **Steigung des Graphen** von f im Punkt $P_0\,(x_0 | f(x_0))$ bezeichnet.
Bei nicht geometrischer Interpretation heißt $f'(x_0)$ lokale oder momentane Änderungsrate an der Stelle x_0.

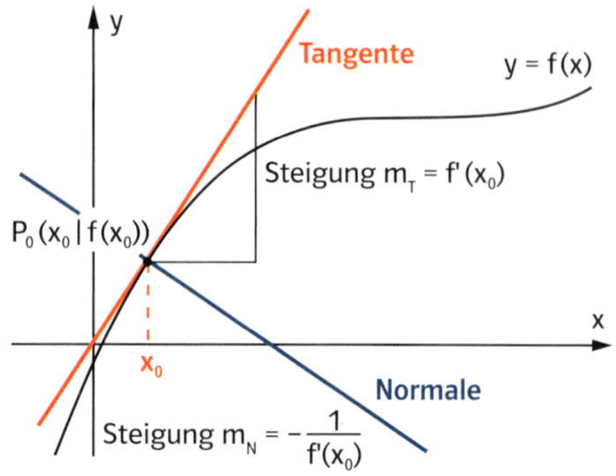

Unter der **Tangente** an den Graphen von f in $P_0\,(x_0 | f(x_0))$ versteht man die Gerade durch P_0 mit der Steigung $f'(x_0)$.
Gleichung der Tangente:
$y = f'(x_0) \cdot (x - x_0) + f(x_0)$

Die **Normale** an den Graphen von f in $P_0\,(x_0 | f(x_0))$ ist die zur Tangente orthogonale Gerade durch P_0.
Sie hat die Steigung: $m_N = -\frac{1}{f'(x_0)}$

Ableitungsfunktion – höhere Ableitungen

Bei einer in D_f differenzierbaren (ableitbaren) Funktion f wird jedem $x \in D_f$ eindeutig der Wert $f'(x)$ zugeordnet, so dass die Zuordnung $x \mapsto f'(x)$ eine Funktion ist. Die Funktion f' heißt Ableitungsfunktion (Ableitung) von f.
Weiterhin gilt
2. Ableitung von f: $(f'(x))' = f''(x)$
3. Ableitung von f: $(f''(x))' = f'''(x)$
Man spricht von höheren Ableitungen.

Stetigkeit und Differenzierbarkeit

Die Funktion f heißt an der Stelle x_0 stetig, wenn der Grenzwert von f für x gegen x_0 existiert und mit dem Funktionswert $f(x_0)$ übereinstimmt:

$\lim\limits_{x \to x_0} f(x) = f(x_0)$.

Eine in x_0 stetige Funktion muss in x_0 nicht differenzierbar sein. Eine in x_0 differenzierbare Funktion f hingegen ist in x_0 auch stetig.

Die Funktion ist in x_1 stetig, aber nicht differenzierbar, in x_0 ist sie nicht stetig und damit nicht differenzierbar.

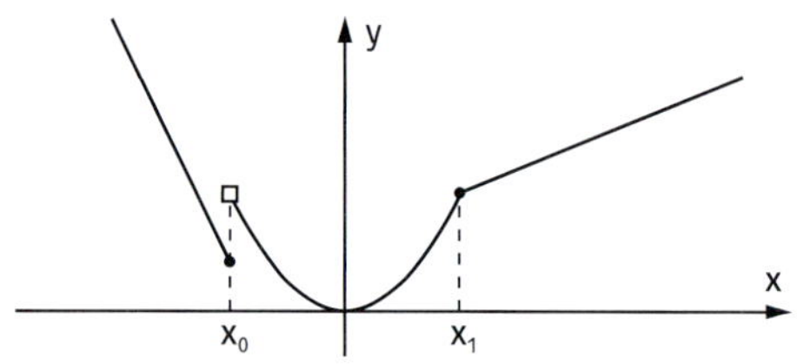

Monotonie von Funktionen

Die Funktion f sei in einem Intervall I definiert.
Wenn für alle $x_1, x_2 \in I$ mit $x_1 < x_2$ gilt

$f(x_1) \leq f(x_2)$ bzw. $f(x_1) \geq f(x_2)$,

so heißt f in I monoton wachsend bzw. monoton fallend.
Ist die Gleichheit ausgeschlossen, so heißt f in I streng monoton wachsend bzw. streng monoton fallend.

Monotoniesatz: Wenn für alle x aus I gilt:
$f'(x) > 0$ bzw. $f'(x) < 0$, dann ist f streng monoton wachsend bzw. streng monoton fallend in I.

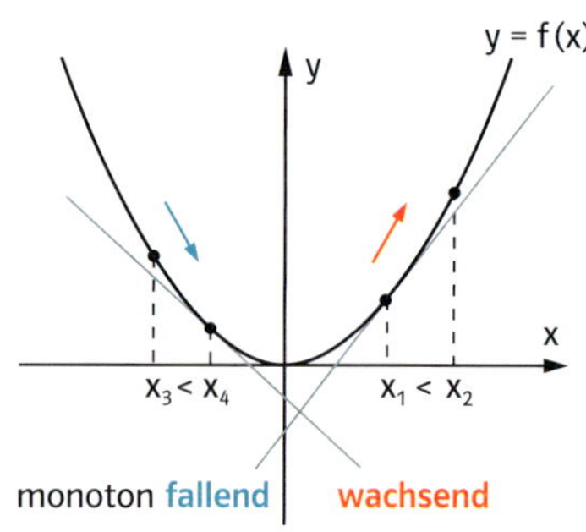

Ableitungen von Grundfunktionen

Funktion f	Ableitung f'	Funktion f	Ableitung f'
$f(x) = c$	$f'(x) = 0$	$f(x) = \sin(x)$	$f'(x) = \cos(x)$
$f(x) = x^n$	$f'(x) = n \cdot x^{n-1}$	$f(x) = \cos(x)$	$f'(x) = -\sin(x)$
$f(x) = \sqrt{x}$	$f'(x) = \frac{1}{2\sqrt{x}}$	$f(x) = \tan(x)$	$f'(x) = \frac{1}{\cos^2(x)} = 1 + \tan^2(x)$
$f(x) = e^x$	$f'(x) = e^x$	$f(x) = \arcsin(x)$	$f'(x) = \frac{1}{\sqrt{1-x^2}}$
$f(x) = a^x$	$f'(x) = a^x \cdot \ln(a)$	$f(x) = \arccos(x)$	$f'(x) = -\frac{1}{\sqrt{1-x^2}}$
$f(x) = \ln(x)$	$f'(x) = \frac{1}{x}$	$f(x) = \arctan(x)$	$f'(x) = \frac{1}{1+x^2}$
$f(x) = \log_a(x)$	$f'(x) = \frac{1}{\ln(a)} \cdot \frac{1}{x}$		

Ableitungsregeln

Faktorregel	$f(x) = k \cdot u(x)$	$f'(x) = k \cdot u'(x)$
Summenregel	$f(x) = u(x) + v(x)$	$f'(x) = u'(x) + v'(x)$
Kettenregel	$f(x) = v(u(x))$	$f'(x) = v'(u(x)) \cdot u'(x)$
Produktregel	$f(x) = u(x) \cdot v(x)$	$f'(x) = u'(x) \cdot v(x) + u(x) \cdot v'(x)$
Quotientenregel	$f(x) = \frac{u(x)}{v(x)}$	$f'(x) = \frac{u'(x) \cdot v(x) - u(x) \cdot v'(x)}{(v(x))^2}$
Ableitung der Umkehrfunktion	$x = g(y)$ sei Umkehrfunktion von $y = f(x)$; dabei ist noch keine Vertauschung der Variablen erfolgt. Dann gilt $g'(y) = \frac{1}{f'(x)}$.	

Regeln von de l'Hospital

Lässt sich die Funktion f in der Form eines Quotienten $f(x) = \frac{u(x)}{v(x)}$ darstellen und gibt es eine Stelle a mit folgenden Eigenschaften:

(1) $u(a) = v(a) = 0$,

(2) u und v sind in einer Umgebung von a differenzierbar mit $v'(x) \neq 0$,

(3) $\lim\limits_{x \to a} \frac{u'(x)}{v'(x)}$ existiert,

so gilt: $\lim\limits_{x \to a} \frac{u(x)}{v(x)} = \lim\limits_{x \to a} \frac{u'(x)}{v'(x)}$

Die Regel gilt für $\lim\limits_{x \to \infty} \frac{u(x)}{v(x)}$ und für $\lim\limits_{x \to -\infty} \frac{u(x)}{v(x)}$, falls Zähler und Nenner gegen 0 streben.

Die Regel gilt für $\lim\limits_{x \to a} \frac{u(x)}{v(x)}$ und für $\lim\limits_{x \to \infty} \frac{u(x)}{v(x)}$, falls Zähler und Nenner gegen ∞ streben.

Beispiel: $\lim\limits_{x \to 0} \frac{\sin(x)}{x}$

Es ist: $u(x) = \sin(x)$; $v(x) = x$

$u'(x) = \cos(x)$; $v'(x) = 1$

Es gilt: (1) $u(0) = v(0) = 0$

(2) $v'(x) = 1 \neq 0$ in einer Umgebung von 0

(3) $\lim\limits_{x \to 0} \frac{\cos(x)}{1} = 1$ existiert.

Damit gilt: $\lim\limits_{x \to 0} \frac{\sin(x)}{x} = 1$.

Rationale Funktionen

Ganzrationale Funktionen

Eine Funktion f mit $f(x) = a_n x^n + a_{n-1} x^{n-1} + \ldots + a_2 x^2 + a_1 x + a_0$, $n \in \mathbb{N}^*$, $a_n \neq 0$, $D_f = \mathbb{R}$ heißt ganzrationale Funktion oder **Polynomfunktion vom Grad n**.

Der Term $a_n x^n + a_{n-1} x^{n-1} + \ldots + a_2 x^2 + a_1 x + a_0$ heißt auch Polynom vom Grad n.

Ist x_0 eine Nullstelle der Funktion f, so kann man f(x) wie folgt schreiben:
$f(x) = (x - x_0) \cdot f_{n-1}(x)$, wobei $f_{n-1}(x)$ ein Polynom vom Grad n – 1 ist (Polynomdivision → S. 20).
Eine ganzrationale Funktion f vom Grad n hat höchstens n Nullstellen.

Der Graph einer ganzrationalen Funktion f mit $f(x) = a_n x^n + a_{n-1} x^{n-1} + \ldots + a_2 x^2 + a_1 x + a_0$ hat als Näherungskurve für $x \to +\infty$ oder $x \to -\infty$ den Graphen von $g(x) = a_n x^n$.

Gebrochenrationale Funktionen

Der Funktionsterm einer gebrochenrationalen Funktion f ist der Quotient $\frac{u(x)}{v(x)}$ zweier Polynome. Die maximale Definitionsmenge ist $\mathbb{R} \setminus \{x \in \mathbb{R} \mid v(x) = 0\}$.

Gilt an einer Stelle x_0 mit $v(x_0) = 0$ bei einer gebrochenrationalen Funktion für die Zählerfunktion $u(x_0) \neq 0$, so hat f in x_0 einen **Pol**. Die Gerade mit der Gleichung $x = x_0$ ist **Asymptote**.

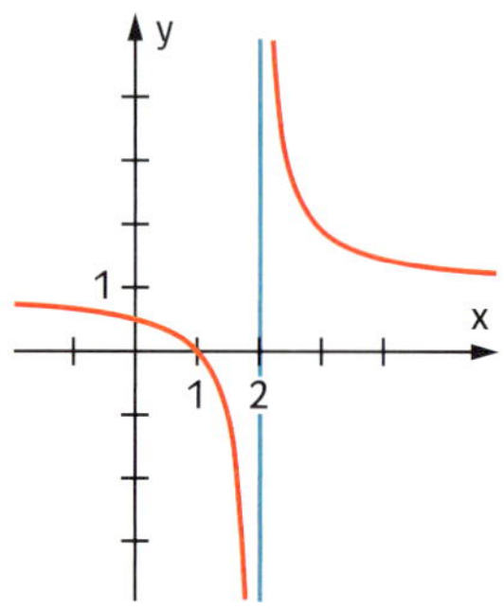

Polstelle einer gebrochenrationalen Funktion an der Stelle $x_0 = 2$.

Gilt an einer Stelle x_0 bei einer gebrochenrationalen Funktion für die Zähler- und Nennerfunktion $u(x_0) = v(x_0) = 0$, und gilt nach Kürzen von f durch $(x - x_0)$ für das neue Nennerpolynom $v^*(x_0) \neq 0$, so liegt in x_0 eine **hebbare Lücke** vor.

Der Graph einer gebrochenrationalen Funktion f mit $f(x) = \frac{u(x)}{v(x)}$ hat als Näherungskurve für $x \to +\infty$ oder $x \to -\infty$

- eine Parallele zur x-Achse oder die x-Achse selbst, wenn gilt: Zählergrad ≤ Nennergrad;
- eine **schiefe Asymptote**, wenn der Zählergrad um 1 größer als der Nennergrad ist;
- eine nicht lineare **Näherungskurve**, wenn der Zählergrad um mindestens 2 größer ist als der Nennergrad.

Man erhält die Näherungskurve durch Polynomdivision (Polynomdivision → S. 20).

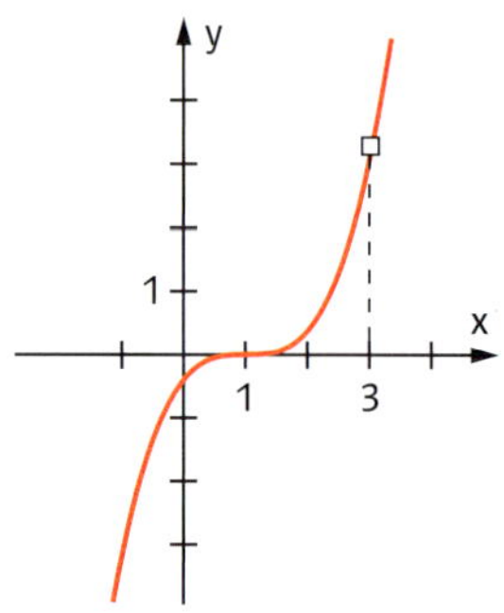

Hebbare Lücke einer gebrochenrationalen Funktion in $x_0 = 3$

Kurvenuntersuchung

Symmetrie

Symmetrie zur y-Achse und zum Ursprung → S. 31

Der Graph einer Funktion f, $D_f \subseteq \mathbb{R}$ ist symmetrisch zur Geraden mit der Gleichung $x = x_0$, wenn für alle h > 0 gilt:
$f(x_0 - h) = f(x_0 + h)$.

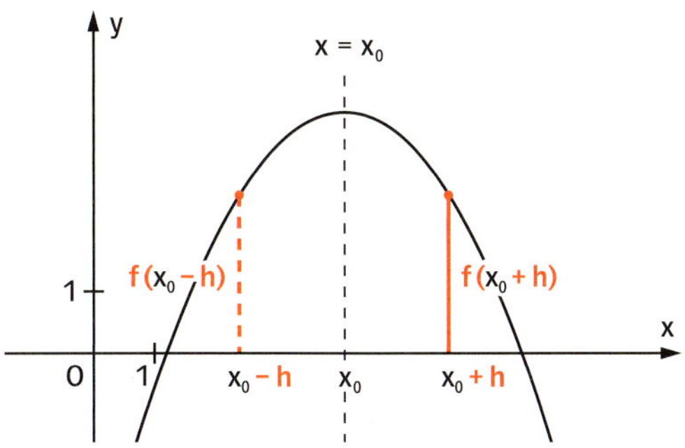

symmetrisch zum Punkt $P(x_0 | y_0)$, wenn für alle h > 0 gilt:
$\frac{1}{2} \cdot [f(x_0 - h) + f(x_0 + h)] = f(x_0)$.

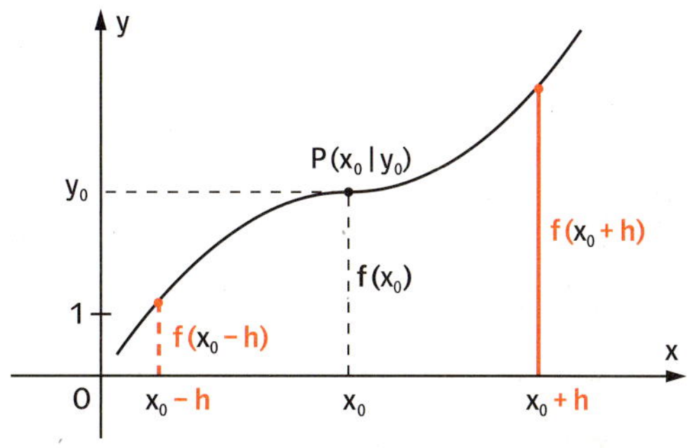

Näherungsweise Berechnung von Nullstellen

Newtonverfahren: Eine differenzierbare Funktion f besitze im Intervall [a; b] eine Nullstelle x*. Bei Vorgabe eines Anfangswertes x_0 wird durch wiederholte Anwendung (Iteration) der Rekursionsvorschrift

$$x_{n+1} = x_n - \frac{f(x_n)}{f'(x_n)} \quad (f'(x_n) \neq 0)$$

eine Folge von Näherungswerten berechnet.
Wird der Anfangswert x_0 geeignet gewählt, das heißt möglichst nahe bei x*, so konvergiert die Folge gegen x*.

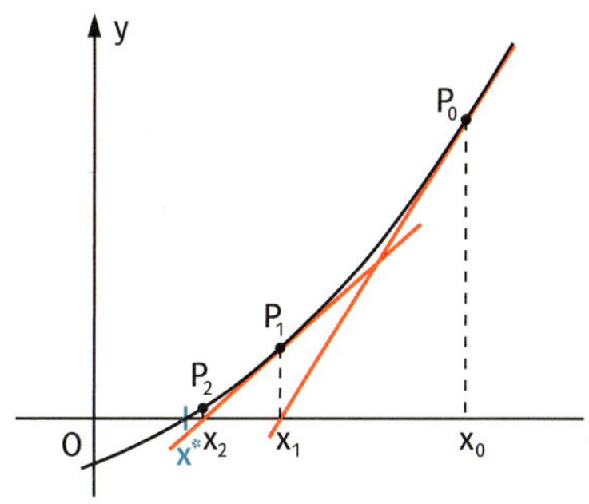

Extrempunkte, Extremstellen, Extremwerte

Die Funktion f sei auf einem abgeschlossenen Intervall I = [a; b] definiert.
Der Funktionswert $f(x_0)$ heißt **lokales oder relatives Maximum** von f, wenn es eine Umgebung $U(x_0) \subseteq I$ gibt, so dass für alle Werte x aus $U(x_0) \setminus \{x_0\}$ gilt:
$\mathbf{f(x) < f(x_0)}$.

Der Punkt $P_0(x_0 | f(x_0))$ des Graphen von f heißt **Hochpunkt**.

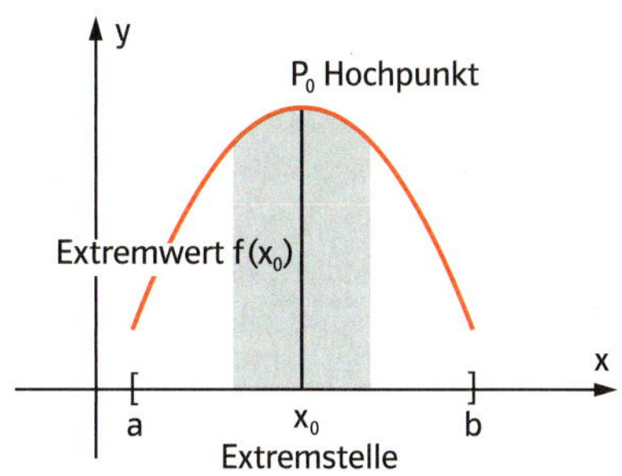

Der Funktionswert $f(x_0)$ heißt **lokales oder relatives Minimum** von f, wenn es eine Umgebung $U(x_0) \subseteq I$ gibt, so dass für alle Werte x aus $U(x_0) \setminus \{x_0\}$ gilt:
$\mathbf{f(x) > f(x_0)}$.

Der Punkt $P_0(x_0 | f(x_0))$ des Graphen von f heißt dann **Tiefpunkt**.

Der x-Wert des Punktes P_0 heißt Extremstelle.

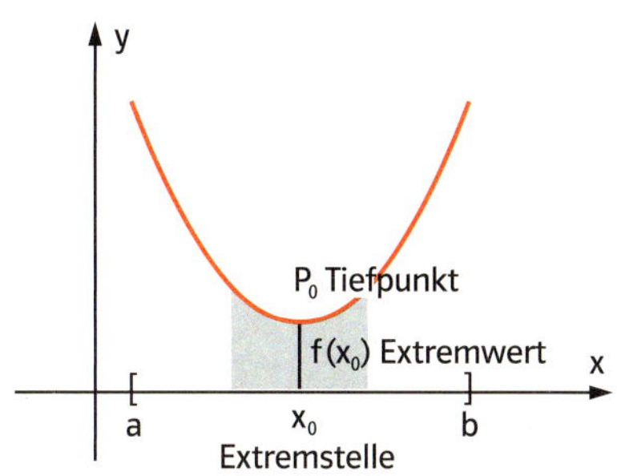

Randextremwerte, absolute Extrempunkte

Ist eine stetige Funktion f an einer **Randstelle** definiert, so ist diese Stelle in der Regel eine lokale Extremstelle. Ein Funktionswert $f(x_0)$ heißt **absolutes Maximum** bzw. **absolutes Minimum**, wenn für alle x-Werte aus der Definitionsmenge D_f gilt:

$f(x) \leq f(x_0)$ bzw. $f(x) \geq f(x_0)$

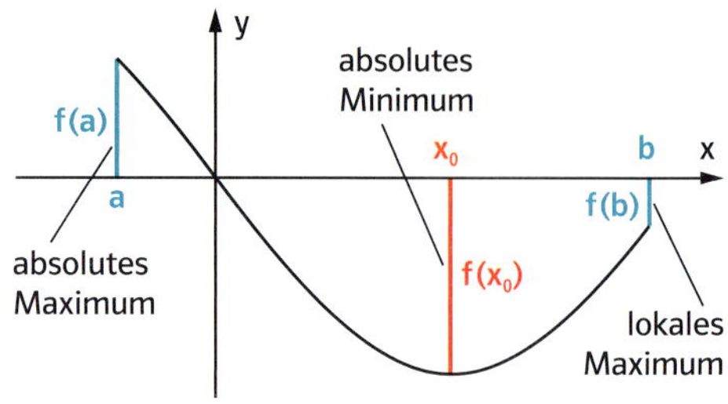

Kriterien für lokale Maxima, Minima

Die Funktion f sei in I zweimal differenzierbar.
f hat an einer inneren Stelle x_0 ein lokales Maximum, wenn
$f'(x_0) = 0$ und
$f'(x) > 0$ für $x < x_0$ und $f'(x) < 0$ für $x > x_0$ ist,
d.h. f'(x) wechselt beim Überschreiten der Stelle x_0 das Vorzeichen von plus nach minus
oder wenn
$f'(x_0) = 0$ und $f''(x_0) < 0$ ist.

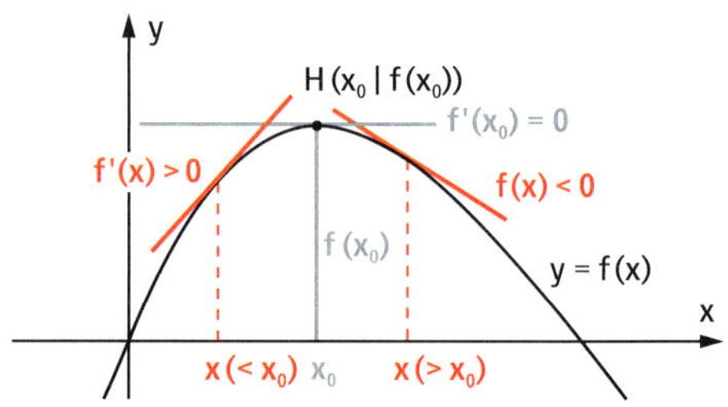

Die Funktion f sei in I zweimal differenzierbar.
f hat an einer inneren Stelle x_0 ein lokales Minimum, wenn
$f'(x_0) = 0$ und
$f'(x) < 0$ für $x < x_0$ und $f'(x) > 0$ für $x > x_0$ ist
d.h. f'(x) wechselt beim Überschreiten der Stelle x_0 das Vorzeichen von minus nach plus
oder wenn
$f'(x_0) = 0$ und $f''(x_0) > 0$ ist.

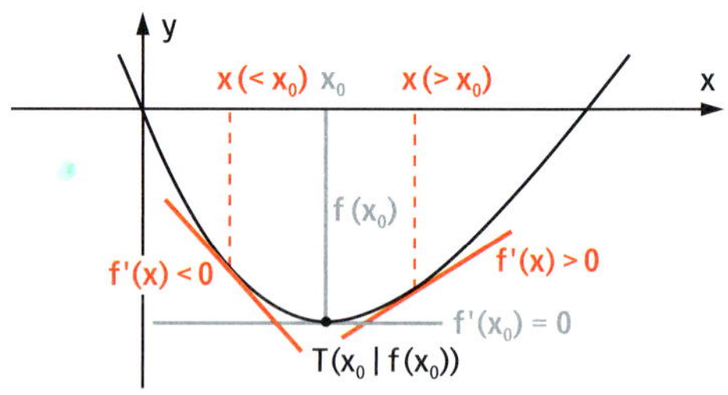

Rechtskurve, Linkskurve, Wendepunkt

Der Graph einer differenzierbaren Funktion f beschreibt auf einem Intervall I eine Linkskurve (Rechtskurve), wenn f' streng monoton wachsend (fallend) ist. Die Funktion f heißt dann **konvex** (**konkav**).

Wenn f in einem Intervall I zweimal differenzierbar ist und für alle $x \in I$ gilt: $f''(x) > 0$ ($f''(x) < 0$), so ist der Graph von f auf I eine Linkskurve (Rechtskurve).

Ein **Wendepunkt** ist ein Extrempunkt der 1. Ableitung von f. Eine dreimal in x_0 differenzierbare Funktion f hat in x_0 einen Wendepunkt, wenn
$f''(x_0) = 0$ ist und
$f''(x)$ beim Überschreiten der Stelle x_0 das Vorzeichen wechselt oder wenn
$f''(x_0) = 0$ und $f'''(x_0) \neq 0$ ist.

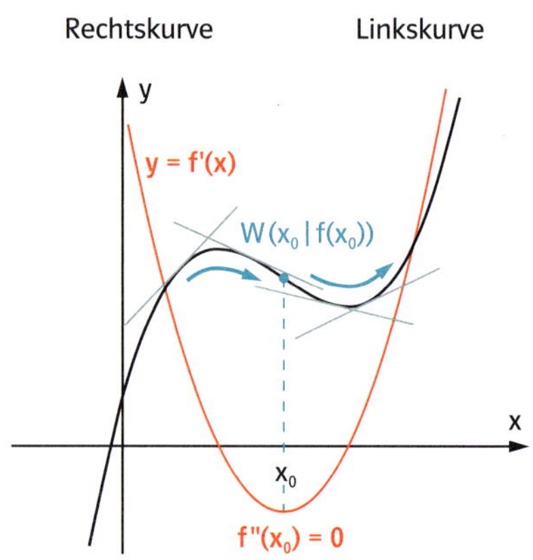

Schnittpunkte zweier Graphen

Man ermittelt die **Schnittpunkte** der Graphen zweier Funktionen f und g, indem man die Lösungen der Gleichung $f(x) = g(x)$ ermittelt. Dies führt auf die Bestimmung der Nullstellen der Differenzfunktion f – g: $f(x) - g(x) = 0$. Ist x_0 eine Schnittstelle, so ist $S(x_0 \mid f(x_0))$ der zugehörige Schnittpunkt.

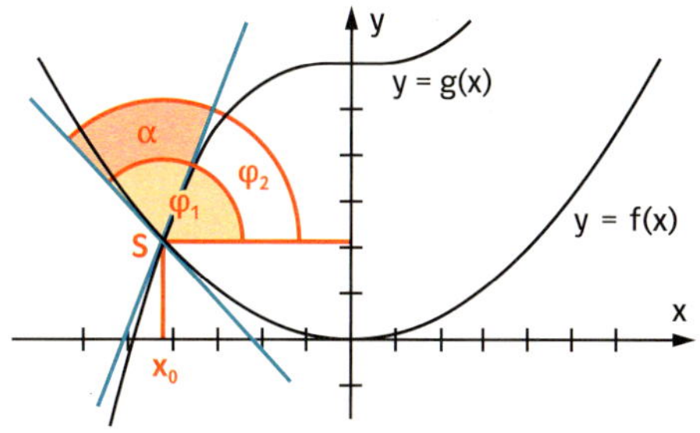

Der **Schnittwinkel** in einem Schnittpunkt $S(x_0 \mid f(x_0))$ ist der Winkel, den die Tangenten im Punkt S miteinander einschließen:

$$\tan(\alpha) = \left| \frac{f'(x_0) - g'(x_0)}{1 + f'(x_0) \cdot g'(x_0)} \right| \quad \text{für } f'(x_0) \cdot g'(x_0) \neq -1.$$

Sonderfälle:
Berührung für $f'(x_0) = g'(x_0)$, **Orthogonalität** für $f'(x_0) \cdot g'(x_0) = -1$

Integral und Flächeninhalt

Stammfunktionen

F heißt Stammfunktion einer Funktion f auf einem Intervall I, falls dort $F'(x) = f(x)$ gilt.
Ist F eine Stammfunktion von f, so ist auch G mit $G(x) = F(x) + c$ eine Stammfunktion von f.
Statt Stammfunktion sagt man auch **unbestimmtes Integral**.

Stammfunktionen von Grundfunktionen

Funktion f	**Stammfunktion F**
$f(x) = a$; a konstant	$F(x) = a \cdot x$
$f(x) = x^n$ mit $n \in \mathbb{N}$	$F(x) = \frac{1}{n+1} \cdot x^{n+1}$
$f(x) = x^{-n}$ mit $n \in \mathbb{N}$ mit $n \neq 1$	$F(x) = \frac{1}{-n+1} \cdot x^{-n+1}$
$f(x) = \frac{1}{x}$	$F(x) = \ln(\lvert x \rvert)$
$f(x) = x^r$ mit $r \in \mathbb{R} \setminus \{-1\}$	$F(x) = \frac{1}{r+1} \cdot x^{r+1}$
$f(x) = \sqrt{x}$	$F(x) = \frac{2}{3} x \sqrt{x}$
$f(x) = e^x$	$F(x) = e^x$
$f(x) = \ln(x)$	$F(x) = x \cdot \ln(x) - x$
$f(x) = a^x$, $a > 0$, $a \neq 1$	$F(x) = \frac{1}{\ln(a)} \cdot a^x$
$f(x) = \log_a(x) = \frac{\ln(x)}{\ln(a)}$	$F(x) = \frac{1}{\ln(a)} \cdot (x \cdot \ln(x) - x)$
$f(x) = \sin(x)$	$F(x) = -\cos(x)$
$f(x) = \cos(x)$	$F(x) = \sin(x)$
$f(x) = \tan(x)$	$F(x) = -\ln(\lvert \cos(x) \rvert)$
$f(x) = \cot(x)$	$F(x) = \ln(\lvert \sin(x) \rvert)$

Weitere Stammfunktionen

Funktion f	Stammfunktion F
$f(x) = \frac{1}{ax + b}$	$F(x) = \frac{1}{a} \cdot \ln(\lvert ax + b\rvert)$
$f(x) = \frac{ax + b}{cx + d} = \frac{a}{c} + \frac{1}{c} \cdot \frac{bc - ad}{cx + d}$	$F(x) = \frac{a}{c} \cdot x + \frac{bc - ad}{c^2} \cdot \ln(\lvert cx + d\rvert)$
$f(x) = \frac{1}{(x - a)(x - b)} = \frac{1}{(a - b)(x - a)} - \frac{1}{(a - b)(x - b)}$ mit $a \neq b$	$F(x) = \frac{1}{a - b} \cdot \ln\left(\left\lvert\frac{x - a}{x - b}\right\rvert\right)$
$f(x) = \frac{1}{x^2 - a^2}$ mit $a \neq 0$	$F(x) = \frac{1}{2a} \cdot \ln\left(\frac{x - a}{x + a}\right)$
$f(x) = \frac{1}{x^2 + a^2}$ mit $a \neq 0$	$F(x) = \frac{1}{a} \cdot \arctan\left(\frac{x}{a}\right)$
$f(x) = \frac{1}{\sqrt{x^2 + a^2}}$ mit $a \neq 0$	$F(x) = \ln\left(x + \sqrt{x^2 + a^2}\right)$
$f(x) = \frac{1}{\sqrt{x^2 - a^2}}$ mit $a \neq 0$	$F(x) = \ln\left(x + \sqrt{x^2 - a^2}\right)$
$f(x) = \frac{1}{\sqrt{a^2 - x^2}}$ mit $a \neq 0$	$F(x) = \arcsin\left(\frac{x}{\lvert a\rvert}\right)$
$f(x) = \sin^2(x)$	$F(x) = \frac{1}{2}(x - \sin(x) \cdot \cos(x))$
$f(x) = \cos^2(x)$	$F(x) = \frac{1}{2}(x + \sin(x) \cdot \cos(x))$
$f(x) = \tan^2(x)$	$F(x) = \tan(x) - x$
$f(x) = e^{ax}\sin(bx)$	$F(x) = \frac{e^{ax}}{a^2 + b^2} \cdot (a \cdot \sin(bx) - b \cdot \cos(bx))$
$f(x) = e^{ax}\cos(bx)$	$F(x) = \frac{e^{ax}}{a^2 + b^2} \cdot (a \cdot \cos(bx) + b \cdot \sin(bx))$

Zerlegungssumme, Untersumme, Obersumme, Integral

Die Funktion f sei auf dem Intervall $I \subset [a; b]$ stetig und $x \in [a; b]$.

(1) Für jede Zahl $n \in \mathbb{N}^*$ wird das Intervall $[a; b]$ in n Teilintervalle der Breite $h = \frac{b-a}{n}$ unterteilt.

(2) Aus jedem Teilintervall wählt man eine Stelle x_i für $i = 1, 2, \ldots, n$.

(3) Man berechnet für jedes n die Zerlegungssumme: $S_n = h \cdot f(x_1) + h \cdot f(x_2) + \ldots + h \cdot f(x_n)$.

Wählt man in (2) x_i ($i = 1, 2, \ldots n$) so, dass $f(x_i)$ das Minimum (Maximum) von f im i-ten Teilintervall ist, so heißt die zugehörige Zerlegungssumme **Untersumme (Obersumme).**

Wenn die Folgen der Unter- und der Obersumme gegen den gleichen Grenzwert konvergieren, dann heißt der Grenzwert $\lim\limits_{n \to \infty} S_n$ Integral der Funktion f zwischen den Grenzen a und b.

Man schreibt dafür: $\lim\limits_{n \to \infty} S_n = \int_a^b f(x)\,dx$.

f(x) heißt **Integrand**; x **Integrationsvariable**; a, b **Integrationsgrenzen.**

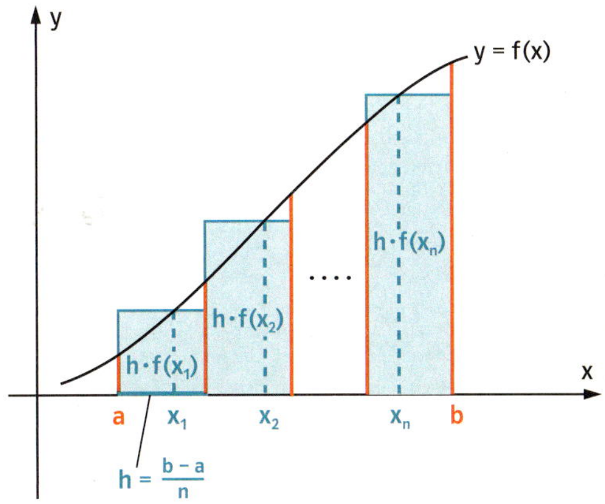

Eigenschaften des Integrals

1. $\int_a^a f(x)\,dx = 0$ 2. $\int_a^b f(x)\,dx = -\int_b^a f(x)\,dx$

3. $\int_a^b r(f(x) + g(x))\,dx = r\int_a^b (f(x) + g(x))\,dx = r\int_a^b f(x)\,dx + r\int_a^b g(x)\,dx$ **(Linearität)**

4. Ist $f(x) \le g(x)$ für alle $x \in [a; b]$, so gilt $\int_a^b f(x)\,dx \le \int_a^b g(x)\,dx$ **(Monotonie)**

5. Ist $m \le f(x) \le M$ für alle $x \in [a; b]$, so gilt $m(b-a) \le \int_a^b f(x)\,dx \le M(b-a)$ (**Abschätzbarkeit**).

Integralfunktion, Hauptsatz

Die Funktion $f\colon t \to f(t)$ sei im Intervall $I = [a; b]$ stetig.

Die Funktion J_a mit $J_a(x) = \int_a^x f(t)\,dt$ für $x \in I$

heißt Integralfunktion von f zur unteren Grenze a.

Hauptsatz der Differential- und Integralrechnung:

1) J_a ist differenzierbar und es gilt:
$J_a'(x) = f(x)$ für $x \in I$,

oder anders geschrieben: $\left(\int_a^x f(t)\,dt\right)' = f(x)$

J_a ist damit eine Stammfunktion von f.

2) Ist F eine beliebige Stammfunktion von f, so gilt:
$\int_a^b f(x)\,dx = [F(x)]_a^b = F(b) - F(a)$.

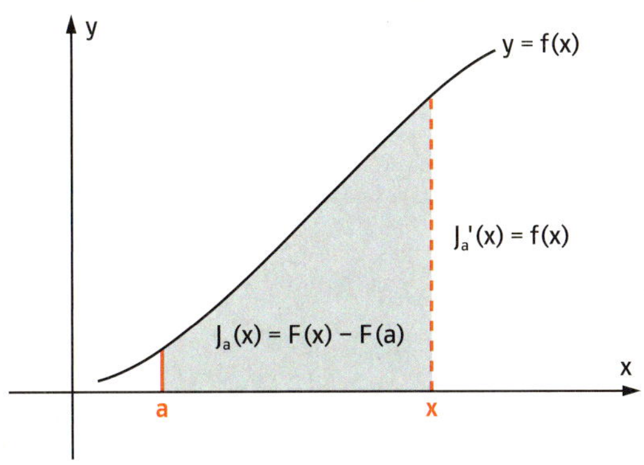

Integrationsregeln

Lineare Substitution:

$g(x) = f(m \cdot x + c)$: $\int_a^b g(x)\,dx = \int_a^b f(m \cdot x + c)\,dx = \left[\frac{1}{m} \cdot F(m \cdot x + c)\right]_a^b$, wobei F eine Stammfunktion von f ist.

Integration durch Substitution:

$x = g(t)$: $\int_{t=a}^{t=b} f(g(t))\,g'(t)\,dt = \int_{g(a)}^{g(b)} f(x)\,dx$

Logarithmische Integration:

$f(x) = \frac{g'(x)}{g(x)}$: $\int_a^b f(x)\,dx = [\ln(|g(x)|)]_a^b$

Produktintegration:

$f(x) = u(x) \cdot v'(x)$; $\int_a^b f(x)\,dx = [u(x) \cdot v(x)]_a^b - \int_a^b u'(x) \cdot v(x)\,dx$

Integral und momentane Änderungsrate

Ist die lokale oder momentane Änderungsrate m einer Größe G in einem Intervall $[x_1; x_2]$ gegeben, dann kann man die Gesamtänderung der Größe G, nämlich $G(x_2) - G(x_1)$, in diesem Intervall mit einem Integral bestimmen:

$G(x_2) - G(x_1) = \int_{x_1}^{x_2} m(x)\,dx.$

Die Gesamtänderung kann man über Flächeninhalte unter einer Kurve deuten.

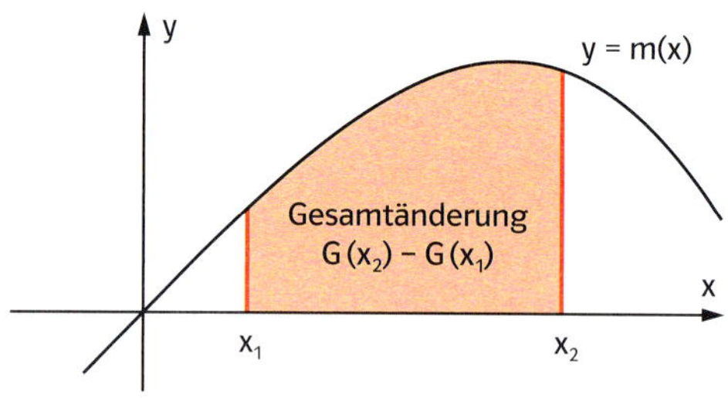

Flächenberechnung

$A = \int_a^b f(x)\,dx$, falls $f(x) \geq 0$ für alle $x \in [a; b]$

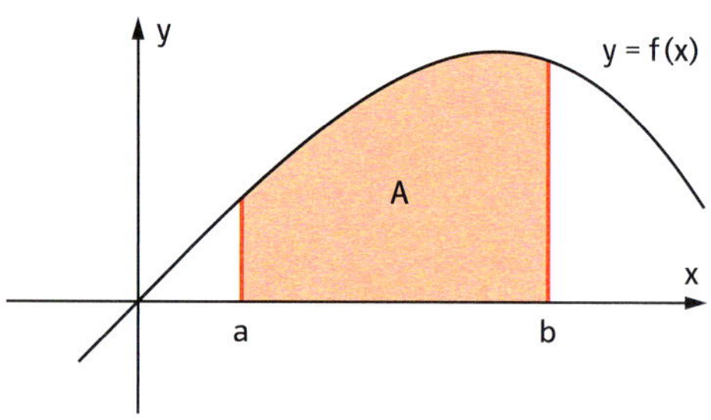

$A = -\int_a^b f(x)\,dx$, falls $f(x) \leq 0$ für alle $x \in [a; b]$

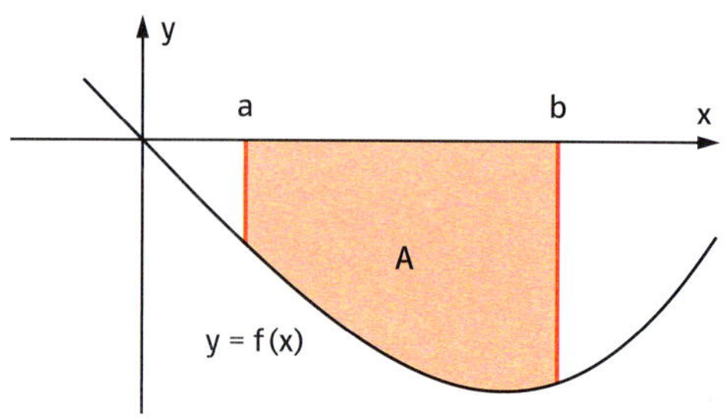

$A = A_1 + A_2 = \int_a^{x_1} f(x)\,dx - \int_{x_1}^{b} f(x)\,dx$. Dabei ist die Nullstelle x_1 zu bestimmen.

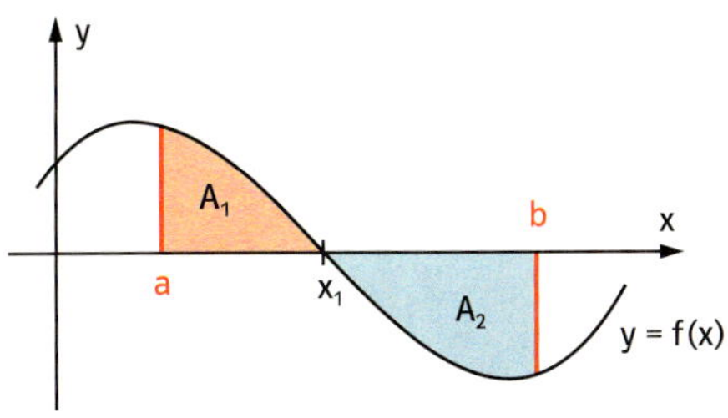

$A = \int_{x_1}^{x_2} (f(x) - g(x))\,dx$ mit $f(x) \geq g(x)$ für $x \in [x_1; x_2]$.

Dabei sind die Schnittstellen x_1 und x_2 zu bestimmen.

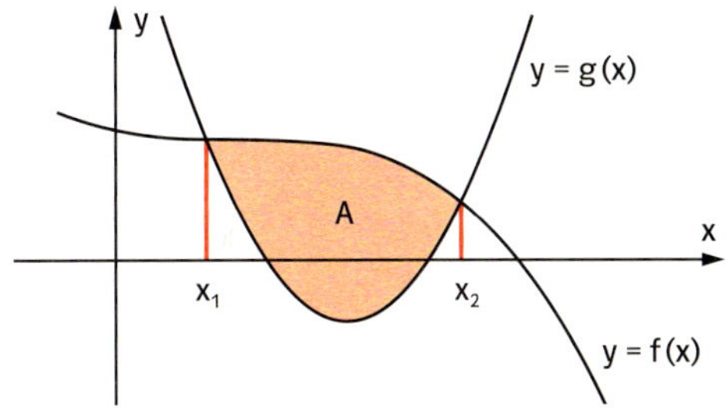

Volumen von Rotationskörpern

Volumen des Körpers bei Rotation der Flächen zwischen dem Graphen von f und der x-Achse im Intervall [a; b].

$$V_x = \pi \cdot \int_a^b (f(x))^2\,dx$$

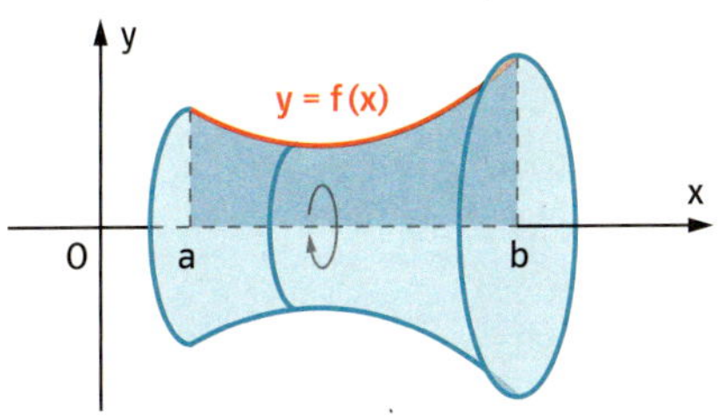

Volumen des Körpers bei Rotation der Flächen zwischen dem Graphen von f und der y-Achse im Intervall [a; b]. Dabei sei f umkehrbar mit $x = f^{-1}(y)$.

$$V_y = \pi \cdot \int_{f(a)}^{f(b)} (f^{-1}(y))^2\,dy$$

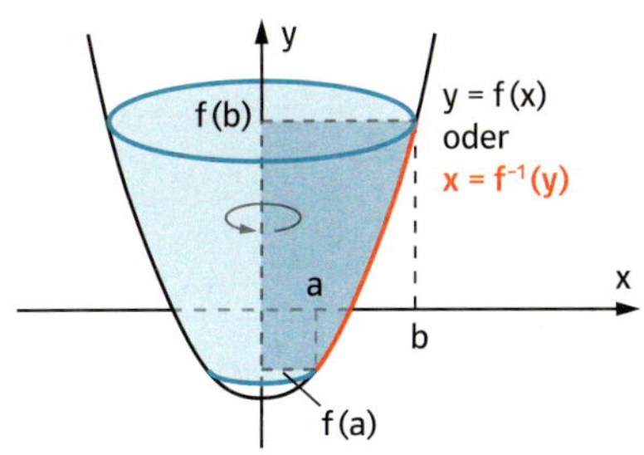

Mittelwert

Ist f auf [a; b] stetig, so heißt $\overline{m}$ Mittelwert der Funktionswerte von f auf [a; b]:

$$\overline{m} = \frac{1}{b-a} \cdot \int_a^b f(x)\,dx.$$

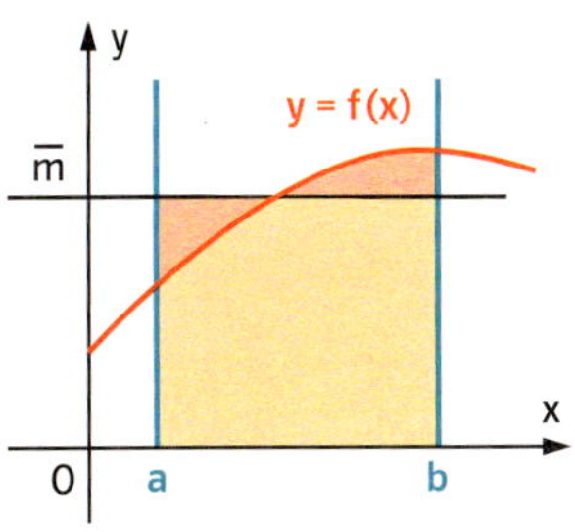

Bogenlänge

Gegeben ist eine auf [a; b] differenzierbare Funktion f und ihr Graph. Die Länge des Bogens des Graphen im Intervall von a bis b kann wie folgt berechnet werden:

$$L = \int_a^b \sqrt{1 + [f'(x)]^2}\,dx.$$

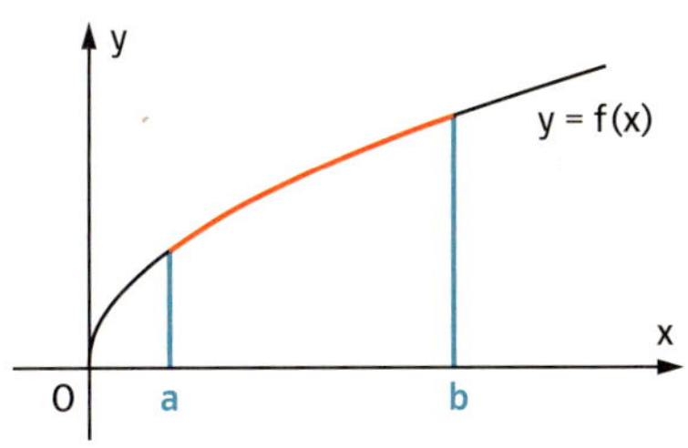

Näherungsweise Berechnung von Integralen

(Zerlegungssummen: → S. 73)

$$\int_a^b f(x)\,dx \approx h \cdot f(x_1) + h \cdot f(x_2) + \ldots + h \cdot f(x_n)$$
$$= h \cdot [f(x_1) + f(x_2) + \ldots + f(x_n)] \quad \text{mit } h = \frac{b-a}{n}$$

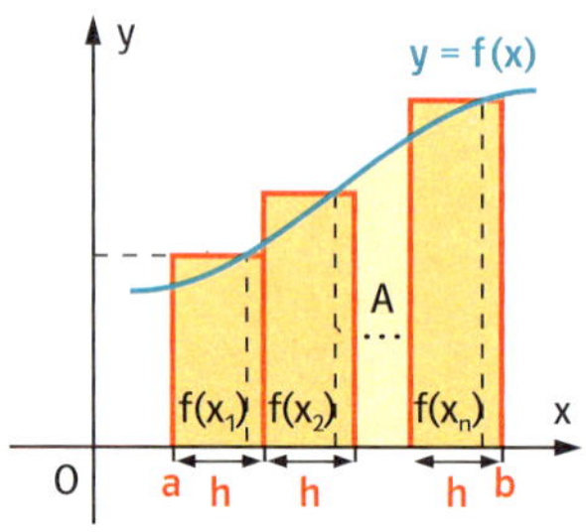

Kepler'sche Fassregel

$$\int_a^b f(x)\,dx \approx \frac{1}{6}(b-a)\left[f(a) + 4 \cdot f\left(\frac{a+b}{2}\right) + f(b)\right]$$

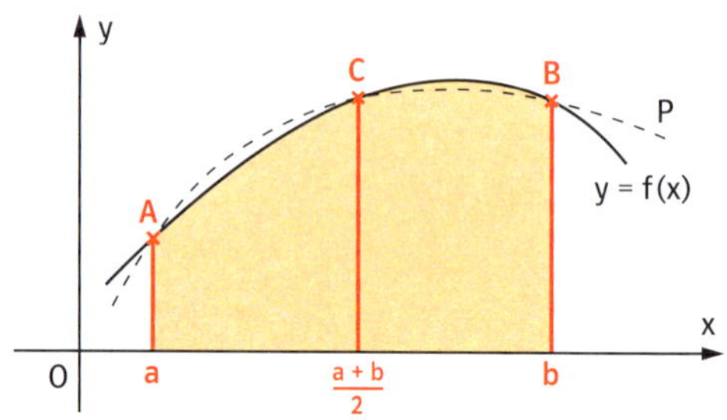

Simpson'sche Regel

Man teilt das Intervall [a; b] in $2 \cdot n$ Teilstücke der Länge $h = \frac{b-a}{2n}$.

$x_0 = a;\ x_1 = a + h;\ x_2 = a + 2h;\ \ldots;\ x_n = a + (2n-1)h;\ x_{2n} = b.$

$$\int_a^b f(x)\,dx \approx \frac{h}{3} \cdot [f(x_0) + f(x_{2n}) + 2 \cdot (f(x_2) + f(x_4) + \ldots + f(x_{2n-2})) + 4 \cdot [(f(x_1) + f(x_3) + \ldots + f(x_{2n-1}))]$$

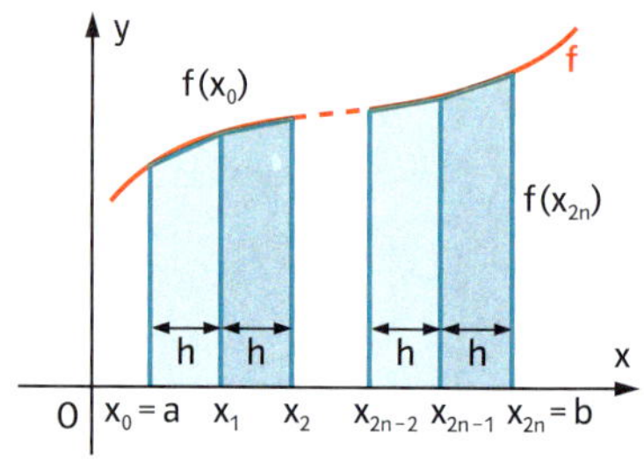

Kontinuierliches Wachstum

Lineares Wachstum

Ein **Bestand** B(t) ändert sich **linear**, wenn B(t) die Differentialgleichung $B'(t) = k$ erfüllt, wobei k eine Konstante ist.
Für $k < 0$ fällt B(t) monoton, für $k > 0$ wächst B(t) monoton.
Die zugehörige Funktion ist eine lineare Funktion:
$B(t) = k \cdot t + B(0)$.

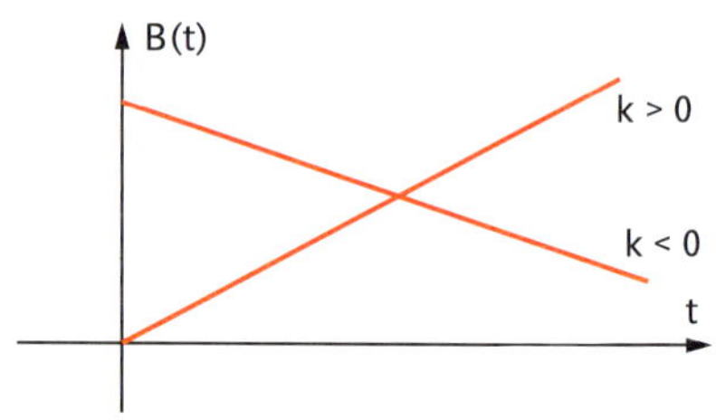

Exponentielles Wachstum

Ein **Bestand** B(t) ändert sich **exponentiell**, wenn B(t) die Differentialgleichung $B'(t) = k \cdot B(t)$ erfüllt, wobei k eine Konstante ist.
Für $k > 0$ wächst B(t) monoton; k heißt **Wachstumskonstante**.

Verdopplungszeit: $T_V = \frac{\ln(2)}{k}$

Für $k < 0$ fällt B(t) monoton; k heißt **Zerfallskonstante**.

Halbwertszeit: $T_H = -\frac{\ln(2)}{k}$

Die Funktion B ist eine Exponentialfunktion mit
$B(t) = B(0) \cdot e^{k \cdot t}$.
Ist die Funktion B durch die Gleichung $B(t) = B(0) \cdot a^t$ gegeben, so ist $k = \ln(a)$ wegen $a^t = e^{t \cdot \ln(a)}$.

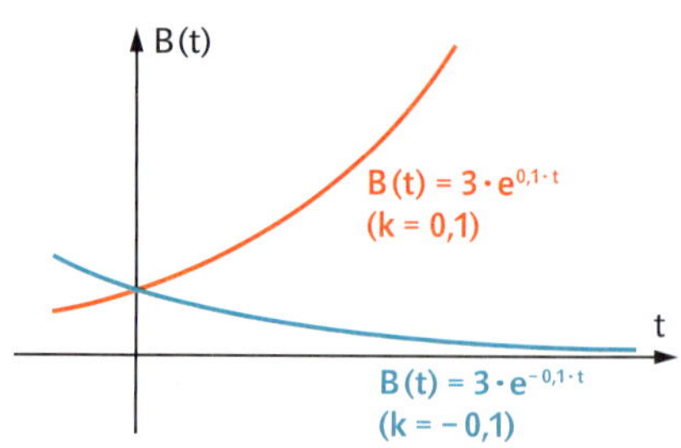

Beschränktes Wachstum

Ein **Bestand** B(t) **wächst** oder **fällt beschränkt**, wenn B(t) die Differentialgleichung $B'(t) = k \cdot (S - B(t))$ erfüllt, wobei k eine Konstante und S die Sättigungsgrenze ist.
Die zugehörige Funktion lautet:
$B(t) = S - c \cdot e^{-k \cdot t}$ mit $c = S - B(0)$; $k > 0$.

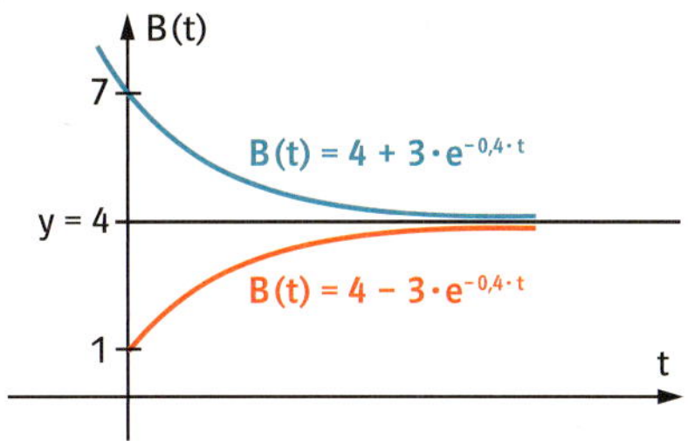

Logistisches Wachstum

Ein **Bestand** B(t) ändert sich **logistisch**, wenn B(t) die Differentialgleichung $B'(t) = k \cdot B(t) \cdot (S - B(t))$ erfüllt, wobei k eine Konstante und S die Sättigungsgrenze ist.
Dabei ist $k > 0$ und $S > 0$.
Die zugehörige Funktion lautet:

$$B(t) = \frac{a \cdot S}{a + (S - a) \cdot e^{-Skt}} \quad \text{mit} \quad a = B(0).$$

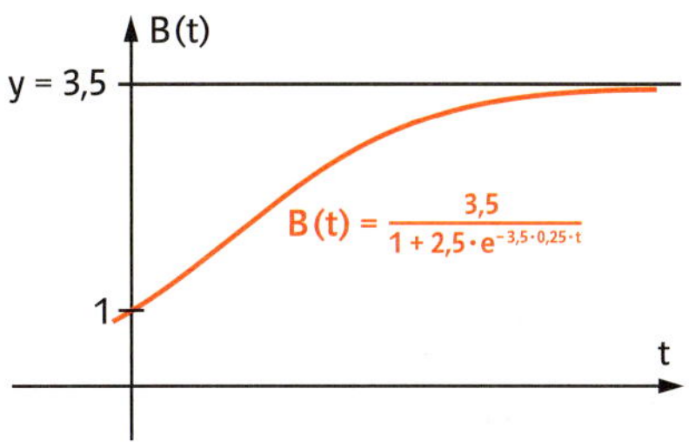

Existenzsätze

Satz vom Minimum und vom Maximum

Die Funktion f sei auf dem abgeschlossenen Intervall [a; b] stetig. Dann hat die Funktion f in [a; b] ein Minimum und ein Maximum, d.h. es gibt Stellen x_{Min} und x_{Max} mit der Eigenschaft
$f(x_{Min}) \leq f(x) \leq f(x_{Max})$ für alle $x \in [a; b]$.

Nullstellensatz

Die Funktion f sei auf dem abgeschlossenen Intervall [a; b] stetig und es gelte $f(a) < 0$ und $f(b) > 0$ oder umgekehrt. Dann hat die Funktion in [a; b] mindestens eine Nullstelle, d.h. es gibt eine Zahl x_0 aus dem offenen Intervall (a; b) mit $f(x_0) = 0$.

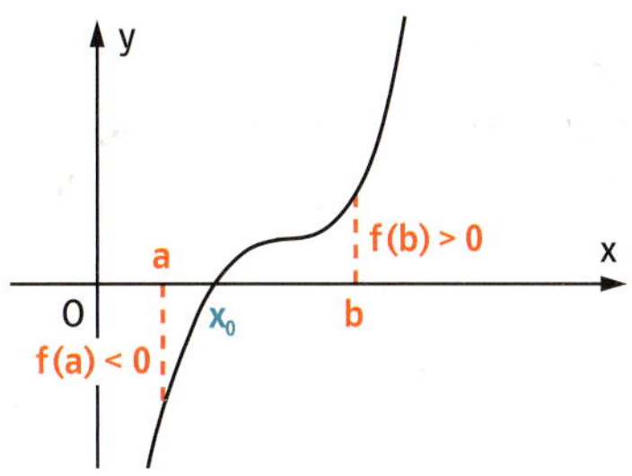

Mittelwertsatz

Die Funktion f sei auf dem abgeschlossenen Intervall [a; b] stetig und im offenen Intervall (a; b) differenzierbar. Dann gibt es mindestens eine Stelle $z \in (a; b)$, so dass an dieser Stelle die Tangentensteigung $f'(z)$ mit der

Sekantensteigung $\frac{f(b) - f(a)}{b - a}$ übereinstimmt:

$$f'(z) = \frac{f(b) - f(a)}{b - a}.$$

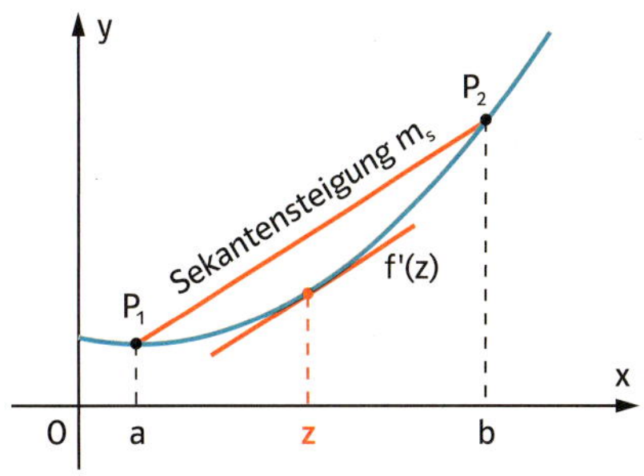

Analytische Geometrie – mit Vektoren rechnen

Vektoren in der Geometrie

Vektorräume ▻ **S. 81**

Linear unabhängige Vektoren ▻ **S. 81**

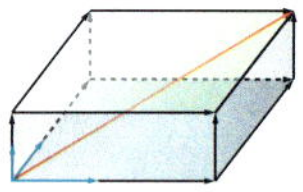

Vektoren als Pfeile ▻ **S. 80**

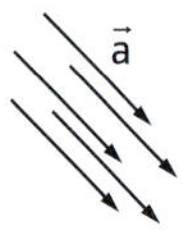

Vektoren im kartesischen Koordinatensystem

Addition, Subtraktion ▻ **S. 82**

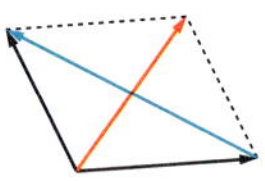

Komponenten und Koordinaten ▻ **S. 82**

$$\vec{a} = \begin{pmatrix} a_1 \\ a_2 \\ a_3 \end{pmatrix}$$

Vervielfachen ▻ **S. 83**

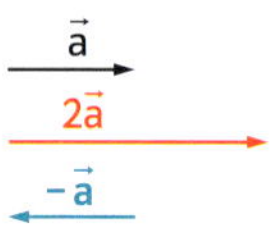

Skalarprodukt ▻ **S. 83**

$$\vec{a} \cdot \vec{b} = |a| \cdot |b| = \cos(\varphi)$$

Vektorprodukt ▻ **S. 83**

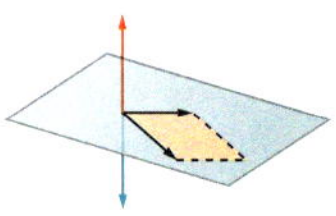

Spatprodukt ▻ **S. 84**

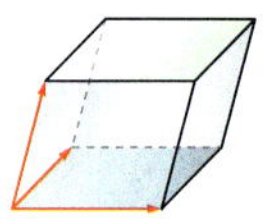

Berechnung von Winkeln

Schnittwinkel Gerade-Ebene ▻ **S. 88**

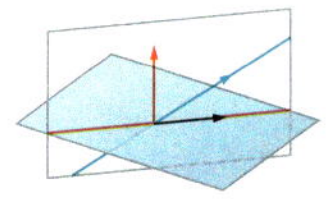

Schnittwinkel zweier Ebenen ▻ **S. 88**

Schnittwinkel zweier Geraden ▻ **S. 88**

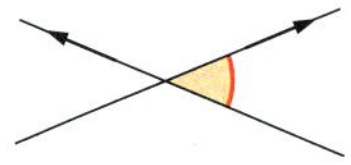

Berechnung von Abständen

Abstand Punkt-Gerade ▻ **S. 89**

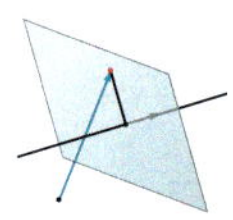

Abstand Punkt-Ebene ▻ **S. 89**

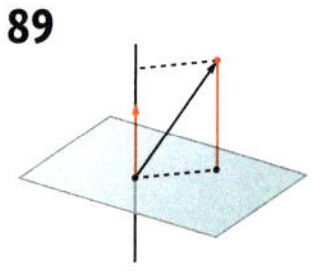

Abstand windschiefer Geraden ▻ **S. 89**

$$d = |\vec{n}_0 \cdot (\vec{q} - \vec{p})|$$

Kugeln ▻ **S. 85**

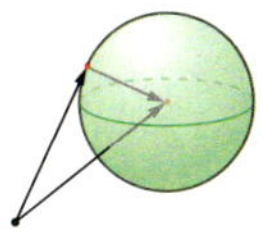

Tangentialebenen ▻ **S. 86**

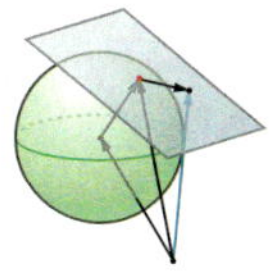

Darstellung von Geraden, Ebenen, Kugeln

Parameterform einer Geraden ▻ **S. 84**

Parameterform einer Ebene ▻ **S. 84**

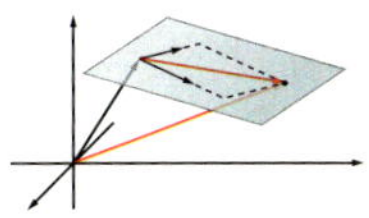

Normalenform einer Ebene ▻ **S. 85**

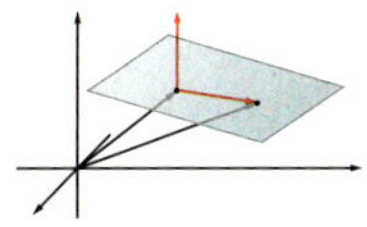

Gegenseitige Lage von Punkten, Geraden, Ebenen

Punkt-Gerade, Punkt-Ebene ▻ **S. 86**

Punktprobe

Gerade-Gerade ▻ **S. 86**

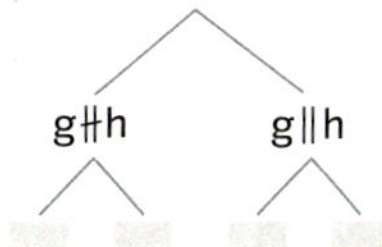

Gerade-Ebene ▻ **S. 87**

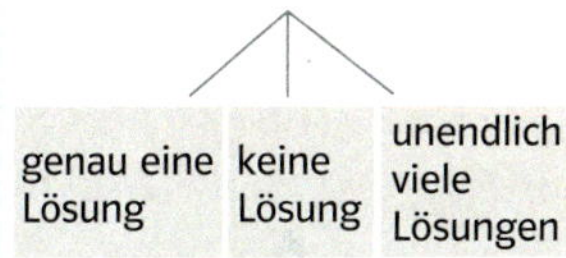

Ebene-Ebene ▻ **S. 87**

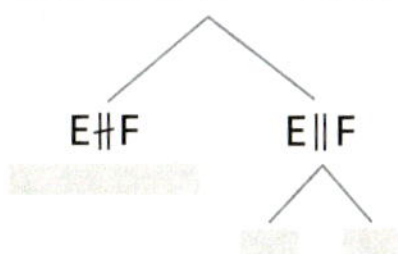

Affine Abbildungen

Definition, Eigenschaften

Affinität, Umkehrbarkeit

Eigenwerte, Fixpunkte

Klassifizierung

Kegelschnitte: Parabel, Ellipse, Hyperbel

Geometrische Kennzeichnung

Parabel im Koordinatensystem

Ellipse im Koordinatensytem

Hyperbel im Koordinatensystem

Vektoren in der Geometrie

Vektoren als Pfeile

Ein **Vektor** kann durch einen Verschiebungspfeil dargestellt werden.

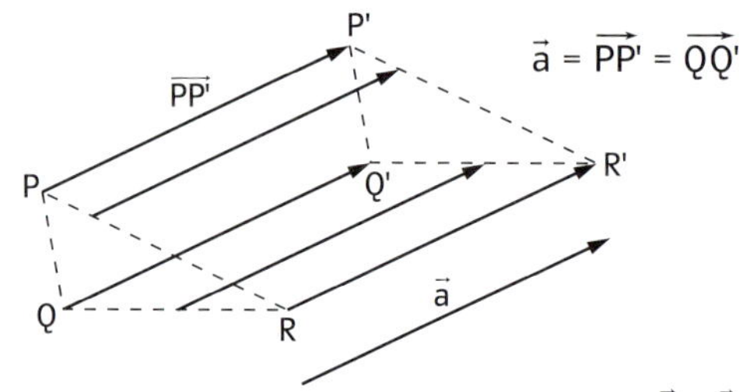

Alle **Pfeile**, die gleich lang, parallel und richtungsgleich sind, stellen den gleichen Vektor dar.

Jeder Pfeil, der zu einem Vektor gehört, kann als sein **Repräsentant** verwendet werden.

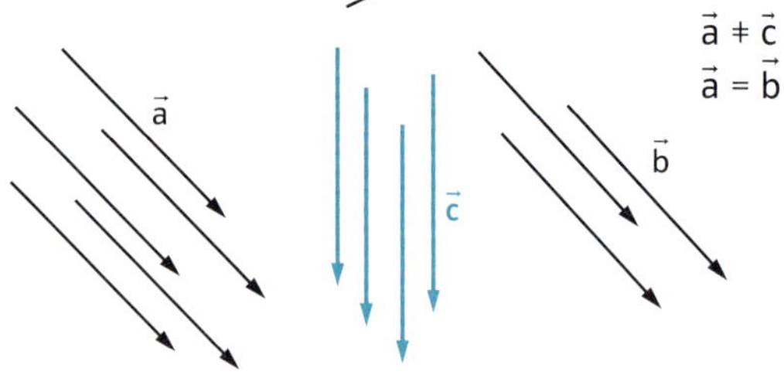

Derjenige Vektor, der jeden Punkt auf sich selbst abbildet, heißt **Nullvektor** $\vec{o}$.

Der Vektor $\vec{b}$ heißt **Gegenvektor** des Vektors $\vec{a}$, wenn die zugehörigen Pfeile zueinander parallel, gleich lang, aber entgegengesetzt gerichtet sind:

$\vec{b} = -\vec{a}$.

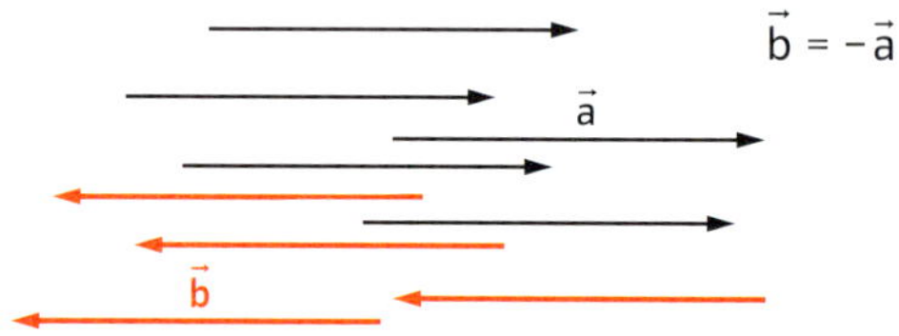

Addition, Subtraktion und Vervielfachung von Vektoren

Die Vektoren $\vec{a}$ und $\vec{b}$ werden **addiert**, indem man die zugehörigen Verschiebungen hintereinander ausführt:

$\vec{c} = \vec{a} + \vec{b}$.

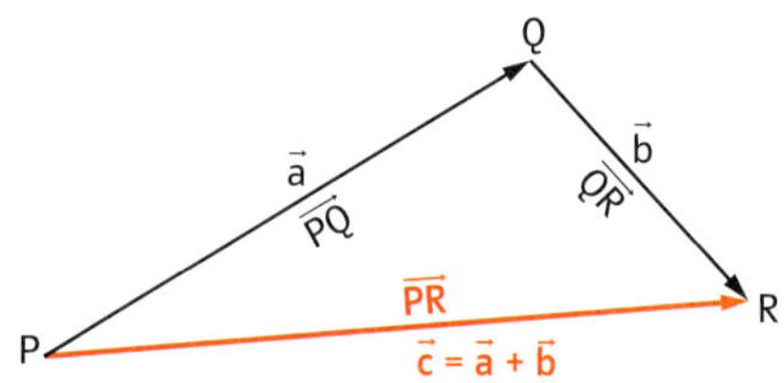

Für die Subtraktion von Vektoren gilt:

$\vec{a} - \vec{b} = \vec{a} + (-\vec{b})$.

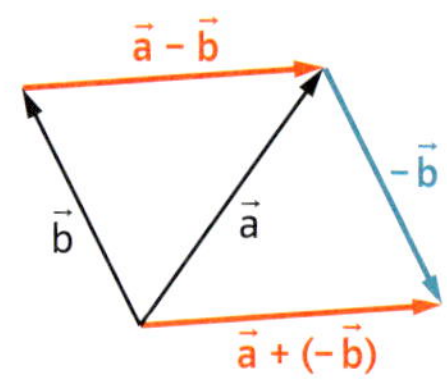

Für die Addition von Vektoren gilt:

$\vec{a} + \vec{b} = \vec{b} + \vec{a}$, (Kommutativgesetz)

$\vec{a} + \vec{b} + \vec{c} = (\vec{a} + \vec{b}) + \vec{c} = \vec{a} + (\vec{b} + \vec{c})$. (Assoziativgesetz)

Multipliziert man einen Vektor $\vec{a}$ ($\vec{a} \neq \vec{o}$) mit einer Zahl r ($r \neq 0$) (**Vervielfachung**), so erhält man einen zu $\vec{a}$ parallelen Vektor.
Dabei gilt:

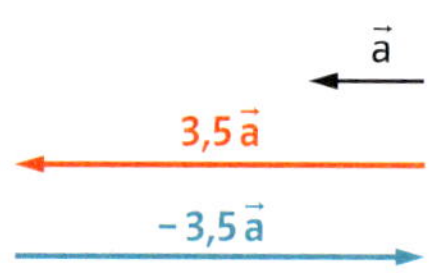

$r \cdot (t \cdot \vec{a}) = (r \cdot t) \cdot \vec{a}$, (Assoziativgesetz)

$r \cdot (\vec{a} + \vec{b}) = r \cdot \vec{a} + r \cdot \vec{b}$
$(r + t) \cdot \vec{a} = r \cdot \vec{a} + t \cdot \vec{a}$. (Distributivgesetze)

Vektorraum

Eine Menge V heißt **Vektorraum** über den reellen Zahlen $\mathbb{R}$ genau dann, wenn:

(1) Es ist eine Verknüpfung + (Addition) definiert, so dass für alle $\vec{a}, \vec{b} \in V$ auch $\vec{a} + \vec{b} \in V$ ist und es gilt
$\vec{a} + \vec{b} = \vec{b} + \vec{a}$ und $(\vec{a} + \vec{b}) + \vec{c} = \vec{a} + (\vec{b} + \vec{c})$.
Es gibt ein Element $\vec{o} \in V$, so dass für jedes $\vec{a} \in V$ gilt: $\vec{a} + \vec{o} = \vec{a}$.
Es gibt zu jedem Element $\vec{a} \in V$ ein Element $-\vec{a} \in V$, so dass $\vec{a} + (-\vec{a}) = \vec{o}$ ist.

(2) Es ist eine Verknüpfung · (Skalarmultiplikation) definiert,
so dass für alle $r \in \mathbb{R}$ und alle $\vec{a} \in V$ auch $r \cdot \vec{a} \in V$ ist
und es gilt:
$1 \cdot \vec{a} = \vec{a}$; $r \cdot (s \cdot \vec{a}) = (r \cdot s) \cdot \vec{a}$; $(r + s) \cdot \vec{a} = r \cdot \vec{a} + s \cdot \vec{a}$; $r \cdot (\vec{a} + \vec{b}) = r \cdot \vec{a} + r \cdot \vec{b}$.

Die Elemente aus V heißen Vektoren.

Linear abhängige und unabhängige Vektoren

Der Vektor $\vec{b} = r_1\vec{a_1} + r_2\vec{a_2} + \ldots + r_n\vec{a_n}$ ($n \in \mathbb{N}^*$) heißt **Linearkombination** der Vektoren $\vec{a_1}, \vec{a_2}, \ldots, \vec{a_n}$; die reellen Zahlen $r_1, r_2, \ldots r_n$ heißen Koeffizienten.

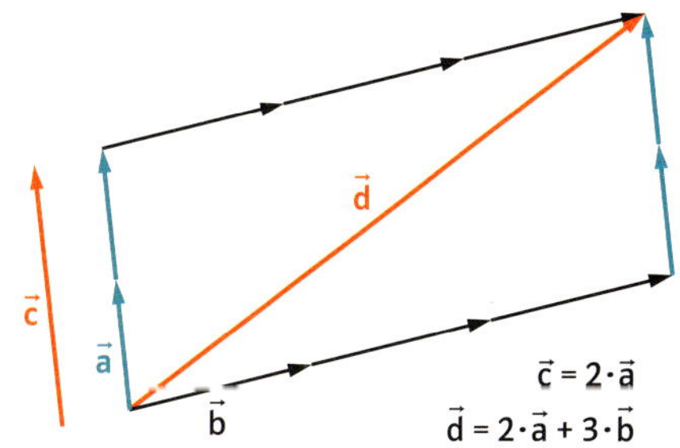

Die Vektoren $\vec{a_1}, \vec{a_2}, \ldots, \vec{a_n}$ heißen **linear abhängig**, wenn mindestens einer der Vektoren als Linearkombination der anderen darstellbar ist.
Anderenfalls heißen die Vektoren **linear unabhängig**.

Die Vektoren $\vec{a_1}, \vec{a_2}, \ldots, \vec{a_n}$ sind genau dann linear unabhängig, wenn die Gleichung $r_1\vec{a_1} + r_2\vec{a_2} + \ldots + r_n\vec{a_n} = \vec{0}$ nur erfüllt ist für $r_1 = r_2 = \ldots = r_n = 0$.

In einer Ebene können je höchstens zwei, im Raum je höchstens drei Vektoren linear unabhängig sein.

Ein Vektor des Raumes kann stets als Linearkombination dreier linear unabhängiger Vektoren dargestellt werden.

Die Vektoren $\vec{a_1}, \vec{a_2}, \ldots, \vec{a_n}$ bilden ein **Erzeugendensystem** des Vektorraums V, wenn jeder Vektor $\vec{c} \in V$ als Linearkombination der Vektoren $\vec{a_1}, \vec{a_2}, \ldots, \vec{a_n}$ darstellbar ist.

Ein n-Tupel von Vektoren ($\vec{a_1}, \vec{a_2}, \ldots, \vec{a_n}$) heißt **Basis** von V, wenn die Vektoren $\vec{a_1}, \vec{a_2}, \ldots, \vec{a_n}$ linear unabhängig sind und ein Erzeugendensystem bilden.

Die Anzahl n der Basisvektoren heißt **Dimension** des Vektorraums.

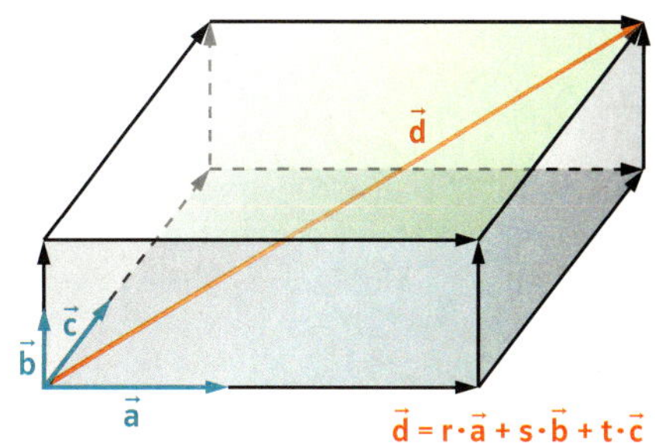

$\vec{a}, \vec{b}, \vec{c}$ sind linear unabhängig
$\vec{a}, \vec{b}, \vec{c}, \vec{d}$ sind linear abhängig
$\vec{a}, \vec{b}, \vec{c}$ bilden eine Basis des $\mathbb{R}^3$

Vektoren im kartesischen Koordinatensystem

Koordinaten eines Vektors

Für $A(a_1|a_2|a_3)$ und $B(b_1|b_2|b_3)$ gilt:

$$\overrightarrow{AB} = \begin{pmatrix} b_1 - a_1 \\ b_2 - a_2 \\ b_3 - a_3 \end{pmatrix}.$$

Die drei Zahlen $b_1 - a_1$, $b_2 - a_2$ und $b_3 - a_3$ heißen Koordinaten des Vektors $\overrightarrow{AB}$.

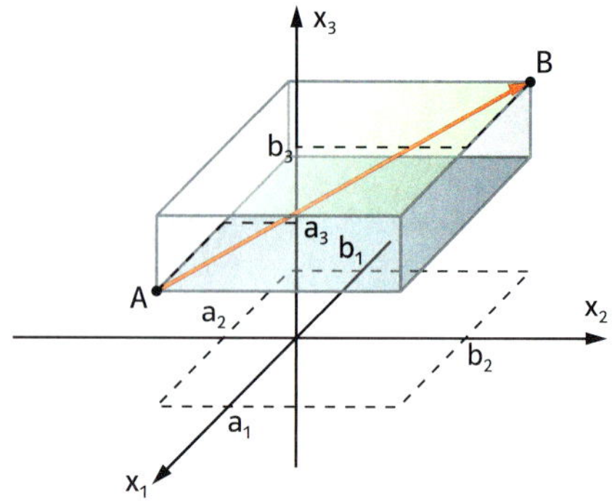

Komponenten eines Vektors

Wenn $\vec{e_1}$, $\vec{e_2}$ und $\vec{e_3}$ Einheitsvektoren in Richtung der Koordinatenachsen sind und $A(a_1|a_2|a_3)$ und $B(b_1|b_2|b_3)$ gilt, dann ist

$\overrightarrow{AB} = (b_1 - a_1)\vec{e_1} + (b_2 - a_2)\vec{e_2} + (b_3 - a_3)\vec{e_3}$.

Die Vektoren $(b_1 - a_1)\vec{e_1}$, $(b_2 - a_2)\vec{e_2}$ und $(b_3 - a_3)\vec{e_3}$ heißen Komponenten des Vektors $\overrightarrow{AB}$.

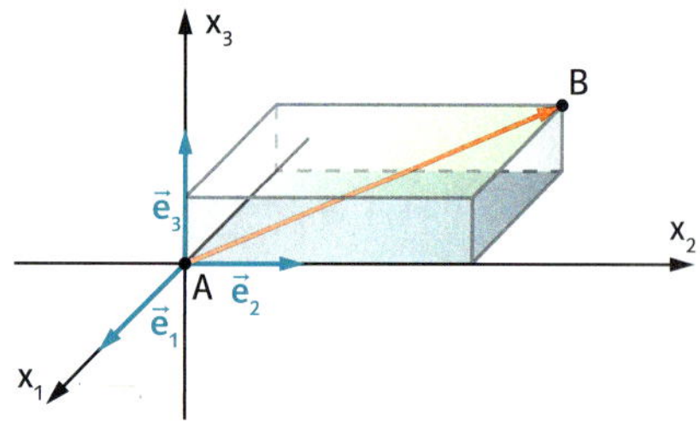

Ortsvektoren

Zu jedem Punkt P gibt es einen Ortsvektor (Bezugspunkt ist der Koordinatenursprung O):

$\vec{p} = \overrightarrow{OP}$

Betrag (Länge) eines Vektors; Einheitsvektor

$$|\vec{a}| = \left|\begin{pmatrix} a_1 \\ a_2 \\ a_3 \end{pmatrix}\right| = \sqrt{\vec{a}^2} = \sqrt{{a_1}^2 + {a_2}^2 + {a_3}^2}$$

$$\vec{a} = \begin{pmatrix} 2 \\ -3 \\ 4 \end{pmatrix},\ |\vec{a}| = \sqrt{29},\ \vec{a_0} = \frac{1}{\sqrt{29}} \cdot \begin{pmatrix} 2 \\ -3 \\ 4 \end{pmatrix}$$

Ein Vektor mit dem Betrag 1 heißt Einheitsvektor.
Ist $\vec{a} \neq \vec{o}$, so bezeichnet $\vec{a_0}$ den Einheitsvektor. Der Einheitsvektor $\vec{a_0}$ hat die gleiche Richtung wie der Vektor $\vec{a}$ selbst:
$\vec{a_0} = \frac{\vec{a}}{|\vec{a}|}$.

Addition und Subtraktion von Vektoren

$$\vec{a} + \vec{b} = \begin{pmatrix} a_1 + b_1 \\ a_2 + b_2 \\ a_3 + b_3 \end{pmatrix} \qquad \vec{a} - \vec{b} = \begin{pmatrix} a_1 - b_1 \\ a_2 - b_2 \\ a_3 - b_3 \end{pmatrix}$$

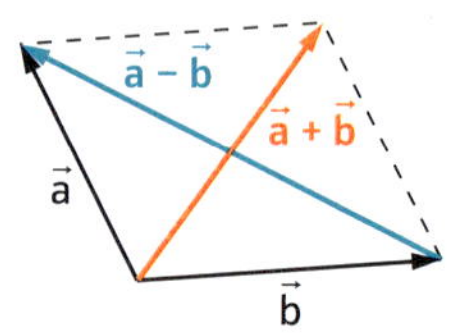

Vervielfachen von Vektoren, Parallelität

$r\vec{a} = \begin{pmatrix} ra_1 \\ ra_2 \\ ra_3 \end{pmatrix}; \quad r \in \mathbb{R}$

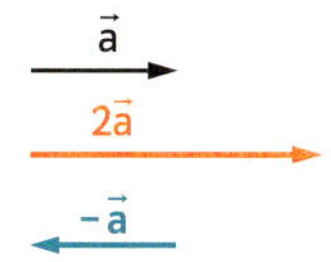

Die Vektoren $\vec{a}$ und $\vec{b}$ nennt man **parallel** ($\vec{a} \parallel \vec{b}$), wenn es eine reelle Zahl r gibt, so dass gilt:

$\vec{a} = r\vec{b}$.

Teilverhältnisse

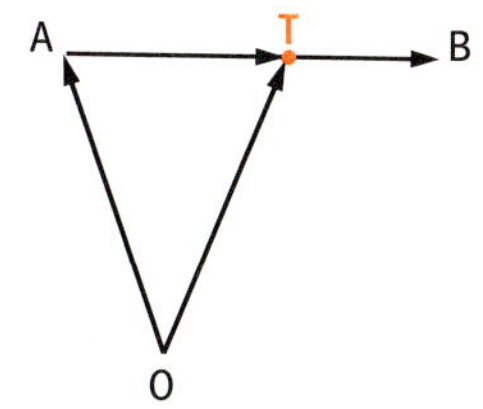

Ist T ein Punkt der Strecke $\overline{AB}$ und gilt $\overrightarrow{AT} = t \cdot \overrightarrow{TB}$, dann nennt man die Zahl t **Teilverhältnis** des Punktes T bezüglich der Strecke $\overline{AB}$.

Aus $\overrightarrow{AT} = t \cdot \overrightarrow{TB}$ folgt $\overrightarrow{AT} = \frac{t}{1+t}\overrightarrow{AB}$.

Skalarprodukt, Orthogonalität von Vektoren

Wenn φ der Winkel zwischen den Vektoren $\vec{a}$ und $\vec{b}$ ist, so gilt:

$\vec{a} \cdot \vec{b} = |\vec{a}| \cdot |\vec{b}| \cdot \cos(\varphi)$.

Das Skalarprodukt $\vec{a} \cdot \vec{b}$ ist eine reelle Zahl.

Wenn $\vec{a} = \begin{pmatrix} a_1 \\ a_2 \\ a_3 \end{pmatrix}$ und $\vec{b} = \begin{pmatrix} b_1 \\ b_2 \\ b_3 \end{pmatrix}$, dann gilt:

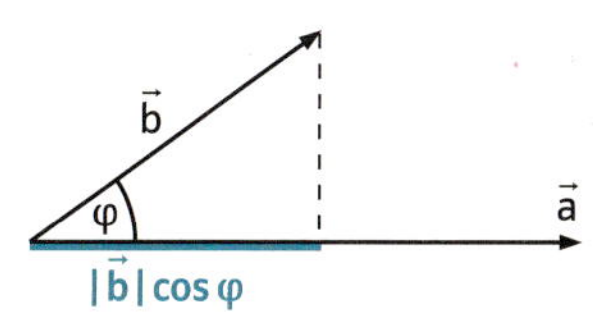

$\vec{a} \cdot \vec{b} = a_1 b_1 + a_2 b_2 + a_3 b_3$

Die Vektoren $\vec{a}$ und $\vec{b}$ heißen orthogonal zueinander ($\vec{a} \perp \vec{b}$) genau dann, wenn $\vec{a} \cdot \vec{b} = 0$.
Für den Vektor $\vec{a} \neq \vec{o}$ gilt: $\vec{a} \cdot \vec{a} = |\vec{a}|^2 > 0$.

$\vec{a} \cdot \vec{b} = \vec{b} \cdot \vec{a}$	(Kommutativgesetz)
$r\vec{a} \cdot \vec{b} = r(\vec{a} \cdot \vec{b})$	$r \in \mathbb{R}$
$(\vec{a} + \vec{b}) \cdot \vec{c} = \vec{a} \cdot \vec{c} + \vec{b} \cdot \vec{c}$	(Distributivgesetz)

Vektorprodukt

Für $\vec{a} = \begin{pmatrix} a_1 \\ a_2 \\ a_3 \end{pmatrix}$ und $\vec{b} = \begin{pmatrix} b_1 \\ b_2 \\ b_3 \end{pmatrix}$ gilt:

$\vec{a} \times \vec{b} = \begin{pmatrix} a_2 b_3 - a_3 b_2 \\ a_3 b_1 - a_1 b_3 \\ a_1 b_2 - a_2 b_1 \end{pmatrix}$.

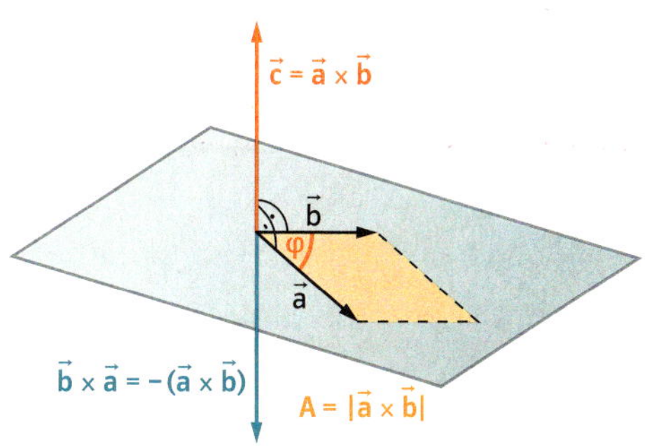

Das Vektorprodukt $\vec{a} \times \vec{b}$ ist ein Vektor $\vec{c}$.

- Es gilt $\vec{c} \perp \vec{a}$ und $\vec{c} \perp \vec{b}$.
- Die Vektoren $\vec{a}$, $\vec{b}$ und $\vec{c}$ bilden in dieser Reihenfolge ein Rechtssystem.
- Für den Betrag des Vektorproduktes gilt:
  $|\vec{a} \times \vec{b}| = |\vec{a}| \cdot |\vec{b}| \cdot \sin(\varphi)$;
  $|\vec{a} \times \vec{b}|$ ist gleich dem Flächeninhalt des von den Vektoren $\vec{a}$ und $\vec{b}$ aufgespannten Parallelogramms.

Spatprodukt, Volumen eines Spates

Ein Spat wird durch drei linear unabhängige Vektoren $\vec{a}$, $\vec{b}$ und $\vec{c}$ aufgespannt.

Die reelle Zahl r mit $r = (\vec{a} \times \vec{b}) \cdot \vec{c}$ heißt Spatprodukt.

Für das Volumen des Spates gilt: $V = |(\vec{a} \times \vec{b}) \cdot \vec{c}|$.

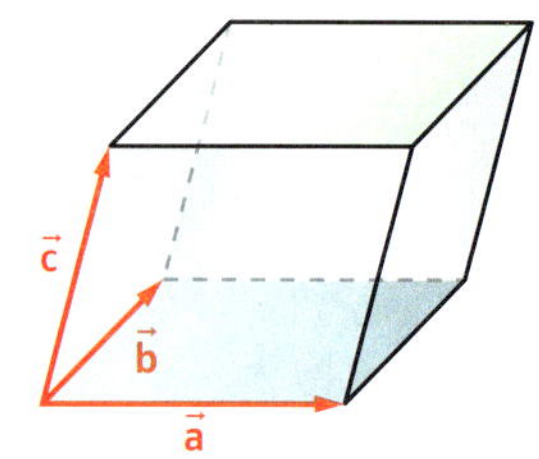

Darstellung von Geraden und Ebenen

Parameterform der Geradengleichung

Durch die Angabe eines Punktes P (Ortsvektor $\vec{p}$) und eines Vektors $\vec{u}$, $\vec{u} \neq 0$, ist eine Gerade g eindeutig bestimmt.
Zu jedem Punkt X ∈ g gibt es einen Ortsvektor $\vec{x}$, für den gilt:

$\vec{x} = \vec{p} + t\vec{u} \quad (t \in \mathbb{R})$.

Der Vektor $\vec{p}$ heißt **Stützvektor** der Geraden g.
Der Vektor $\vec{u}$ heißt **Richtungsvektor** der Geraden g.

Sind P und Q Punkte der Geraden g, so ist die Gerade eindeutig bestimmt und $\overrightarrow{PQ}$ ist ein Richtungsvektor der Geraden.

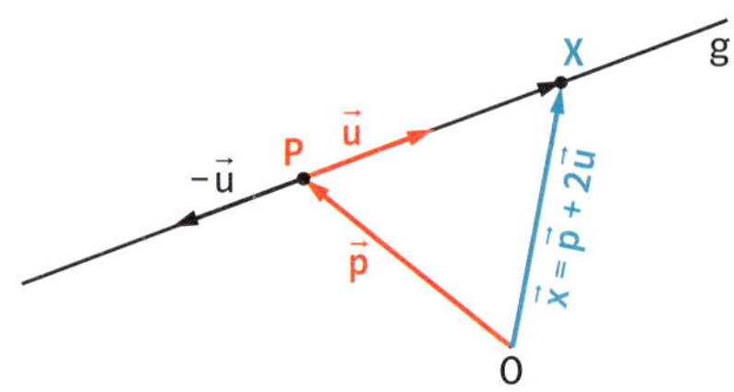

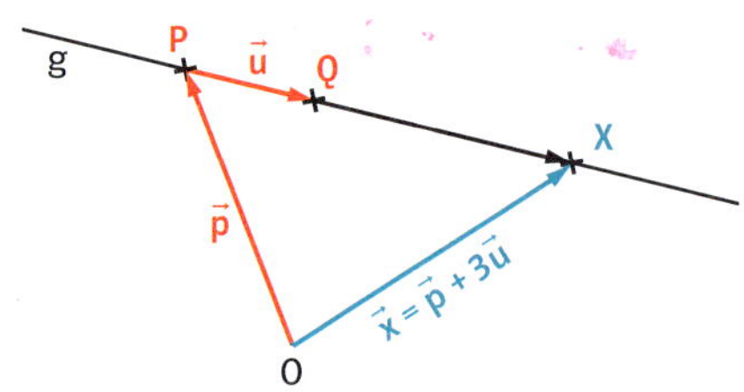

Parameterform der Ebenengleichung

Durch die Angabe eines Punktes P (Ortsvektor $\vec{p}$) und zweier linear unabhängiger Vektoren $\vec{u}$ und $\vec{v}$ wird eine Ebene E eindeutig festgelegt.
Zu jedem Punkt X ∈ E gibt es einen Ortsvektor $\vec{x}$, für den gilt:

$\vec{x} = \vec{p} + r\vec{u} + s\vec{v} \quad (r, s \in \mathbb{R})$.

Der Vektor $\vec{p}$ heißt **Stützvektor** der Ebene E.
Die linear unabhängigen Vektoren $\vec{u}$ und $\vec{v}$ heißen **Spannvektoren** der Ebene E.

Sind P, Q und R drei Punkte der Ebene E, die nicht auf ein und derselben Geraden liegen, so ist die Ebene eindeutig bestimmt und die Vektoren $\overrightarrow{PQ}$ und $\overrightarrow{PR}$ sind mögliche Spannvektoren.

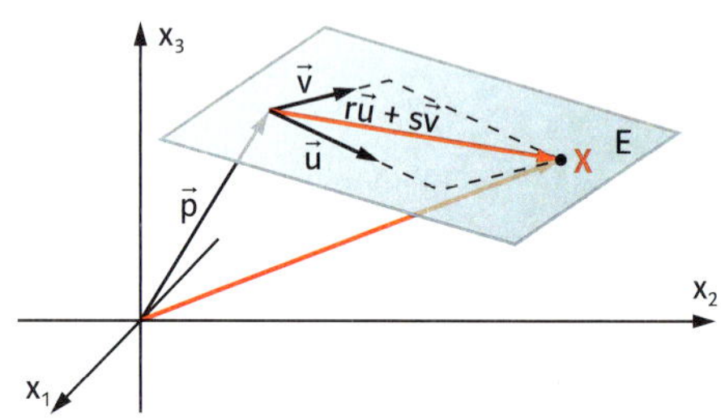

Normalenvektor

Ein Vektor, der senkrecht auf der Ebene E steht, heißt Normalenvektor $\vec{n}$ der Ebene E. Ein Normalenvektor steht senkrecht zu jedem Spannvektor der Ebene. Sind $\vec{u}$ und $\vec{v}$ (linear unabhängige) Spannvektoren der Ebene E, so kann man einen Normalenvektor $\vec{n}$ bestimmen:

- mit Hilfe der Gleichungen $\vec{n}\cdot\vec{u} = 0$ und $\vec{n}\cdot\vec{v} = 0$,
- mit Hilfe des Vektorproduktes (→ Seite 83) $\vec{n} = \vec{u} \times \vec{v}$.

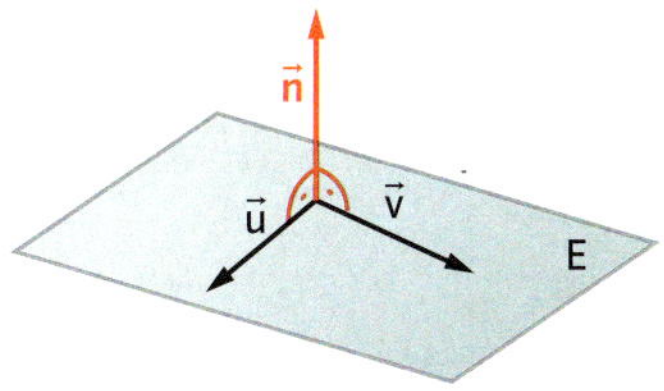

Normalenform der Ebenengleichung

Durch Angabe eines Punktes P (Ortsvektor $\vec{p}$) und eines Normalenvektors $\vec{n}$ ($\vec{n} \perp E$) wird eine Ebene E eindeutig bestimmt. Zu jedem Punkt $X \in E$ gibt es einen Ortsvektor $\vec{x}$, für den gilt:

$(\vec{x} - \vec{p})\cdot\vec{n} = 0$ (Normalenform).

Eine Ebene wird durch die Angabe einer **Koordinatengleichung**

$n_1x_1 + n_2x_2 + n_3x_3 = b$

eindeutig bestimmt, wenn mindestens einer der Koeffizienten n_1, n_2, n_3 ungleich null ist.

Der Vektor $\begin{pmatrix} n_1 \\ n_2 \\ n_3 \end{pmatrix}$ ist ein Normalenvektor der Ebenengleichung.

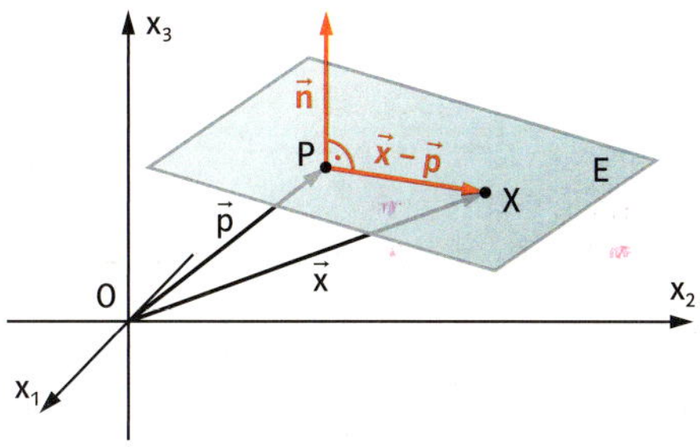

Hesse'sche Normalenform einer Ebene:

$\vec{n_0}\cdot(\vec{x} - \vec{p}) = 0$ bzw. $\dfrac{n_1x_1 + n_2x_2 + n_3x_3 - b}{\sqrt{n_1^2 + n_2^2 + n_3^2}} = 0.$

Kugeln

Darstellung von Kugeln

Durch Angabe des Mittelpunktes $M(m_1|m_2|m_3)$ und des Radius r wird eine Kugel eindeutig festgelegt:

$(\vec{x} - \vec{m})^2 = r^2$

bzw. in Koordinaten:

$(x_1 - m_1)^2 + (x_2 - m_2)^2 + (x_3 - m_3)^2 = r^2.$

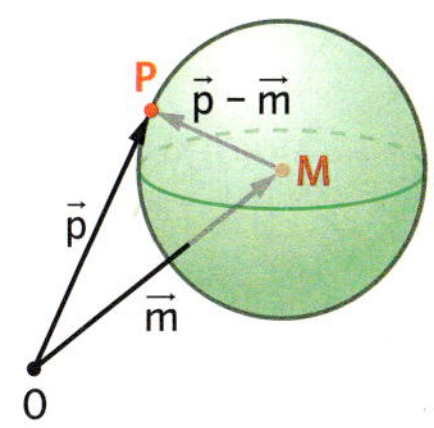

Durch Angabe des Mittelpunktes M und eines Kugelpunktes P wird eine Kugel eindeutig festgelegt:

$(\vec{x} - \vec{m})^2 = r^2$ mit $r^2 = (\vec{p} - \vec{m})^2$

Tangentialebene einer Kugel

Für die Tangentialebene T in einem Punkt Q der Kugel mit dem Mittelpunkt M ist der Vektor $\overrightarrow{MQ}$ ein Normalenvektor.
Zu jedem Punkt $X \in T$ gibt es einen Ortsvektor $\vec{x}$, für den gilt:

$(\vec{x} - \vec{q})(\vec{q} - \vec{m}) = 0$ oder $(\vec{x} - \vec{m})(\vec{q} - \vec{m}) = r^2$

bzw. in Koordinaten

$(x_1 - q_1)(q_1 - m_1) + (x_2 - q_2)(q_2 - m_2) + (x_3 - q_3)(q_3 - m_3) = 0$

$(x_1 - m_1)(q_1 - m_1) + (x_2 - m_2)(q_2 - m_2) + (x_3 - m_3)(q_3 - m_3) = r^2.$

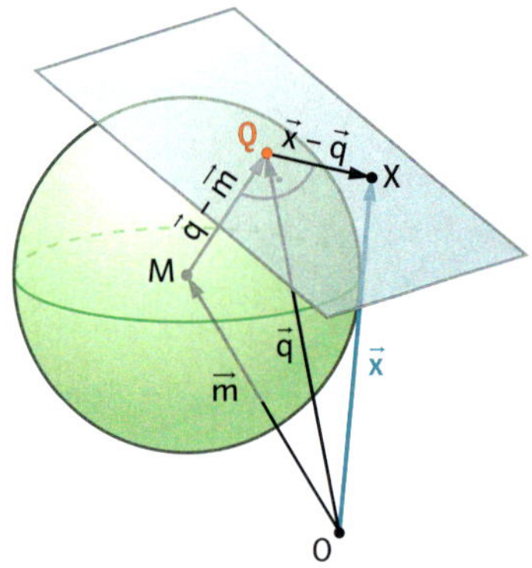

Die gegenseitige Lage von Punkten, Geraden und Ebenen

Punkt-Gerade, Punkt-Ebene

Ein Punkt $P(p_1 | p_2 | p_3)$ liegt auf der Geraden $g\colon \vec{x} = \vec{q} + r\vec{u}$, wenn es ein $r \in \mathbb{R}$ gibt, so dass die Gleichung $\overrightarrow{OP} = \vec{q} + r\vec{u}$ erfüllt wird (**Punktprobe**).

Ein Punkt $P(p_1 | p_2 | p_3)$ liegt in der Ebene $E\colon \vec{x} = \vec{q} + r\vec{u} + s\vec{v}$, wenn es ein $r \in \mathbb{R}$ und ein $s \in \mathbb{R}$ gibt, so dass die Gleichung
$\overrightarrow{OP} = \vec{q} + r\vec{u} + s\vec{v}$ erfüllt wird (**Punktprobe**).

Ist die Ebene in Koordinatengleichung $E\colon n_1x_1 + n_2x_2 + n_3x_3 = b$ gegeben, setzt man p_1, p_2, p_3 für x_1, x_2, x_3 ein. Entsteht eine wahre Aussage, liegt P in E.

Gerade-Gerade

Für die relative Lage zweier Geraden
$g\colon \vec{x} = \vec{p} + r\vec{u}$ und $h\colon \vec{x} = \vec{q} + t\vec{v}$ werden vier Möglichkeiten unterschieden:

Sind $\vec{u}$ und $\vec{v}$ linear abhängig?

- nein: $g \nparallel h$
  Hat $\vec{p} + r\vec{u} = \vec{q} + t\vec{v}$ ein Lösungspaar (r; t)?
  - ja: g und h **schneiden sich** in einem Punkt S
  - nein: g und h sind zueinander **windschief**
- ja: $g \parallel h$
  Liegt P auf h (Punktprobe)?
  - ja: $g = h$
  - nein: $g \parallel h$ und $g \neq h$

Gerade-Ebene

Für die relative Lage einer Geraden g und einer Ebene E mit

g: $\vec{x} = \vec{p} + r\vec{u}$ und E: $n_1x_1 + n_2x_2 + n_3x_3 = b$ werden drei Möglichkeiten unterschieden:

Einsetzen der Gleichung von g in die Gleichung von E ergibt die Gleichung $n_1(p_1 + ru_1) + n_2(p_2 + ru_2) + n_3(p_3 + ru_3) = b$.

genau eine Lösung

Die Gerade g **durchstößt** die Ebene E im Punkt D. Den Durchstoßpunkt D erhält man durch Einsetzen von r in die Gleichung von g.

keine Lösung

Die Gerade g ist **parallel** zur Ebene E ($g \parallel E$) und hat keinen gemeinsamen Punkt mit der Ebene.

unendlich viele Lösungen

Die Gerade g **liegt in der Ebene** E ($g \subset E$).

Ebene-Ebene

Zur Bestimmung der relativen Lage zweier Ebenen E und F wandelt man deren Gleichungen in Normalenform oder Koordinatenform um:

E: $(\vec{x} - \vec{p}) \cdot \vec{n} = 0$ und F: $(\vec{x} - \vec{q}) \cdot \vec{m} = 0$ oder E: $n_1x_1 + n_2x_2 + n_3x_3 = b$ und F: $m_1x_1 + m_2x_2 + m_3x_3 = c$.

Es werden drei Möglichkeiten unterschieden.

Sind die Normalenvektoren $\vec{m}$ und $\vec{n}$ linear abhängig?

nein

$E \nparallel F$

E und F **schneiden sich** in einer Geraden g. Z. B. Gleichungssystem mit zwei Koordinatenformen ergibt Schnittgerade.

ja

$E \parallel F$

Haben E und F gemeinsame Punkte? Z. B. Koordinaten eines Punktes P der Ebene E in Gleichung von Ebene F einsetzen (Punktprobe).

ja

$E = F$

nein

$E \parallel F$ und $E \neq F$

Berechnung von Winkeln

Winkel zwischen Vektoren

Schließen zwei Vektoren $\vec{a}$ und $\vec{b}$ den Winkel α ein, so gilt:

$$\cos(\alpha) = \frac{\vec{a} \cdot \vec{b}}{|\vec{a}| \cdot |\vec{b}|} \qquad (0 \leq \alpha \leq 180°).$$

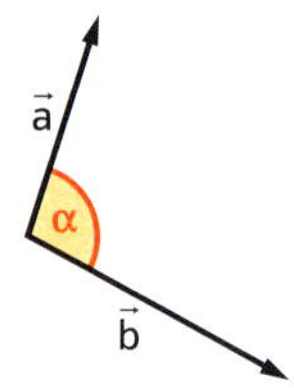

Schnittwinkel zweier Geraden

Sind $\vec{u}$ und $\vec{v}$ die Richtungsvektoren von zwei sich schneidenden Geraden, so gilt für den Schnittwinkel α:

$$\cos(\alpha) = \frac{|\vec{u} \cdot \vec{v}|}{|\vec{u}| \cdot |\vec{v}|} \qquad (0 \leq \alpha \leq 90°).$$

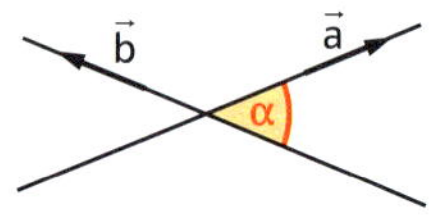

Winkel zwischen Gerade und Ebene

Ist $\vec{u}$ ein Richtungsvektor der Geraden und $\vec{n}$ ein Normalenvektor der Ebene, die von der Geraden durchstoßen wird, so gilt für den Schnittwinkel α:

$$\sin(\alpha) = \frac{|\vec{u} \cdot \vec{n}|}{|\vec{u}| \cdot |\vec{n}|} \qquad (0 \leq \alpha \leq 90°).$$

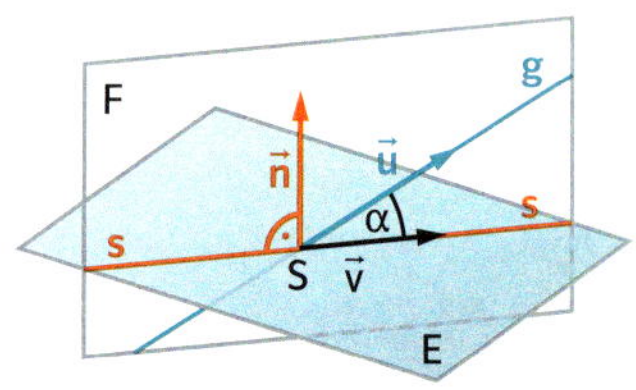

g liegt in F, F steht senkrecht auf E.

Winkel zwischen Ebenen

Schneiden sich zwei Ebenen mit den Normalenvektoren $\vec{n}_1$ und $\vec{n}_2$, dann gilt für ihren Schnittwinkel α:

$$\cos(\alpha) = \frac{|\vec{n}_1 \cdot \vec{n}_2|}{|\vec{n}_1| \cdot |\vec{n}_2|} \qquad (0 \leq \alpha \leq 90°).$$

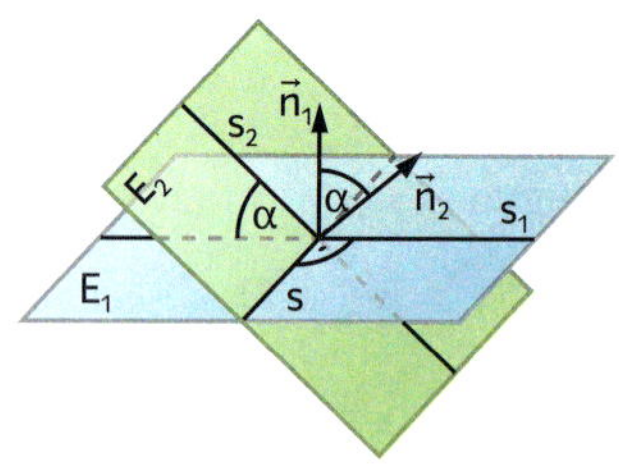

Bestimmen von Abständen

Abstand zweier Punkte

Der **Abstand d** zweier Punkte $A(a_1 | a_2 | a_3)$ und $B(b_1 | b_2 | b_3)$ **im Raum** beträgt:

$|\overrightarrow{AB}| = d = \sqrt{(a_1 - b_1)^2 + (a_2 - b_2)^2 + (a_3 - b_3)^2}$.

Der **Abstand d** zweier Punkte $A(a_1 | a_2)$ und $B(b_1 | b_2)$ **in der Ebene** beträgt:

$|\overrightarrow{AB}| = d = \sqrt{(a_1 - b_1)^2 + (a_2 - b_2)^2}$.

Abstand eines Punktes von einer Geraden

Der Abstand eines Punktes R von einer Geraden g ist gleich dem Betrag des Vektors $\overrightarrow{RF}$. F ist der Fußpunkt des Lotes von R auf g.
Die Berechnung des Abstandes erfolgt in drei Schritten:
- Aufstellen einer Gleichung der zu g orthogonalen Ebene E durch R,
- Berechnung des Schnittpunktes F von g und E,
- Berechnung des Betrages von $\overrightarrow{RF}$.

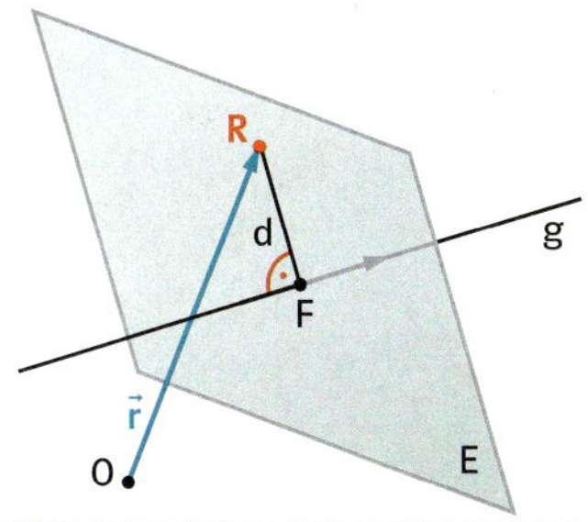

Abstand eines Punktes von einer Ebene

Der Punkt $R(r_1 | r_2 | r_3)$ (Ortsvektor $\vec{r}$) hat von der Ebene E mit E: $\vec{n}_0(\vec{x} - \vec{p}) = \vec{o}$ bzw. $a_1x_1 + a_2x_2 + a_3x_3 = b$ den Abstand d:

$$d = |\vec{n}_0(\vec{r} - \vec{p})| = \left| \frac{a_1r_1 + a_2r_2 + a_3r_3 - b}{\sqrt{a_1^2 + a_2^2 + a_3^2}} \right|.$$

Ist $\vec{n}_0(\vec{r} - \vec{p}) > 0$, so liegt R auf der Seite der Ebene, in die $\vec{n}_0$ zeigt.
Ist $\vec{n}_0(\vec{r} - \vec{p}) < 0$, so liegt R auf der gegenüberliegenden Seite.

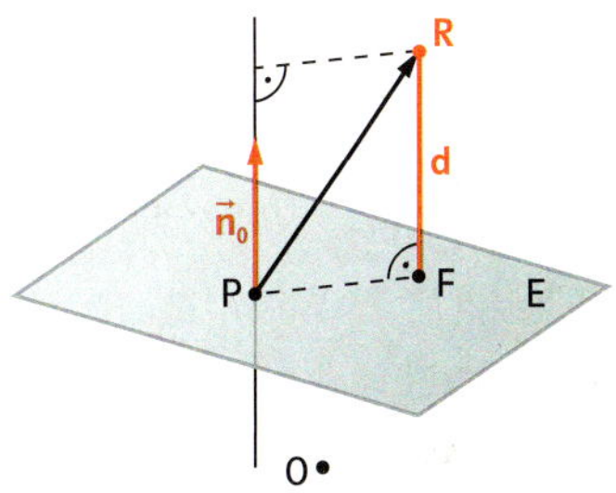

Abstand windschiefer Geraden

Die windschiefen Geraden g mit g: $\vec{x} = \vec{p} + t\vec{u}$ und h mit h: $\vec{x} = \vec{q} + s\vec{v}$ haben den Abstand

$d = |\vec{n}_0 \cdot (\vec{q} - \vec{p})|$, wobei $\vec{n}_0 \perp \vec{u}$, $\vec{n}_0 \perp \vec{v}$ und $|\vec{n}_0| = 1$.

Weitere Abstände

Der Abstand zweier **paralleler Geraden** g und h ist gleich dem Abstand eines beliebigen Punktes der Geraden g von der Geraden h.

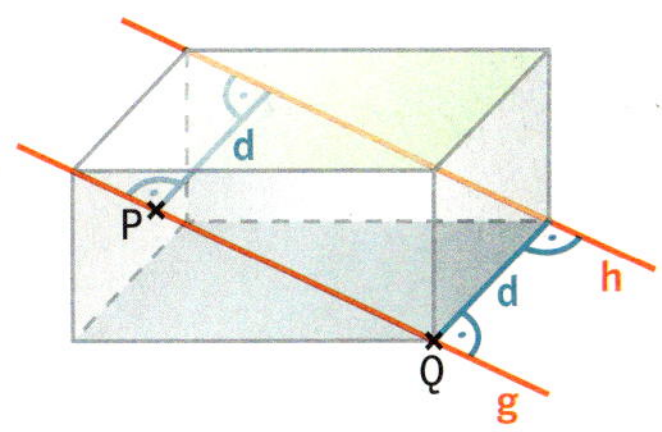

Der Abstand zweier **paralleler Ebenen** ist gleich dem Abstand eines Punktes der einen Ebene zur anderen Ebene.

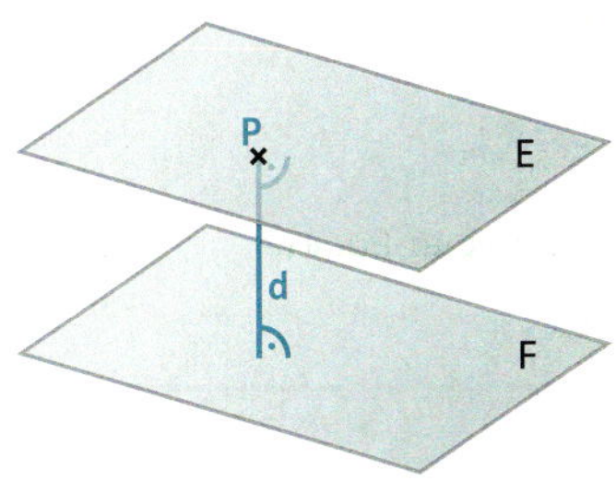

Der Abstand **einer Geraden zu einer zu ihr parallelen Ebene** ist gleich dem Abstand eines beliebigen Punktes der Geraden von der Ebene.

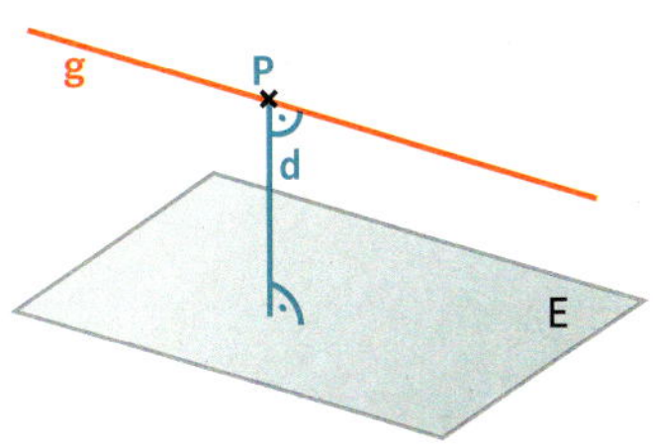

Stochastik – Daten und Zufall beschreiben

Beurteilende Statistik

Testen von Hypothesen ⊳ **S. 100**

Irrtumswahrscheinlichkeit, Fehler 1. und 2. Art

Testen mit der Binominalverteilung ⊳ **S. 100**

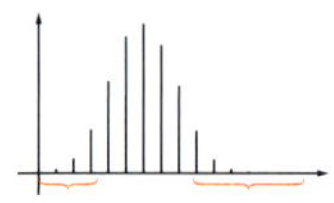

Anzahlbestimmungen

Allgemeines Zählprinzip ⊳ **S. 95**

$n_1 \cdot n_2 \cdot \ldots \cdot n_k$

Stichproben ⊳ **S. 95**

Ziehen mit und ohne Zurücklegen, geordnete und ungeordnete Stichprobe

Simulation

Monte-Carlo-Methode ⊳ **S. 94**

Simulation mit Zufallsziffern

Strukturgleichheit von Zufallsexperimenten ⊳ **S. 94**

$S = \{Z; W\}$
$S = \{\text{ger. Z; ung. Z.}\}$
$Z \Longleftrightarrow \text{ger. Z.}; W \Longleftrightarrow \text{ung. Z.}$

Zufallsvariable und ihre Verteilungen

Verteilung einer Zufallsvariablen ⊳ **S. 96**

x_i	1	2	3	4
$P(x = x_i)$	0,3	0,4	0,2	0,1

Kenngrößen von Zufallsvariablen ⊳ **S. 96**

$E(X), V(X), \sigma(X)$

Normalverteilung ⊳ **S. 98**

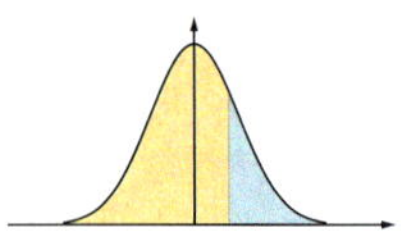

Binomialverteilung ⊳ **S. 97**

$\binom{n}{k} \cdot p^k \cdot (1-p)^{n-k}$

Bedingte Wahrscheinlichkeit

Unabhängigkeit von Ereignissen ⊳ **S. 94**

$P(A \cap B) = P(A) \cdot P(B)$

Totale Wahrscheinlichkeit ⊳ **S. 94**

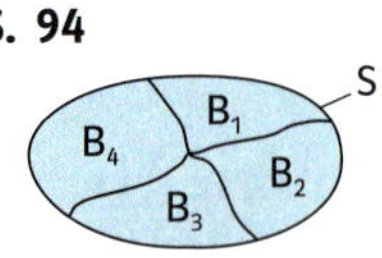

Bayes'sche Formel ⊳ **S. 95**

$$P_A(B_i) = \frac{P(B_i) \cdot P_{B_i}(A)}{P(A)}$$

Erfassen und Analysieren von Daten

Urliste, Strichliste ⊳ **S. 98**

Zahl	𝍸 IIII
Wappen	𝍸 𝍸 I

Kenngrößen der Lage ⊳ **S. 99**

$$\overline{x} = \frac{x_1 + x_2 + \ldots + x_n}{n}$$

Kenngrößen der Streuung ⊳ **S. 99**

$$R = x_{max} - x_{min}$$

Regressionsgerade ⊳ **S. 99**

Korrelationskoeffizient ⊳ **S. 99**

$$r = \frac{c_{xy}}{s_x \cdot s_y}$$

Grundbegriffe (der Stochastik)

Zufallsexperiment ⊳ **S. 92**

$S = \{1; 2; 3; 4; 5; 6\}$

Verknüpfung von Ereignissen ⊳ **S. 92**

$A = \{1; 2\}$

$\overline{A} = \{3; 4; 5; 6\}$

Häufigkeiten und Wahrscheinlichkeiten ⊳ **S. 92**

$H_n(E)$; $h_n(E)$; $P(E)$

Laplace-Experiment ⊳ **S. 93**

Mehrstufige Zufallsexperimente ⊳ **S. 93**

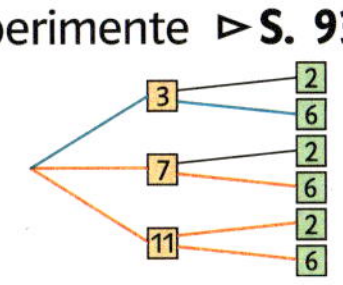

Grundbegriffe

Zufallsexperiment

Ein Zufallsexperiment ist ein Vorgang, bei dem genau eines von mehreren möglichen **Ergebnissen** eintritt. Welches Ergebnis eintritt, ist nicht vorhersagbar.

Die Menge aller möglichen einander ausschließenden Ergebnisse eines Zufallsexperiments heißt **Ergebnismenge**. Sie wird mit S (oftmals auch mit Ω) bezeichnet.

Wurf eines Würfels

mögliche Ergebnisse:
1; 2 ; 3; 4; 5; 6

S = {1; 2; 3; 4; 5; 6}

Ereignis

Jede Teilmenge E der Ergebnismenge S heißt **Ereignis**. Man sagt, E ist eingetreten, wenn das Zufallsexperiment ein Ergebnis aus E liefert.

E: gewürfelte Augenzahl ist größer als 2, E = {3; 4; 5; 6}
E ist z.B. eingetreten, wenn die Augenzahl 4 gewürfelt wird.

Spezielle Ereignisse

Ein Ereignis, das bei keiner Versuchsdurchführung auftreten kann, heißt **unmögliches Ereignis**.

Würfeln einer Augenzahl größer als 6.

Ein bei jeder Versuchsdurchführung auftretendes Ereignis heißt **sicheres Ereignis**.

Eine der Augenzahlen von 1 bis 6 wird gewürfelt.

Ein Ereignis, das genau ein Ergebnis enthält, heißt **Elementarereignis**.

Augenzahl 3 wird gewürfelt.

Verknüpfung von Ereignissen

Gegenereignis $\bar{A}$ von A
Das Gegenereignis $\bar{A}$ vom Ereignis A tritt genau dann ein, wenn das Ereignis A nicht eintritt.

S = {1; 2; 3; 4; 5; 6}
A = {1; 2}
$\bar{A}$ = {3; 4; 5; 6}

Teilereignis B von A, $B \subset A$
Wenn das Ereignis B eintritt, dann tritt auch das Ereignis A ein.

B = {1; 2}
A = {1; 2; 3}

Ereignis $A \cap B$
Das Ereignis $A \cap B$ (lies: A und B) tritt ein, wenn sowohl A als auch B eintritt.

A = {1; 2; 3; 4}
B = {2; 4; 6}
$A \cap B$ = {2; 4}

Ereignis $A \cup B$
Das Ereignis $A \cup B$ (lies: A oder B) tritt ein, wenn mindestens eines der Ereignisse A bzw. B eintritt.

A = {1; 2; 3; 4}
B = {2; 4; 6}
$A \cup B$ = {1; 2; 3; 4; 6}

Unvereinbare Ereignisse
Ereignisse A und B heißen unvereinbar, wenn sie nicht gleichzeitig eintreten können, also $A \cap B = \{\,\}$ gilt.

A = {1; 3; 5}
B = {2; 4}
$A \cap B = \{\,\}$

Häufigkeiten und Wahrscheinlichkeiten

Absolute Häufigkeit $H_n(E)$

Anzahl des Eintretens des Ereignisses E bei n unter gleichbleibenden Bedingungen durchgeführten Versuchen.

Relative Häufigkeit $h_n(E)$

Quotient aus der absoluten Häufigkeit $H_n(E)$ und der Anzahl n der durchgeführten Versuche: $h_n(E) = \frac{H_n(E)}{n}$.

Empirisches Gesetz der großen Zahlen

Wird ein Zufallsexperiment sehr oft durchgeführt, dann stabilisieren sich für jedes Ereignis E die relativen Häufigkeiten $h_n(E)$, sie pendeln sich um einen bestimmten Wert ein. Dieser Wert ist Schätzwert für die Wahrscheinlichkeit P(E). Für große n gilt: $P(E) \approx h_n(E)$.

Wahrscheinlichkeitsverteilung, Wahrscheinlichkeit

Ein Zufallsexperiment besitze die Ergebnismenge $S = \{e_1; e_2; \ldots; e_n\}$. Eine Funktion P, die jedem Ereignis E eine reelle Zahl P(E) zuordnet, heißt Wahrscheinlichkeitsverteilung (Wahrscheinlichkeitsfunktion), wenn sie folgenden Bedingungen genügt:

(1) $P(E) \geq 0$ (Nichtnegativität),
(2) $P(S) = 1$ (Normiertheit),
(3) $P(A \cup B) = P(A) + P(B)$, falls $A \cap B = \{\,\}$ (Additivität).

Der Funktionswert P(E) heißt Wahrscheinlichkeit von E.

Weiterhin gilt für P: $P(E) = \sum_{e_i \in E} P(\{e_i\}) = P(\{e_1\}) + P(\{e_2\}) + \ldots + P(\{e_n\})$; $P(\{\,\}) = 0$; $P(\overline{A}) = 1 - P(A)$

Laplace-Experimente

Zufallsexperimente, die endlich viele Ergebnisse haben und bei denen alle Ergebnisse (Elementarereignisse) gleich wahrscheinlich sind, heißen Laplace-Experimente.

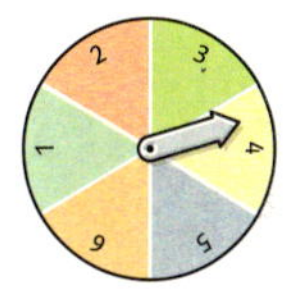

Wahrscheinlichkeiten bei Laplace-Experimenten

Hat ein Laplace-Experiment n Ergebnisse, dann beträgt die Wahrscheinlichkeit für jedes Ergebnis $\frac{1}{n}$.

Für die Wahrscheinlichkeit P(E) eines Ereignisses E gilt:

$$P(E) = \frac{\text{Anzahl der für E günstigen Ergebnisse}}{\text{Anzahl der möglichen Ergebnisse}}$$

$P(\{2\}) = \frac{1}{6}$

E: Augenzahl ist größer 4

$E = \{5; 6\}$

$P(E) = \frac{2}{6} = \frac{1}{3}$

Mehrstufige Zufallsexperimente, n-stufiges Zufallsexperiment

Werden n nacheinander ablaufende Zufallsexperimente zu einem einzigen Zufallsexperiment zusammengefasst, dann nennt man dieses **n-stufiges Zufallsexperiment**.

Ein Mittel zur anschaulichen Darstellung mehrstufiger Zufallsexperimente ist das **Baumdiagramm**.
Jedem **Pfad** im Baumdiagramm entspricht genau ein Ergebnis.
Zu jedem Ereignis gehören die Pfade, die zu den zu diesem Ereignis gehörenden Ergebnissen führen.

Der aufeinander folgende Wurf zweier durch ihre Körpernetze beschriebenen Würfel A und B ist ein zweistufiges Zufallsexperiment.

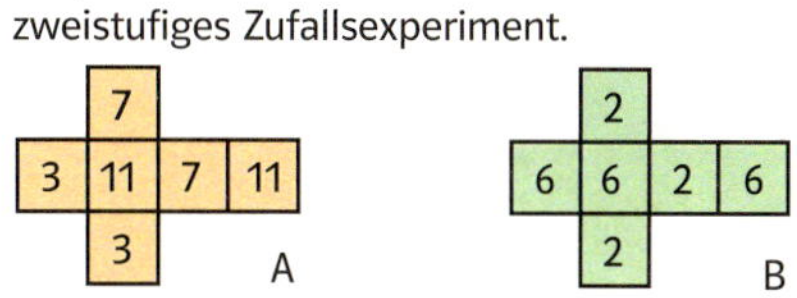

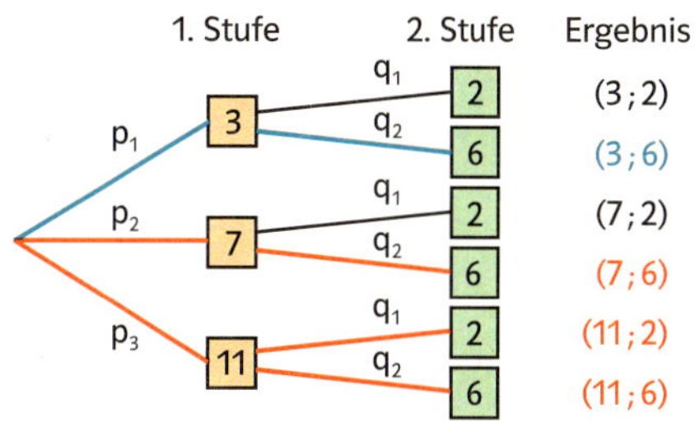

Ergebnis (3; 6)
Ereignis E: Summe der gewürfelten Augenzahlen ist größer als 10, E = {(7; 6); (11; 2); (11; 6)}

$P(\{(3; 6)\}) = p_1 \cdot q_2$ $P(E) = p_2 \cdot q_2 + p_3 \cdot q_1 + p_3 \cdot q_2$

Pfadregeln

Pfadmultiplikationsregel (Wahrscheinlichkeit eines Ergebnisses):
Die Wahrscheinlichkeit eines Ergebnisses in einem mehrstufigen Zufallsexperiment ist gleich dem Produkt der Wahrscheinlichkeiten längs des zugehörigen Pfades im Baumdiagramm.

Pfadadditionsregel (Wahrscheinlichkeit eines Ereignisses):
Die Wahrscheinlichkeit eines Ereignisses in einem mehrstufigen Zufallsexperiment ist gleich der Summe der Wahrscheinlichkeiten der zu diesem Ereignis gehörenden Pfade im Baumdiagramm.

Simulation von Zufallsexperimenten

Strukturgleichheit von Zufallsexperimenten

Zwei Zufallsexperimente heißen strukturgleich, wenn es eine umkehrbar eindeutige Abbildung ihrer Ergebnisse aufeinander gibt und die einander zugeordneten Ergebnisse gleich wahrscheinlich sind.

Wurf einer idealen Münze mit Zahl (Z) und Wappen (W):

$S = \{Z; W\}$; $P(Z) = P(W) = \frac{1}{2}$

Wurf eines idealen Würfels, bei dem Auftreten von gerader (g) oder ungerader (u) Zahl interessiert:

$S = \{g; u\}$; $P(g) = P(u) = \frac{1}{2}$

Da Z umkehrbar eindeutig g und W umkehrbar eindeutig u zugeordnet werden kann, sind die Zufallsexperimente strukturgleich.

Simulation

Das Nachspielen eines zufälligen Experiments mit einem zum Ausgangsexperiment strukturgleichen Zufallsexperiment nennt man Simulation.

Monte-Carlo-Methode

Simulation unter Verwendung von Zufallsziffern heißt auch Monte-Carlo-Methode. Wenn bei der Geburt eines Kindes P(Jungengeburt) = 0,514 und P(Mädchengeburt) = 0,486 sind, dann kann die Verteilung der Geschlechter in einer Familie mit mehreren Kindern über folgendes strukturgleiches Zufallsexperiment simuliert werden:

Ergebnisse bei	Geburt eines Kindes	Junge	Mädchen
	Erzeugen dreistelliger Zufallszahlen	{001; 002, …; 513; 514}	{515; 516; …; 999; 000}
Wahrscheinlichkeiten		0,514	0,486

Bedingte Wahrscheinlichkeit und ihre Eigenschaften

Bedingte Wahrscheinlichkeit

Sind A und B beliebige Ereignisse mit $A \subseteq S$, $B \subseteq S$ und $P(B) > 0$, dann heißt $P_B(A)$ mit

$$P_B(A) = \frac{P(A \cap B)}{P(B)}$$

die durch B bedingte Wahrscheinlichkeit von A.

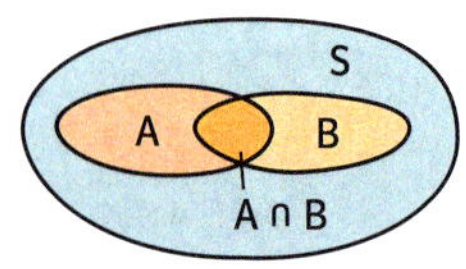

$P_B(A)$ stellt geometrisch den Anteil von $A \cap B$ an B dar.

Multiplikationssatz

Für die Wahrscheinlichkeit, dass sowohl das Ereignis A als auch das Ereignis B eintritt, gilt:
$P(A \cap B) = P(A) \cdot P_A(B) = P(B) \cdot P_B(A)$

Unabhängigkeit von Ereignissen

Zwei Ereignisse A und B heißen genau dann unabhängig voneinander, wenn gilt: $P(A \cap B) = P(A) \cdot P(B)$.

Totale Wahrscheinlichkeit

Bilden die Ereignisse $B_1; B_2; \ldots; B_n$ eine Zerlegung von S, d. h. ist

(1) $B_1 \cup B_2 \cup \ldots \cup B_n = S$ und (2) $B_i \cap B_j = \{\,\}$ für $i \neq j$,

dann gilt für jedes Ereignis A aus S:
$P(A) = P(B_1) \cdot P_{B_1}(A) + P(B_2) \cdot P_{B_2}(A) + \ldots + P(B_n) \cdot P_{B_n}(A)$

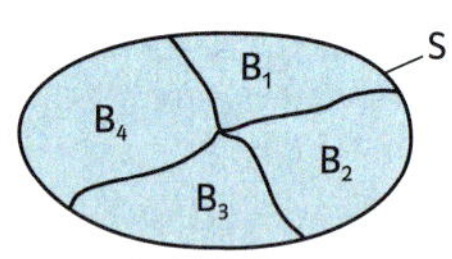

B_1, B_2, B_3 und B_4 bilden Zerlegung von S

Bayes'sche Formel

Bilden die Ereignisse $B_1; B_2; \ldots; B_n$ eine Zerlegung von S, und ist A ein Ereignis aus S mit $P(A) > 0$, dann gilt für jedes i ($i = 1; 2; \ldots; n$):

$$P_A(B_i) = \frac{P(B_i) \cdot P_{B_i}(A)}{P(A)} = \frac{P(B_i) \cdot P_{B_i}(A)}{P(B_1) \cdot P_{B_1}(A) + P(B_2) \cdot P_{B_2}(A) + \ldots + P(B_n) \cdot P_{B_n}(A)}.$$

Für die spezielle Zerlegung B und $\overline{B}$ von S ergibt sich:

$$P_A(B) = \frac{P(B) \cdot P_B(A)}{P(B) \cdot P_B(A) + P(\overline{B}) \cdot P_{\overline{B}}(A)}.$$

Anzahlbestimmungen

Allgemeines Zählprinzip

Haben die Teilexperimente eines k-stufigen Zufallsexperiments $n_1; n_2; \ldots; n_k$ Ergebnisse, dann hat das k-stufige Experiment $n_1 \cdot n_2 \cdot \ldots \cdot n_k$ Ergebnisse.

Bei Anzahlbestimmungen häufig benutzte Symbole sind:
n! für **n-Fakultät**, wobei $n! = 1 \cdot 2 \cdot 3 \cdot \ldots \cdot (n-1) \cdot n$; $n \in \mathbb{N}^*$. Insbesondere gilt: $0! = 1$.

$\binom{n}{k}$ für **Binomialkoeffizient** „n über k", wobei

$\binom{n}{k} = \frac{n!}{k!(n-k)!}$; $n, k \in \mathbb{N}^*$; $k \leq n$.

Eine Speisekarte bietet 2 Vorspeisen, 3 Hauptgerichte und 2 Nachspeisen an.

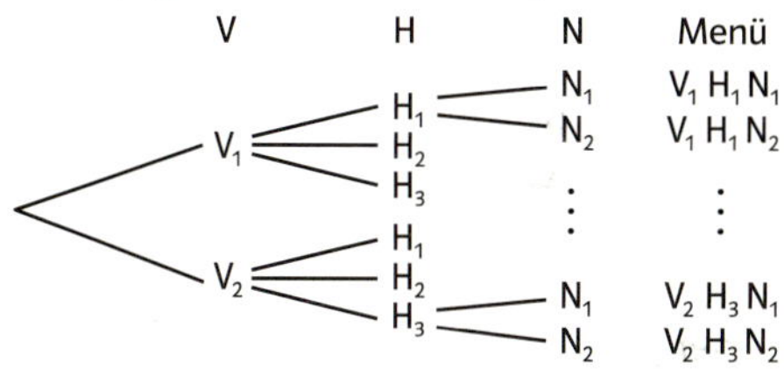

Dann gibt es $2 \cdot 3 \cdot 2 = 12$ Möglichkeiten für die Zusammenstellung des Menüs.

Stichproben

Werden aus einer Urne mit n Losen nacheinander k Lose gezogen, dann erhält man eine Stichprobe vom Umfang k.
Beim Ziehen wird unterschieden, ob **mit** oder **ohne Zurücklegen** gezogen wird, und ob bei der Ziehung die **Reihenfolge** eine Rolle spielt oder nicht (**geordnete** oder **ungeordnete Stichprobe**).
Als Anzahl der Möglichkeiten, Stichproben aus einer Menge von n Elementen zu entnehmen, (Kugeln aus einer Urne mit n Kugeln zu ziehen) erhält man:

- $n \cdot (n-1) \cdot \ldots \cdot 3 \cdot 2 \cdot 1 = n!$,
  falls eine **geordnete Stichprobe** vom Umfang n entnommen und **ohne Zurücklegen** gezogen wird.
  (Vollerhebung, auch: Anzahl der **Permutationen ohne Wiederholung**.)
- $n \cdot (n-1) \cdot \ldots \cdot (n-k+1) = \binom{n}{k} \cdot k! = \frac{n!}{(n-k)!}$,
  falls eine **geordnete Stichprobe** vom Umfang k entnommen und **ohne Zurücklegen** gezogen wird.
  (Auch: Anzahl der **Variationen ohne Wiederholung**.)
- $n \cdot n \cdot \ldots \cdot n = n^k$,
  falls eine **geordnete Stichprobe** vom Umfang k entnommen und **mit Zurücklegen** gezogen wird.
  (Auch: Anzahl der **Variationen mit Wiederholung**.)
- $\frac{n \cdot (n-1) \cdot \ldots \cdot (n-k+1)}{k \cdot (k-1) \cdot \ldots \cdot 2 \cdot 1} = \frac{n!}{k!(n-k)!} = \binom{n}{k}$,
  falls eine **ungeordnete Stichprobe** vom Umfang k entnommen und **ohne Zurücklegen** gezogen wird (Ziehen mit einem Griff; auch: Anzahl der **Kombinationen ohne Wiederholung**).
- $\binom{n+k-1}{k}$,
  falls eine **ungeordnete Stichprobe** vom Umfang k entnommen und **mit Zurücklegen** gezogen wird.
  (Auch: Anzahl der **Kombinationen mit Wiederholung**.)

Zufallsvariable und ihre Verteilungen

Zufallsvariable X

Eine Funktion X, die jedem Ergebnis eines Zufallsexperiments eine Zahl zuordnet,

$X: S \to \mathbb{R}$,

heißt Zufallsvariable.
Ist der Wertebereich endlich oder abzählbar unendlich, nennt man X diskret, andernfalls stetig.

Wahrscheinlichkeitsverteilung von X

Eine Funktion, die jedem Wert x_i einer diskreten Zufallsvariablen X eine Wahrscheinlichkeit

$P(X = x_i) = P(\{e \in S \mid X(e) = x_i\})$

zuordnet, heißt Wahrscheinlichkeitsverteilung von X.

Verteilungsfunktion von X

Die Funktion F_X, die jedem Wert x die Wahrscheinlichkeit $P(X \leq x)$ zuordnet, heißt Verteilungsfunktion der Zufallsvariable X.

Kenngrößen einer diskreten Zufallsvariablen X

Eine Zufallsvariable X nehme die Werte $x_1; x_2; \ldots; x_n$ mit den Wahrscheinlichkeiten $p_1; p_2; \ldots; p_n$ an. Dann ist

$E(X) = \sum_{i=1}^{n} x_i \cdot p_i = \mu$ der **Erwartungswert** von X,

$V(X) = \sum_{i=1}^{n} (x_i - \mu)^2 \cdot p_i$ die **Varianz** von X und

$\sigma(X) = \sqrt{V(X)}$ die **Standardabweichung** von X.

Tschebyschew-Ungleichung

Mit der Ungleichung von Tschebyschew

$P(|X - \mu| \geqq c) \leqq \frac{\sigma^2}{c^2}$

kann die Wahrscheinlichkeit dafür abgeschätzt werden, dass die Zufallsvariable X einen Wert annimmt, der sich betragsmäßig um mindestens eine Zahl c vom Erwartungswert von X unterscheidet.

Standardisierte Zufallsvariable

Eine Zufallsvariable Z heißt standardisiert, wenn sie sowohl zentriert (d.h. $E(Z) = 0$) als auch normiert (d.h. $V(Z) = 1$) ist.

$Z = X - \frac{E(X)}{\sigma}$

ist die zu X gehörende standardisierte Zufallsvariable.

Bernoulli-Experiment

Ein Zufallsexperiment mit genau zwei möglichen Ergebnissen (meist Erfolg bzw. Misserfolg genannt) heißt Bernoulli-Experiment.

Wurf einer Münze:

$S = \{\text{Zahl}; \text{Wappen}\}$

Bernoulli-Kette

Ein Zufallsexperiment, das aus n unabhängigen Durchführungen desselben Bernoulli-Experiments besteht, heißt Bernoulli-Kette der Länge n.
Ist p die Wahrscheinlichkeit für Treffer und wird der Zufallsversuch n-mal wiederholt, dann ist die Wahrscheinlichkeit für genau k Treffer
$\binom{n}{k} \cdot p^k (1-p)^{n-k}$

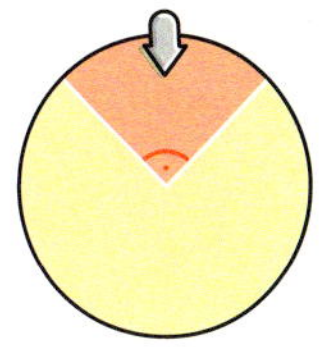

Das viermalige Drehen dieses Glücksrads ist eine Bernoulli-Kette der Länge 4.
Die Treffer-Wahrscheinlichkeit p für „rot" ist $\frac{1}{4}$.

Binomialverteilung

Ordnet die Zufallsvariable X bei einer Bernoulli-Kette der Länge n und der Trefferwahrscheinlichkeit p jedem Ergebnis die Zahl k der Treffer zu, dann ist X binomial verteilt und es gilt:

$P(X = k) = B_{n,p}(k) = \binom{n}{k} \cdot p^k \cdot (1-p)^{n-k}$.

Kenngrößen der Binomialverteilung

X sei $B_{n,p}$-verteilt (binomialverteilt mit den Parametern n und p).
Dann ist
$E(X) = n \cdot p$ der Erwartungswert,
$V(X) = n \cdot p \cdot q$ mit $q = 1 - p$ die Varianz und
$\sigma = \sqrt{n \cdot p \cdot q}$ die Standardabweichung von X.

Gauß-Funktion, gaußsche Summenfunktion

Die auf ℝ definierte Funktion φ mit

$$\varphi(x) = \frac{1}{\sqrt{2\pi}} \cdot e^{-\frac{1}{2}x^2}$$

heißt Gauß-Funktion und ihr Schaubild gaußsche Glockenkurve.
Die auf ℝ definierte Funktion Φ mit

$$\Phi(x) = \int_{-\infty}^{x} \varphi(t)\,dt$$

heißt gaußsche Summenfunktion.

Durch Φ wird jedem x der Inhalt des Flächenstückes zugeordnet, das im Intervall (−∞; x] zwischen der x-Achse und der gaußschen Glockenkurve liegt.

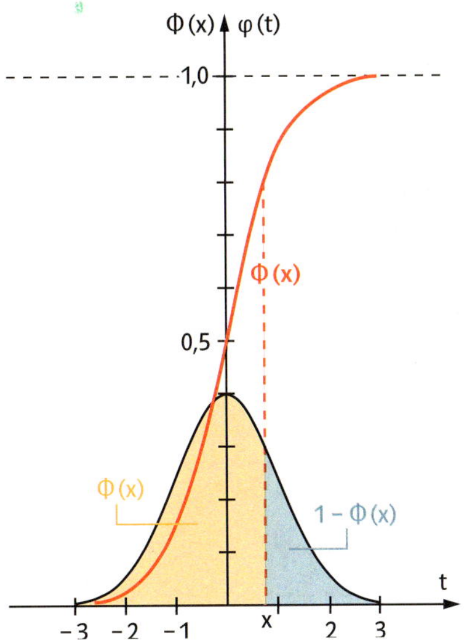

Dichtefunktion

Eine Funktion φ heißt Dichtefunktion der stetigen Zufallsvariable X, wenn gilt:

$$P(a \leqq X < b) = \int_a^b \varphi(x)\,dx, \quad a, b \in \mathbb{R}.$$

Normalverteilung

Eine stetige Zufallsgröße X heißt normalverteilt (Gauß-verteilt) mit den Parametern μ und σ^2, wenn für ihre Dichte φ gilt:

$$\varphi(x) = \frac{1}{\sqrt{2\pi\,\sigma^2}} \cdot e^{-\frac{(x-\mu)^2}{2\sigma^2}},\ x \in \mathbb{R},\ \mu = E(X),\ \sigma^2 = V(X).$$

Falls $\mu = 0$ und $\sigma^2 = 1$ und damit $\varphi(x) = \frac{1}{\sqrt{2\pi}} \cdot e^{-\frac{x^2}{2}}$,

spricht man von der **Standardnormalverteilung**.

kσ-Regeln

Ist X normalverteilt mit den Parametern μ und σ^2, so gilt:

$P(\mu - \sigma < X < \mu + \sigma) = 0{,}683$,
$P(\mu - 2\sigma < X < \mu + 2\sigma) = 0{,}954$,
$P(\mu - 3\sigma < X < \mu + 3\sigma) = 0{,}997$.

Näherungsformel von De Moivre-Laplace

Gilt bei einer Binomialverteilung $n \cdot p \cdot q > 9$ (also $\sigma > 3$), dann können die Wahrscheinlichkeiten für diese Zufallsgröße näherungsweise über die Standard-Normalverteilung bestimmt werden:

$$P(X = k) \approx \frac{1}{\sigma} \cdot \varphi\left(\frac{k-\mu}{\sigma}\right),$$

$$P(X \leqq k) \approx \Phi\left(\frac{k + 0{,}5 - \mu}{\sigma}\right).$$

Erfassen und Analysieren von Daten

Urliste

Ungeordnete Zusammenstellung der beobachteten Ergebnisse

20-maliger Wurf einer Münze:
w, z, w, z, w, w, z, w, z, z, z, w, z, w, w, w, z, w, z, w

Strichliste

Auflistung der möglichen Ergebnisse, Markierung des Auftretens eines Ergebnisses durch einen Strich

Zahl	𝍸 IIII
Wappen	𝍸 𝍸 I

Häufigkeitstabelle

Die Häufigkeitstabelle zeigt an, wie oft jedes Ergebnis aufgetreten ist (absolute Häufigkeit) und wie groß für jedes Ergebnis der Anteil der Versuche ist, bei denen dieses Ergebnis eintrat (relative Häufigkeit).

Ergebnis	abs. H.	rel. H.
Zahl	9	$\frac{9}{20} = 45\,\%$
Wappen	11	$\frac{11}{20} = 55\,\%$

Durch **Diagramme** können die Ergebnisse statistischer Erhebungen grafisch dargestellt werden.

Kenngrößen der Lage

Betrachtet wird eine Urliste vom Umfang n: $x_1; x_2; \ldots; x_n$.

- **Arithmetisches Mittel $\bar{x}$ (Mittelwert)**
  $\bar{x} = \frac{x_1 + x_2 + \ldots + x_n}{n} = \frac{1}{n}\sum_{i=1}^{n} x_i$
- **Zentralwert z (Median)**
  Die n Werte der Urliste werden ihrer Größe nach geordnet. Ist n ungerade, dann ist z der in der Mitte der geordneten Urliste stehende Wert. Ist n gerade, dann ist z das arithmetische Mittel der beiden in der Mitte der geordneten Urliste stehenden Werte.
- **Häufigster Wert m (Modalwert)**
  m ist der in der Urliste am häufigsten vorkommende Wert. Es können mehrere, maximal n Modalwerte auftreten.

Kenngrößen der Streuung

Betrachtet wird eine Urliste vom Umfang n: $x_1; x_2; \ldots; x_n$.

- **Spannweite R**
  Die Spannweite hängt nur von den extremen Werten der Urliste ab und ist die Differenz zwischen größtem und kleinstem Wert:
  $R = x_{max} - x_{min}$.
- **Mittlere quadratische Abweichung s^2 (Varianz)**
  Die mittlere quadratische Abweichung s^2 ist ein Maß für die Streuung der Werte der Urliste um ihr arithmetisches Mittel $\bar{x}$. Es gilt: $s^2 = \frac{(x_1 - \bar{x})^2 + (x_2 - \bar{x})^2 + \ldots + (x_n - \bar{x})^2}{n}$
- **Standardabweichung s**
  $s = \sqrt{s^2}$

Regressionsgerade

Liegen zu zwei Merkmalen x und y die Wertepaare $(x_1 | y_1), (x_2 | y_2), \ldots, (x_n | y_n)$ vor, dann heißt die Gerade g mit $y = g(x)$, für die die quadratische Abweichung $(y_1 - g(x_1))^2 + (y_2 - g(x_2))^2 + \ldots + (y_n - g(x_n))^2$ minimal ist, Regressionsgerade oder Ausgleichsgerade.

Für die Gleichung der Regressionsgeraden g gilt: $y = g(x) = \frac{c_{xy}}{s_x^2}(x - \bar{x}) + \bar{y}$ mit
$c_{xy} = \frac{1}{n}[(x_1 - \bar{x})(y_1 - \bar{y}) + (x_2 - \bar{x})(y_2 - \bar{y}) + \ldots + (x_n - \bar{x})(y_n - \bar{y})]$

Korrelationskoeffizient

Zu zwei Merkmalen x und y mit den Wertepaaren $(x_1 | y_1), (x_2 | y_2), \ldots, (x_n | y_n)$, heißt

$$r = \frac{c_{xy}}{s_x \cdot s_y} = \frac{(x_1 - \bar{x})(y_1 - \bar{y}) + (x_2 - \bar{x})(y_2 - \bar{y}) + \ldots + (x_n - \bar{x})(y_n - \bar{y})}{\sqrt{(x_1 - \bar{x})^2 + (x_2 - \bar{x})^2 + \ldots + (x_n - \bar{x})^2} \cdot \sqrt{(y_1 - \bar{y})^2 (y_2 - \bar{y})^2 + \ldots + (y_n - \bar{y})^2}}$$

Korrelationskoeffizient der Merkmale x und y.

Beurteilende Statistik

Grundaufgabe der beurteilenden Statistik

In der beurteilenden Statistik wird versucht, mit Hilfe einer Stichprobe auf die unbekannte, dem betreffenden Zufallsexperiment tatsächlich zugrunde liegende Wahrscheinlichkeitsverteilung zu schließen. Die Stichprobe kann aus der n-fachen Wiederholung dieses Zufallsexperiments gewonnen werden.

Testen von Hypothesen

Über einen unbekannten Parameter einer Grundgesamtheit gibt es zwei sich gegenseitig ausschließende Hypothesen:
Nullhypothese H_0
Gegenhypothese (oder Alternativhypothese) **H_1**.
Getestet wird, ob aufgrund der Stichprobenwerte **H_0** beibehalten werden kann oder verworfen werden muss. Dazu wird der Bereich der Werte, die die Testgröße annehmen kann, zerlegt in
Ablehnungsbereich (kritischer Bereich) **$\overline{A}$** und
Annahmebereich A.

Entscheidungsregel:
Liegt der durch die Stichprobe gewonnene Wert in $\overline{A}$, dann wird H_0 verworfen und H_1 angenommen, ansonsten wird H_0 beibehalten.

Fehler beim Testen von Hypothesen

Da die in der Stichprobe auftretenden Werte zufällig sind, können sie auch ein falsches Bild der betrachteten Grundgesamtheit vermitteln. Folglich können beim Testen Fehler auftreten.

		Zustand der Wirklichkeit	
		H_0 ist wahr	H_0 ist falsch
H_0 wird	verworfen	**Fehler 1. Art**	richtige Entscheidung
	beibehalten	richtige Entscheidung	**Fehler 2. Art**

Die Wahrscheinlichkeit α dafür, die Nullhypothese abzulehnen, obwohl sie wahr ist, heißt **Risiko 1. Art.**
α heißt auch **Irrtumswahrscheinlichkeit** oder **Signifikanzniveau** des Tests.
$1 - \alpha$ ist die **statistische Sicherheit** des Tests.

Die Wahrscheinlichkeit β dafür, eine falsche Nullhypothese beizubehalten, heißt **Risiko 2. Art.**
$1 - \beta$ ist die **Trennschärfe** des Tests.

Ist der Stichprobenumfang fest, dann führt eine Verkleinerung von α zur Vergrößerung von β und umgekehrt.

Testen mit der Binomialverteilung – Signifikanztest

Betrachtet wird eine Bernoulli-Kette der Länge n mit einer noch unbekannten Erfolgswahrscheinlichkeit p. X zählt die Anzahl der Erfolge und ist demnach $B_{n,p}$-verteilt. Die Irrtumswahrscheinlichkeit α ist vorgegeben.

- **Zweiseitiger Signifikanztest**

  H_0: $p = p_0$ H_1: $p \neq p_0$

  Ablehnungsbereich für H_0 ist zweiseitig:
  $\overline{A} = \{0; 1; \ldots; g_l\} \cup \{g_r; g_r + 1; \ldots; n\}$
  g_l (linke Signifikanzgrenze) und g_r (rechte Signifikanzgrenze) werden durch α bestimmt.
  g_l ist die größte und g_r die kleinste Zahl, für die

  $$P(X \leq g_l) = \sum_{k=0}^{g_l} B_{n,p_0}(k) \leq \frac{\alpha}{2},$$

  $$P(X \geq g_r) = \sum_{k=g_r}^{n} B_{n,p_0}(k) \leq \frac{\alpha}{2}.$$

  $B_{n,p_0}(\overline{A})$ ist die Wahrscheinlichkeit für den Fehler 1. Art.

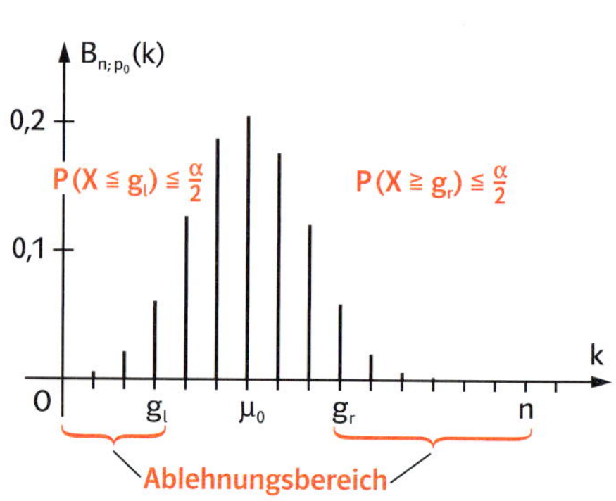

- **Einseitiger Signifikanztest (linksseitig)**

  H_0: $p \geq p_0$ $\qquad$ H_1: $p < p_0$

  Ablehnungsbereich für H_0 ist:
  $\overline{A} = \{0; 1; \ldots; g\}$.
  g ist die durch α bestimmte größte Zahl, für die

  $$P(X \leq g) = \sum_{k=0}^{g} B_{n,p_0}(k) \leq \alpha.$$

Für jede Wahrscheinlichkeit p mit $p > p_0$ ist $B_{n,p}(\overline{A})$ die Wahrscheinlichkeit für einen Fehler 1. Art.

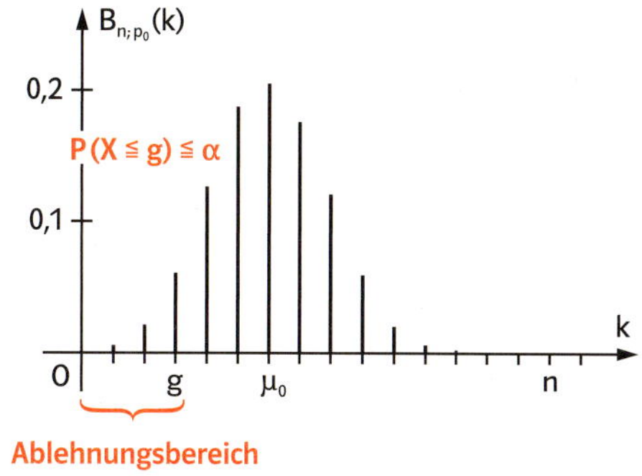

- **Einseitiger Signifikanztest (rechtsseitig)**

  H_0: $p \leq p_0$ $\qquad$ H_1: $p > p_0$

  Ablehnungsbereich für H_0 ist:
  $\overline{A} = \{g; g+1; \ldots; n\}$.
  g ist die durch α bestimmte kleinste Zahl, für die

  $$P(X \geq g) = \sum_{k=g}^{n} B_{n,p_0}(k) \leq \alpha.$$

Für jede Wahrscheinlichkeit p mit $p < p_0$ ist $B_{n,p}(\overline{A})$ die Wahrscheinlichkeit für einen Fehler 1. Art.

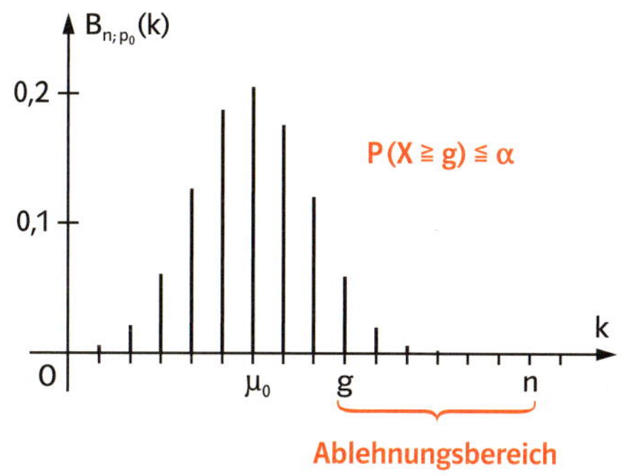

Alternativtest

X zählt die Anzahl der Erfolge bei einer Bernoulli-Kette der Länge n mit der unbekannten Wahrscheinlichkeit p.
Zu testen:
H_0: $p = p_0$ $\qquad$ H_1: $p = p_1$

Nur eine Hypothese kann wahr sein. Für vorgegebenes α ergibt sich bei $p_0 < p_1$

$\overline{A} = \{g; g+1; \ldots; n\}$

als Ablehnungsbereich von H_0.

$B_{n,p_0}(\overline{A})$ ist die Wahrscheinlichkeit für Fehler 1. Art.

$B_{n,p_1}(A)$ ist dann die Wahrscheinlichkeit für Fehler 2. Art.

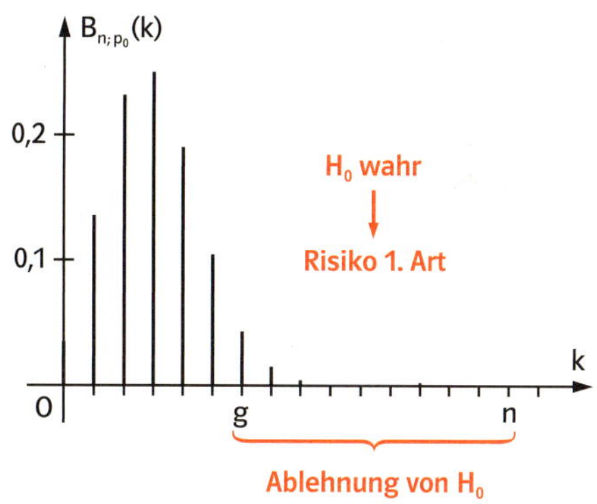

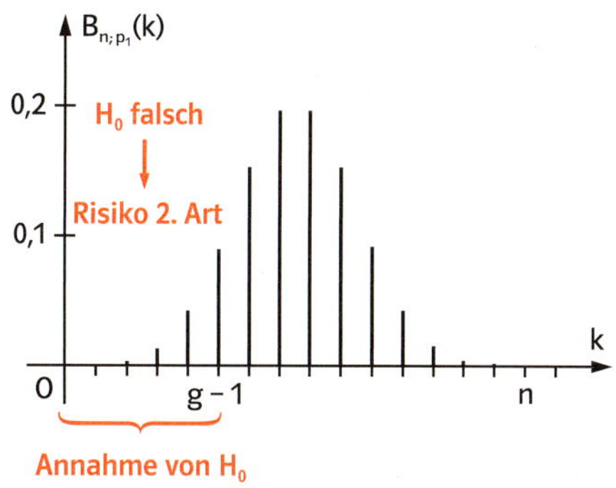

Physik

Einheiten und Naturkonstanten

Physikalische Konstanten ▻ S. 105

$c_0 = 2{,}997\,924\,58 \cdot 10^8 \, \frac{\text{m}}{\text{s}}$

Größen und Einheiten ▻ S. 104

$1\,\Omega = 1\,\frac{\text{V}}{\text{A}} = 1\,\frac{\text{kg} \cdot \text{m}^2}{\text{A}^2 \cdot \text{s}^3}$

Atome, Kerne Quanten

Radioaktivität ▻ S. 117

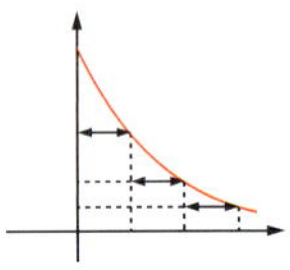

Mikroobjekte ▻ S. 117

$\overline{\Delta x} \cdot \overline{\Delta p_x} \geq \frac{h}{2\pi}$

$\overline{\Delta E} \cdot \overline{\Delta t} \geq \frac{h}{2\pi}$

Optik

Wellenoptik ▻ S. 116

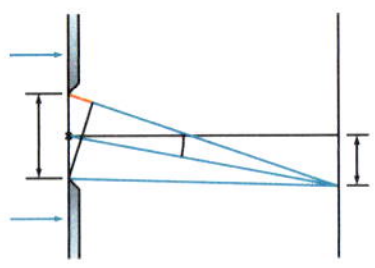

Geometrische Optik ▻ S. 115

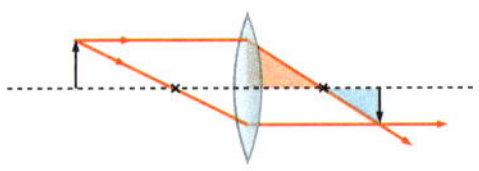

Elektrizitätslehre

Ladung und elektrisches Feld ▻ S. 111

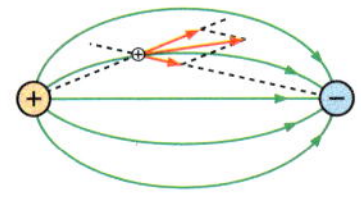

Magnetfelder von Strömen ▻ S. 113

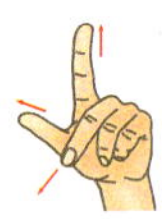

Mechanik

Beschreiben von Bewegungen ▻ **S. 106**

Ursachen von Bewegungen ▻ **S. 107**

Arbeit und Energie ▻ **S. 108**

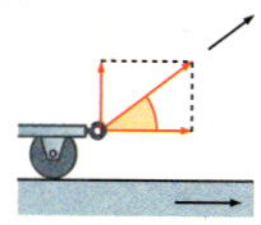

Wärmelehre

Temperaturänderungen ▻ **S. 109**

$\Delta l = \alpha \cdot l_0 \cdot \Delta T$

Ideales Gas ▻ **S. 110**

$\frac{p \cdot V}{T}$ = konstant

Thermische Energieumsetzungen ▻ **S. 110**

Physikalische Einheiten

Größe		Einheitenbezeichnung		Definition/Zusammenhang
Länge	l, s, r	1 m	1 Meter	gesetzliche Grundeinheit
Zeit	t, T	1 s	1 Sekunde	gesetzliche Grundeinheit
Masse	m, M	1 kg	1 Kilogramm	gesetzliche Grundeinheit
Kraft	F	1 N	1 Newton	$1\,\text{N} = 1\,\frac{\text{kg}\cdot\text{m}}{\text{s}^2}$
Druck	p	1 Pa	1 Pascal	$1\,\text{Pa} = 1\,\frac{\text{N}}{\text{m}^2}$ $10^5\,\text{Pa} = 1\,\text{bar}$
Energie Arbeit Wärme	E, W W Q	1 J	1 Joule	$1\,\text{J} = 1\,\text{Nm} = 1\,\text{Ws} = 1\,\frac{\text{kg}\cdot\text{m}^2}{\text{s}^2}$
Leistung	P	1 W	1 Watt	$1\,\text{W} = 1\,\frac{\text{J}}{\text{s}} = 1\,\frac{\text{kg}\cdot\text{m}^2}{\text{s}^3}$
Frequenz	f	1 Hz	1 Hertz	$1\,\text{Hz} = 1\,\frac{1}{\text{s}}$
Temperatur	T, ϑ	1 K (1 °C)	1 Kelvin (1 Grad Celsius)	gesetzliche Grundeinheit (273 K ≙ 0 °C)
Ladung	q, Q	1 C	1 Coulomb	$1\,\text{C} = 1\,\text{A}\cdot\text{s}$
Stromstärke	I	1 A	1 Ampere	gesetzliche Grundeinheit
Spannung	U	1 V	1 Volt	$1\,\text{V} = 1\,\frac{\text{J}}{\text{C}} = 1\,\frac{\text{kg}\cdot\text{m}^2}{\text{A}\cdot\text{s}^3}$
Widerstand	R	1 Ω	1 Ohm	$1\,\Omega = 1\,\frac{\text{V}}{\text{A}} = 1\,\frac{\text{kg}\cdot\text{m}^2}{\text{A}^2\cdot\text{s}^3}$
Kapazität	C	1 F	1 Farad	$1\,\text{F} = 1\,\frac{\text{C}}{\text{V}} = 1\,\frac{\text{A}^2\cdot\text{s}^4}{\text{kg}\cdot\text{m}^2}$
magn. Fluss	Φ	1 Wb	1 Weber	$1\,\text{Wb} = 1\,\text{V}\cdot\text{s} = 1\,\frac{\text{kg}\cdot\text{m}^2}{\text{A}\cdot\text{s}^2}$
magn. Flussdichte	B	1 T	1 Tesla	$1\,\text{T} = 1\,\frac{\text{Wb}}{\text{m}^2} = 1\,\frac{\text{kg}}{\text{A}\cdot\text{s}^2}$
Induktivität	L	1 H	1 Henry	$1\,\text{H} = 1\,\frac{\text{Wb}}{\text{A}} = 1\,\frac{\text{kg}\cdot\text{m}^2}{\text{A}^2\cdot\text{s}^2}$
Lichtstärke	I_v	1 cd	1 Candela	gesetzliche Grundeinheit
Stoffmenge	n	1 mol	1 Mol	gesetzliche Grundeinheit
Aktivität	A	1 Bq	1 Becquerel	$1\,\text{Bq} = 1\,\frac{1}{\text{s}}$
Energiedosis	D	1 Gy	1 Gray	$1\,\text{Gy} = 1\,\frac{\text{J}}{\text{kg}}$
Äquivalentdosis	D_q	1 Sv	1 Sievert	$1\,\text{Sv} = 1\,\frac{\text{J}}{\text{kg}}$

Teile und Vielfache von Einheiten

Vorsilbe	Exa (E)	Peta (P)	Tera (T)	Giga (G)	Mega (M)	Kilo (k)	Hekto (h)	Deka (da)
bedeutet	10^{18}	10^{15}	10^{12}	10^{9}	10^{6}	10^{3}	10^{2}	10^{1}
Vorsilbe	Dezi (d)	Zenti (c)	Milli (m)	Mikro (µ)	Nano (n)	Piko (p)	Femto (f)	Atto (a)
bedeutet	10^{-1}	10^{-2}	10^{-3}	10^{-6}	10^{-9}	10^{-12}	10^{-15}	10^{-18}

Umrechnung von Energie- und Druckeinheiten

Energie	J	kWh	eV
1 J = 1 Ws = 1 Nm	1	$2{,}777 \cdot 10^{-7}$	$0{,}624 \cdot 10^{19}$
1 kWh	$3{,}600 \cdot 10^{6}$	1	$2{,}247 \cdot 10^{25}$
1 eV	$1{,}602 \cdot 10^{-19}$	$4{,}45 \cdot 10^{-26}$	1

1 eV = 1 Elektronenvolt; das ist die Energie, die ein Elektron durch Beschleunigen mit der Spannung 1 V erhält.

Druck	Pa	bar	mm Hg = 1 Torr
1 Pa = 10^{-2} hPa	1	$1 \cdot 10^{-5}$	$0{,}75 \cdot 10^{-2}$
1 bar	$1 \cdot 10^{5}$	1	750
1 mm Hg	133	$1{,}33 \cdot 10^{-3}$	1

1 mm Hg = $\frac{101\,325}{760}$ Pa; das ist der von einer 1 mm hohen Quecksilbersäule erzeugte Schweredruck.

Physikalische Konstanten

Lichtgeschwindigkeit	$c_0 = 2{,}99792458 \cdot 10^{8}\,\frac{\mathrm{m}}{\mathrm{s}}$
Gravitationskonstante	$\gamma = 6{,}67428 \cdot 10^{-11}\,\frac{\mathrm{m}^3}{\mathrm{kg} \cdot \mathrm{s}^2}$
Elementarladung	$e = 1{,}602176487 \cdot 10^{-19}\,\mathrm{C}$
elektr. Feldkonstante	$\varepsilon_0 = 8{,}854187 \cdot 10^{-12}\,\frac{\mathrm{C}}{\mathrm{V} \cdot \mathrm{m}}$
magn. Feldkonstante	$\mu_0 = 1{,}2566370614 \cdot 10^{-6}\,\frac{\mathrm{V} \cdot \mathrm{s}}{\mathrm{A} \cdot \mathrm{m}}$
Faraday-Konstante	$F = 9{,}64853399 \cdot 10^{4}\,\frac{\mathrm{C}}{\mathrm{mol}}$
absoluter Nullpunkt (T = 0 K)	$\vartheta = -273{,}15\,°\mathrm{C}$
allgemeine Gaskonstante	$R = 8{,}314472\,\frac{\mathrm{J}}{\mathrm{K} \cdot \mathrm{mol}}$
Boltzmann-Konstante	$k = 1{,}3806504 \cdot 10^{-23}\,\frac{\mathrm{J}}{\mathrm{K}}$
Avogradro-Konstante	$N_A = 6{,}02214 \cdot 10^{23}\,\frac{1}{\mathrm{mol}}$
Fallbeschleunigung	$g = 9{,}80655\,\frac{\mathrm{m}}{\mathrm{s}^2}$
Normdruck	$p_n = 1013{,}25\,\mathrm{hPa}$

Normtemperatur (0 °C)	$T_n = 273{,}15\,\mathrm{K}$
Molvolumen idealer Gase	$V_{mn} = 22{,}41383\,\frac{\mathrm{dm}^3}{\mathrm{mol}}$
Solarkonstante	$S = 1{,}368 \cdot 10^{3}\,\frac{\mathrm{W}}{\mathrm{m}^2}$
Planck'sches Wirkungsquantum	$h = 6{,}62606896 \cdot 10^{-34}\,\mathrm{J\,s}$ $= 4{,}13566733 \cdot 10^{-15}\,\mathrm{eV} \cdot \mathrm{s}$
Stefan-Boltzmann-Konstante	$\sigma = 5{,}670400 \cdot 10^{-8}\,\frac{\mathrm{W}}{\mathrm{m}^2 \cdot \mathrm{K}^4}$
Ruhemasse des Elektrons	$m_e = 9{,}10938215 \cdot 10^{-31}\,\mathrm{kg}$ $= 0{,}510998910\,\mathrm{MeV}/c^2$
Ruhemasse des Protons	$m_p = 1{,}672621637 \cdot 10^{-27}\,\mathrm{kg}$ $= 938{,}272013\,\mathrm{MeV}/c^2$
Ruhemasse des Neutrons	$m_n = 1{,}674927211 \cdot 10^{-27}\,\mathrm{kg}$ $= 939{,}565346\,\mathrm{MeV}/c^2$
atomare Masseneinheit	$1\,\mathrm{u} = 1{,}660538782 \cdot 10^{-27}\,\mathrm{kg}$ $= 931{,}494028\,\mathrm{MeV}/c^2$

Bewegungen

Durchschnittsgeschwindigkeit $\vec{v}$

$$v = \frac{\Delta s}{\Delta t}$$

Einheit: $1\,\frac{\text{m}}{\text{s}}$

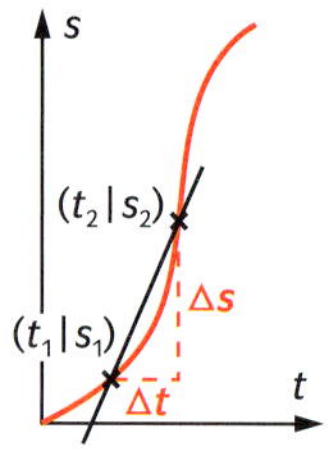

Δs, ds zurückgelegter Weg
Δt, dt benötigte Zeit

Momentangeschwindigkeit $\vec{v}$

$$v = \lim_{\Delta t \to 0} \frac{\Delta s}{\Delta t} = \frac{ds}{dt}$$

Einheit: $1\,\frac{\text{m}}{\text{s}}$

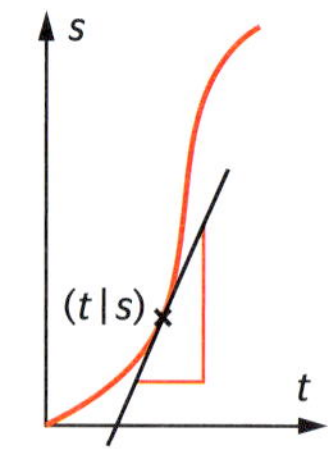

Beschleunigung $\vec{a}$

$$a = \lim_{\Delta t \to 0} \frac{\Delta v}{\Delta t} = \frac{dv}{dt} = \frac{d^2 s}{dt^2}$$

Einheit: $1\,\frac{\text{m}}{\text{s}^2}$

Sonderfall: $a = g$ (freier Fall)

Δv, dv Geschwindigkeitsänderung
Δt, dt benötigte Zeit
g Fallbeschleunigung $\left(g = 9{,}81\,\frac{\text{m}}{\text{s}^2}\right)$

Winkelgeschwindigkeit $\vec{\omega}$

$$\omega = \lim_{\Delta t \to 0} \frac{\Delta \varphi}{\Delta t} = \frac{d\varphi}{dt}$$

Einheit: $1\,\frac{1}{\text{s}}$

$$\omega = \frac{2\pi}{T} = 2\pi \cdot f$$

Kreisbahngeschwindigkeit $\vec{v}$

$$v = \omega \cdot r = \frac{2\pi \cdot r}{T}$$

Einheit: $1\,\frac{\text{m}}{\text{s}}$

$$v = 2\pi \cdot f \cdot r$$

$\Delta\varphi$, $d\varphi$ Drehwinkel in rad $\left(1\,\text{rad} = \frac{360°}{2\pi}\right)$
Δt, dt benötigte Zeit
r Radius
T Umlaufzeit
f Drehfrequenz

Zentralbeschleunigung $\vec{a}_Z$

$$a_Z = \lim_{\Delta t \to 0} \frac{\Delta \omega}{\Delta t} = \frac{d\omega}{dt} = \frac{d^2 \varphi}{dt^2}$$

$$a_Z = \frac{v^2}{r} = \omega^2 \cdot r$$

Einheit: $1\,\frac{\text{m}}{\text{s}^2}$

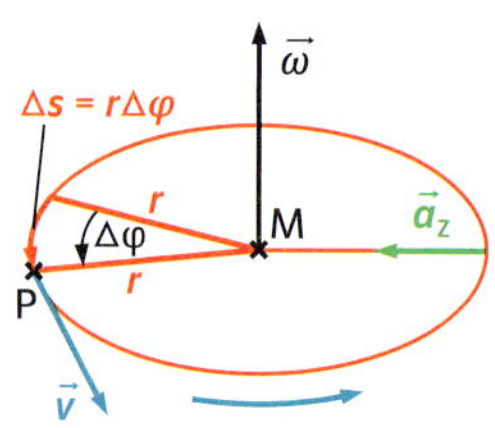

Kräfte

Dichte ϱ eines Körpers

$$\varrho = \frac{m}{V}$$

Einheit: $1\,\frac{\text{kg}}{\text{m}^3}$

m Masse
V Volumen

Druck p

$p = \frac{F}{A}$

Kraft senkrecht auf A

Einheit: $1\,\text{Pa} = 1\,\frac{\text{N}}{\text{m}^2}$

F Kraft
A Fläche

Schweredruck p

$p = \varrho \cdot g \cdot h$

Einheit: $1\,\text{Pa} = 1\,\frac{\text{N}}{\text{m}^2}$

ϱ Dichte
g Fallbeschleunigung $\left(g = 9{,}81\,\frac{\text{m}}{\text{s}^2}\right)$
h Höhe

Kraft $\vec{F}$

$F = m \cdot a = \frac{m \cdot \mathrm{d}v}{\mathrm{d}t} = \frac{\mathrm{d}p}{\mathrm{d}t}$

Grundgleichung der Mechanik

Einheit: $1\,\text{N} = 1\,\frac{\text{kg} \cdot \text{m}}{\text{s}^2}$

Gewichtskraft $\vec{F}_G$

$F_G = m \cdot g$

Einheit: $1\,\text{N} = 1\,\frac{\text{kg} \cdot \text{m}}{\text{s}^2}$

m Masse
a Beschleunigung
$\mathrm{d}p$ Impulsänderung
t Zeit
g Fallbeschleunigung $\left(g = 9{,}81\,\frac{\text{m}}{\text{s}^2}\right)$

Kraftstoß I

$I = F \cdot \Delta t = \Delta p$

Einheit: $1\,\frac{\text{kg} \cdot \text{m}}{\text{s}}$

F Kraft
Δt Zeitspanne
Δp Impulsänderung

Federkraft $\vec{F}_S$

$F_S = -D \cdot s$

Hooke'sches Gesetz: $F \sim s$ im Bereich reversibler Verformung

Einheit: $1\,\text{N} = 1\,\frac{\text{kg} \cdot \text{m}}{\text{s}^2}$

D Federkonstante
s Dehnung bzw. Stauchung der Feder

Reibungskraft $\vec{F}_R$

$F_R = \mu F_N$

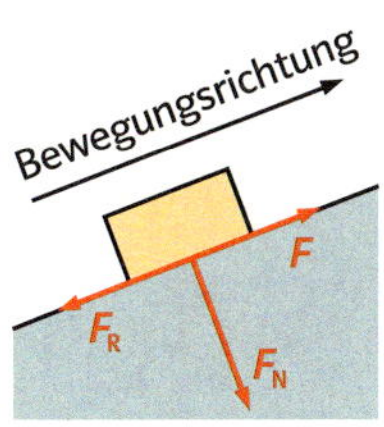

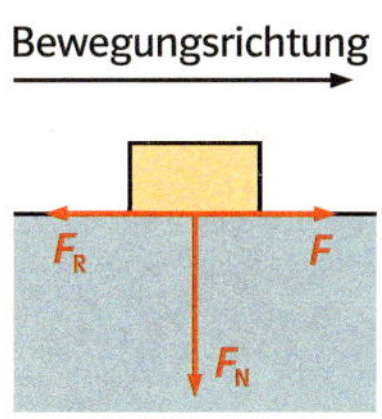

Einheit: $1\,\text{N} = 1\,\frac{\text{kg} \cdot \text{m}}{\text{s}^2}$

F Zugkraft
F_N Normalkraft
μ Reibungszahl

Man unterscheidet:

μ_H Haftreibungszahl
μ_G Gleitreibungszahl

Gravitationskraft $\vec{F}_g$

$F_g = G\,\frac{m_1 \cdot m_2}{r^2}$

$F_g = |\vec{F}_1| = |\vec{F}_2|$

Einheit: $1\,\text{N} = 1\,\frac{\text{kg} \cdot \text{m}}{\text{s}^2}$

G Gravitationskonstante → S. 105
m_1, m_2 Massen der beiden Körper
r Abstand zwischen m_1 und m_2
F_1 Kraft, die m_1 auf m_2 ausübt
F_2 Kraft, die m_2 auf m_1 ausübt

Zentripetalkraft $\vec{F}_Z$

$F_Z = \frac{m \cdot v^2}{r} = m \cdot r \cdot \omega^2$

$F_Z = m \cdot a_Z$

Einheit: $1\,\text{N} = 1\,\frac{\text{kg} \cdot \text{m}}{\text{s}^2}$

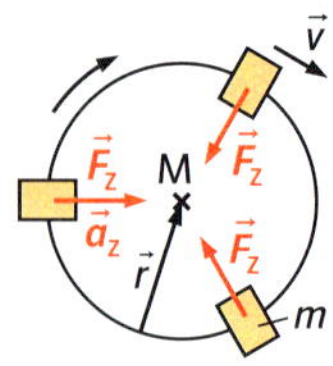

m Masse
v Bahngeschwindigkeit
ω Winkelgeschwindigkeit
r Bahnradius
a_Z Zentralbeschleunigung

Impuls $\vec{p}$

$p = m \cdot v$

Einheit: $1\,\frac{\text{kg} \cdot \text{m}}{\text{s}}$

Impulserhaltung

$\sum_{i=1}^{n} \vec{p}_i = \text{konstant}; \ \vec{p}_i = m_i \cdot \vec{v}_i$

(für abgeschlossene Systeme)

m Masse
v Geschwindigkeit
p_i Impuls der einzelnen Körper
v_i Geschwindigkeit der einzelnen Körper
n Anzahl der Körper im abgeschlossenen System

Drehmoment $\vec{M}$

$M = r \cdot F \cdot \sin(\alpha)$

Einheit: $1\,\text{N} = 1\,\frac{\text{kg} \cdot \text{m}^2}{\text{s}^2}$

unter der Bedingung $\vec{r} \perp \vec{F}$ gilt:
$M = r \cdot F$

Drehimpuls $\vec{L}$

$L = J \cdot \omega$

Einheit: $1\,\frac{\text{kg} \cdot \text{m}^2}{\text{s}} = 1\,\text{Nms}$

Spezialfall: $\alpha = 90°$ ($\vec{r} \perp \vec{F}$)

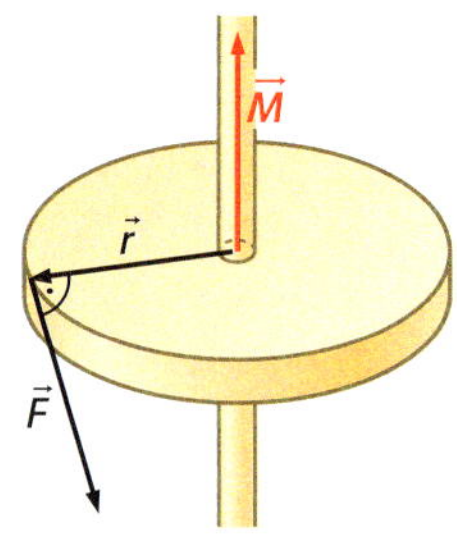

F Kraft,
r Kraftarm,
J Trägheitsmoment,
ω Winkelgeschwindigkeit

Arbeit und Energie

Arbeit *W*

$W = \int_{s_1}^{s_2} \vec{F}(s)\,\mathrm{d}\vec{s}$

für F = konstant gilt:
$W = F \cdot s \cdot \cos(\alpha) = F_s \cdot s$

für F = konstant und $F \parallel s$ gilt:
$W = F \cdot s$

Einheit: 1 Nm

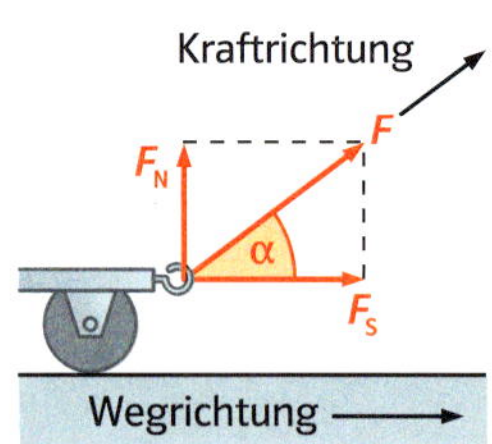

F Kraft
s Weg
F_s Kraftkomponente in Wegrichtung
F_n Kraftkomponente senkrecht zum Weg

Leistung *P*

$P = \lim_{\Delta t \to 0} \frac{\Delta W}{\Delta t} = \frac{\mathrm{d}W}{\mathrm{d}t}$

Einheit: $1\,\text{W} = 1\,\frac{\text{Nm}}{\text{s}}$

$P = F \cdot v$
(für F = konstant, v = konstant)

$P = M \cdot \omega$
(für M = konstant, ω = konstant)

ΔW, $\mathrm{d}W$ verrichtete Arbeit
Δt, $\mathrm{d}t$ Zeitspanne
F Kraft
v Geschwindigkeit
M Drehmoment
ω Winkelgeschwindigkeit

Größe	Gleichung	Einheit	Legende
Energie *E, W*	$E_L = m \cdot g \cdot h$ $E_k = \frac{1}{2} \cdot m \cdot v^2$ $E_s = \frac{1}{2} \cdot D \cdot s^2$	Einheit: 1 J	E_L Lageenergie m Masse g Fallbeschleunigung $\left(g = 9{,}81 \frac{m}{s^2}\right)$ h Höhe E_k kinetische Energie v Geschwindigkeit E_S Spannenergie D Federkonstante s Federdehnung
Wirkungsgrad *η*	$\eta = \frac{E_{abgegeben}}{E_{zugeführt}} = \frac{P_{abgegeben}}{P_{zugeführt}}$	Einheit: 1	E Energie P Leistung

Temperaturänderungen

Größe	Gleichung	Einheit	Legende
Temperatur *T*	$\frac{\vartheta}{°C} = \frac{T}{K} - 273{,}15$ $\Delta\vartheta = \Delta T$	Einheit: 1 °C, 1 K	ϑ Celsius-Temperatur T absolute Temperatur (thermodynamische Temperatur) m Masse ΔT Temperaturänderung
Wärme *Q*	$Q = c \cdot m \cdot \Delta T$	Einheit: 1 J	
Wärmekapazität *C*	$C = \frac{Q}{\Delta T}$	Einheit: $1 \frac{J}{K}$	
spezifische Wärmekapazität *c*	$c = \frac{Q}{m \cdot \Delta T}$	Einheit: $1 \frac{kJ}{kg \cdot K}$	
Mischungstemperatur ϑ_m	$\vartheta_m = \frac{c_1 \cdot m_1 \cdot \vartheta_1 + c_2 \cdot m_2 \cdot \vartheta_2}{c_1 \cdot m_1 + c_2 \cdot m_2}$	Einheit: 1 °C	
Längenänderung fester Körper Δl	$\Delta l = \alpha \cdot l_0 \cdot \Delta T$	Einheit: 1 m	α linearer Ausdehnungskoeffizient ΔT Temperaturänderung
Volumenänderung fester und flüssiger Körper ΔV	$\Delta V = \gamma \cdot V_0 \cdot \Delta T$ $V = V_0 \cdot (1 + \gamma \cdot \Delta T)$	Einheit: 1 m³, 1 l	γ räumlicher Ausdehnungskoeffizient V Volumen V_0 Ausgangsvolumen
Volumenänderung realer Gase ΔV	$V = V_0 \cdot (1 + \frac{1}{273{,}15\,K} \cdot \Delta T)$ (bei p = konstant)	Einheit: 1 m³, 1 l	

Ideales Gas

Thermische Zustandsgleichung

$$\frac{p \cdot V}{T} = \text{konstant}$$

Universelle Gasgleichung

$$p \cdot V = n \cdot R \cdot T = m \cdot R_S \cdot T$$

$$R = k \cdot N_A$$

Spezifische Gaskonstante R_S

$$R_S = c_p - c_V = \frac{R}{M}$$

- p Druck
- V Volumen
- T absolute Temperatur
- n Stoffmenge
- R allg. Gaskonstante → S. 105
- k Boltzmann-Konstante → S. 105
- R_S spezifische Gaskonstante
- M molare Masse
- N_A Avogadro-Konstante → S. 105
- c_p spezif. Wärmekapazität bei konstantem Druck
- c_V spezif. Wärmekapazität bei konstantem Volumen

Gesetz von Boyle und Mariotte

Unter der Bedingung T = konstant gilt: $p \cdot V$ = konstant.

Gesetz von Gay-Lussac

Unter der Bedingung p = konstant gilt: $\frac{V}{T}$ = konstant.

Gesetz von Amontons

Unter der Bedingung V = konstant gilt: $\frac{p}{T}$ = konstant.

Gesetz von Poisson

Unter der Bedingung $Q = 0$ gilt: $p \cdot V^{\varkappa}$ = konstant.

- p Druck
- V Volumen
- T Temperatur
- $\varkappa$ Adiabatenkoeffizient (Poisson-Konstante)
  - $\varkappa = \frac{5}{3}$ für einatomige Gase
  - $\varkappa = \frac{7}{5}$ für zweiatomige Gase

---

1. Hauptsatz der Wärmelehre

$$\Delta U = Q + W$$

Volumenarbeit W

$$W = -\int_{V_1}^{V_2} p(V)\,\mathrm{d}V$$

für p = konstant gilt:

$$W = -p \cdot (V_2 - V_1)$$

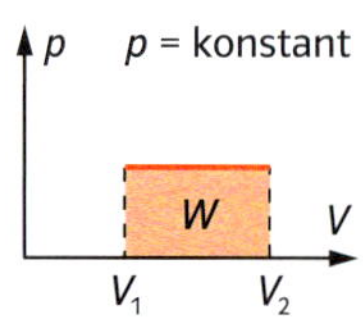

für T = konstant gilt:

$$W = -n \cdot R \cdot \ln\left(\frac{V_2}{V_1}\right)$$

Einheit: 1 Nm

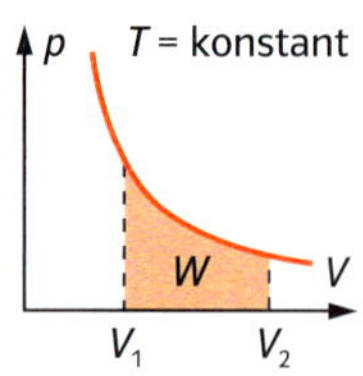

Enthalpie H

$$H = U + p \cdot V$$

Einheit: 1 J

Entropie S

$$\Delta S = \frac{Q_{rev}}{T}$$

$$\Delta S = k \cdot \ln W$$

Einheit: $1\,\frac{\text{J}}{\text{K}}$

- ΔU Änderung der inneren Energie
- Q Wärme
- p Druck
- V Volumen
- k Boltzmann-Konstante → S. 105
- Q_{rev} reversibel aufgenommene Wärme
- n Stoffmenge
- H Enthalpie
- U innere Energie
- S Entropie

2. Hauptsatz der Wärmelehre

$\Delta S \geqq 0$

für reversible Prozesse gilt:
$\Delta S = 0$

für irreversible Prozesse gilt:
$\Delta S > 0$

Thermodynamischer Wirkungsgrad η

$\eta = \frac{W}{Q_{zu}} = \frac{Q_{zu} - Q_{ab}}{Q_{zu}} = 1 - \frac{T_1}{T_2}$

Einheit: 1

(Carnot-Wirkungsgrad)

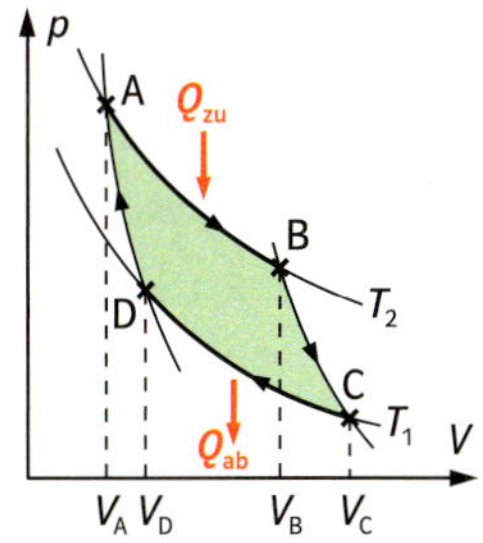

Carnot'scher Kreisprozess im *V*-*p*-Diagramm

Ladung und elektrisches Feld

Stromstärke I

$I = \lim_{\Delta t \to 0} \frac{\Delta Q}{\Delta t} = \frac{dQ}{dt}$

bei konstant fließendem Gleichstrom: $I = \frac{Q}{t}$

Einheit: $1\,\text{A} = 1\,\frac{\text{C}}{\text{s}}$

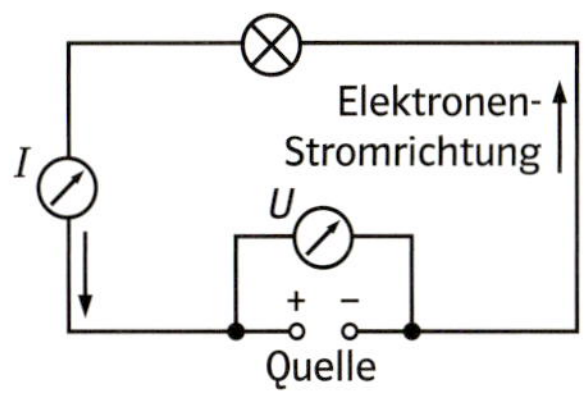

Q durch den Leiter bewegte Ladung
t Zeit

elektrische Feldstärke $\vec{E}$

$E = \frac{F}{q}$

im homogenen Feld eines Kondensators:

$E = \frac{U}{d}$

Einheit: $1\,\frac{\text{V}}{\text{m}} = 1\,\frac{\text{N}}{\text{C}}$

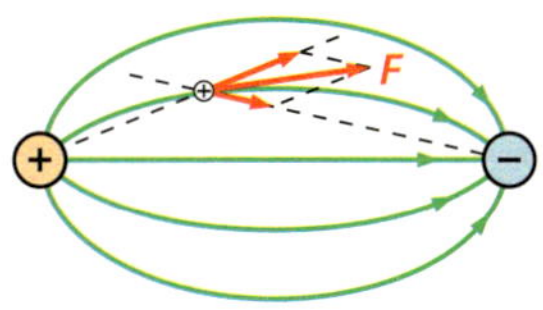

F Kraft auf Probeladung
q punktförmige Probeladung
U Spannung am Kondensator
d Plattenabstand

elektrische Kraft $\vec{F}$

$F = \frac{1}{4\pi \cdot \varepsilon_0 \cdot \varepsilon_r} \cdot \frac{Q_1 \cdot Q_2}{r^2}$

(Coulomb'sches Gesetz)

Einheit: 1 N

Q_1, Q_2 (punktförmige) Ladungen
r Abstand zwischen den Ladungen
ε_0 elektrische Feldkonstante → S. 105
ε_r Permittivitätszahl

elektrisches Potenzial φ_P im Radialfeld

$\varphi_P = \frac{1}{4\pi \cdot \varepsilon_0 \cdot \varepsilon_r} \cdot \frac{Q}{r}$

Einheit: 1 V

Q felderzeugende Ladung
r Abstand von P zum Bezugspunkt

elektrische Spannung U, Potenzialunterschied

$U = \varphi_2 - \varphi_1 = \frac{W}{q}$

Einheit: 1 V

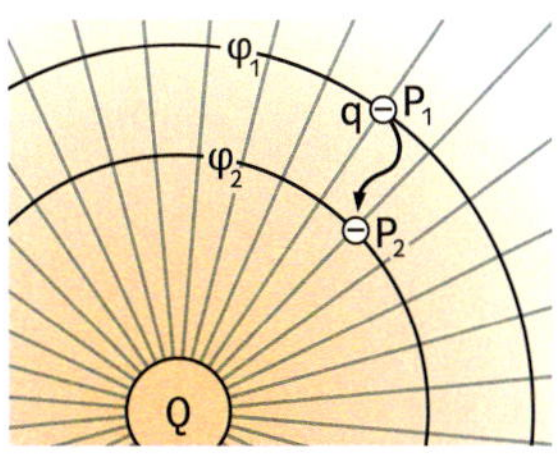

W Energie, die bei der Bewegung der Ladung q in einem Feld vom Potenzial φ_1 bei P_1 zum Potenzial φ_2 bei P_2 umgesetzt wird
q Probeladung
φ_1, φ_2 Potenziale bei P_1 bzw. P_2

elektrische Arbeit *W*	$W = Q \cdot U = U \cdot I \cdot t$	Einheit: 1 J = 1 Ws	Q transportierte Ladung U elektrische Spannung I elektrische Stromstärke t Zeitdauer
elektrische Leistung *P*	$P = \frac{W}{t} = U \cdot I$ $P = \frac{U^2}{R} = I^2 \cdot R$	Einheit: 1 W	U elektrische Spannung I elektrische Stromstärke W elektrische Arbeit R elektrischer Widerstand
elektrischer Widerstand *R*	$R = \frac{U}{I}$ $R = \frac{\varrho \cdot l}{A}$	Einheit: $1\,\Omega = 1\,\frac{\text{V}}{\text{A}}$	U Spannung I Stromstärke ϱ spezifischer Widerstand l Länge des Leiters A Querschnittsfläche des Leiters
Kapazität *C*	$C = \frac{Q}{U}$ im homogenen Feld eines Kondensators: $C = \varepsilon_0 \cdot \varepsilon_r \cdot \frac{A}{d}$	Einheit: $1\,\text{F} = 1\,\frac{\text{C}}{\text{V}}$	Q Ladung U elektrische Spannung A Fläche einer Kondensatorplatte d Plattenabstand ε_0 elektrische Feldkonstante → Seite 105 ε_r Permittivitätszahl

Stromkreis

Reihenschaltung von Widerständen	$R_{Ersatz} = R_1 + R_2 + \ldots + R_n$ $U = U_1 + U_2 + \ldots + U_n$ $I = I_1 = I_2 = \ldots = I_n$	R_{Ersatz} Ersatzwiderstand $R_1 \ldots R_n$ Einzelwiderstände U Spannung der Quelle $U_1 \ldots U_n$ Teilspannungen an den Einzelwiderständen I Gesamtstromstärke $I_1 \ldots I_n$ Stromstärken durch die Einzelwiderstände
Parallelschaltung von Widerständen	$\frac{1}{R_{Ersatz}} = \frac{1}{R_1} + \frac{1}{R_2} + \ldots + \frac{1}{R_n}$ $U = U_1 = U_2 = \ldots = U_n$ $I = I_1 + I_2 + \ldots + I_n$	
Reihenschaltung von Kapazitäten	$\frac{1}{C_{Ersatz}} = \frac{1}{C_1} + \frac{1}{C_2} + \ldots + \frac{1}{C_n}$	C_{Ersatz} Ersatzkapazität $C_1, C_2 \ldots C_n$ Einzelkapazitäten
Parallelschaltung von Kapazitäten	$C_{Ersatz} = C_1 + C_2 + \ldots + C_n$	

1. Faraday'sches Gesetz $m = \ddot{A} \cdot Q = \ddot{A} \cdot I \cdot t$ Einheit: 1 kg

2. Faraday'sches Gesetz $\ddot{A} = \frac{m}{F \cdot z \cdot n}$ Einheit: $1\,\frac{\text{kg}}{\text{C}}$

Faraday'sche Konstante F $F = e \cdot N_A$ Einheit: $1\,\frac{\text{C}}{\text{mol}}$

- m Masse des abgeschiedenen Stoffes
- Q dabei transportierte Ladung
- I Stromstärke
- $\ddot{A}$ Elektrochemisches Äquivalent
- z Wertigkeit der Ionen
- t Zeit
- n Stoffmenge der Abscheidung
- e Elementarladung → S. 105
- N_A Avogadro-Konstante → S. 105

Magnetfelder von Strömen

Kraft $\vec{F}$ auf geraden Leiter

$F = I \cdot l \cdot B \cdot \sin(\varphi)$

Einheit: 1 N

Sonderfall für $\vec{I} \perp \vec{B}$:
$F = I \cdot l \cdot B$

Linke-Hand-Regel

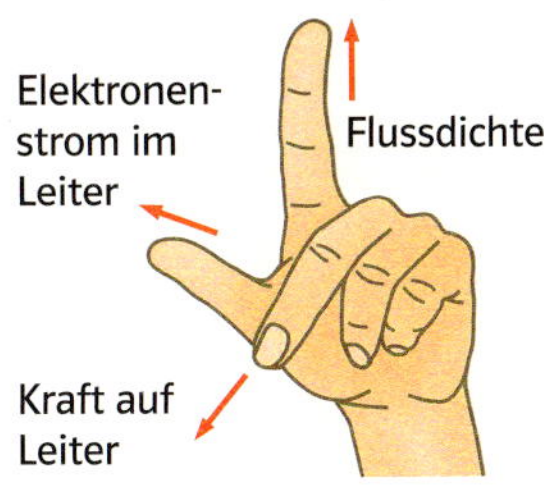

- I Stromstärke im Leiter
- l Länge des Leiters im Magnetfeld
- B magnetische Flussdichte
- φ Winkel zwischen den Richtungen von Elektronenstrom im Leiter und magnetischer Flussdichte ($\sin(\varphi) = 1$, wenn $\vec{I} \perp \vec{B}$)

Lorentzkraft $\vec{F}_L$ auf bewegte Ladung

$F_L = q \cdot v \cdot B \cdot \sin(\varphi)$

Einheit: 1 N

Sonderfall für $\vec{v} \perp \vec{B}$:
$F_L = q \cdot v \cdot B$

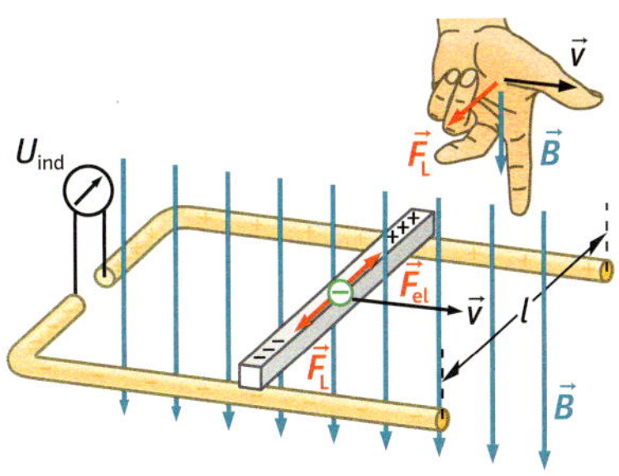

- q im Feld bewegte Ladung
- v Geschwindigkeit der Ladung
- B magnetische Flussdichte
- φ Winkel zwischen Geschwindigkeit $\vec{v}$ der Ladung und magnetischer Flussdichte $\vec{B}$ ($\sin(\varphi) = 1$, wenn $\vec{v} \perp \vec{B}$)
- F_{el} Kraft des elektrischen Feldes
- U_{ind} durch die Lorentzkraft zwischen den Leitern entstehende Spannung

Flussdichte $\vec{B}$ in der Umgebung eines geraden Leiters

$B = \mu_r \cdot \mu_0 \cdot \frac{I}{2\pi \cdot r}$

Einheit: $1\,\text{T} = 1\,\frac{\text{V} \cdot \text{s}}{\text{m}^2}$

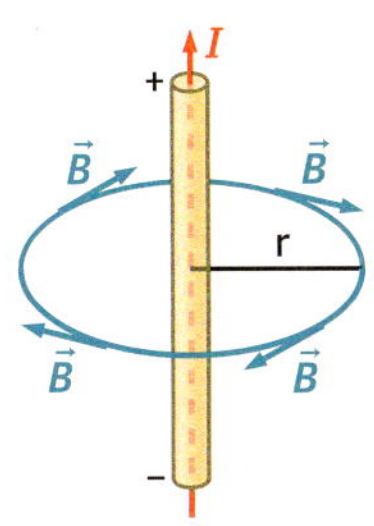

- μ_r Permeabilitätszahl
- μ_0 magnetische Feldkonstante → S. 105
- I Stromstärke im Leiter
- r Abstand von der Leiterachse

Flussdichte $\vec{B}$ im Innern einer langen Spule	$B = \mu_r \cdot \mu_0 \cdot I \cdot \frac{n}{l}$	Einheit: $1\ \text{T} = 1\ \frac{\text{V} \cdot \text{s}}{\text{m}^2}$	μ_r Permeabilitätszahl μ_0 magnetische Feldkonstante → S. 105 I Stromstärke im Leiter n Anzahl der Windungen l Spulenlänge
magnetischer Fluss Φ durch eine ebene Fläche	$\Phi = B \cdot A \cdot \cos(\varphi)$ $\Phi = B \cdot A_s$ mit $A_s = A \cdot \cos(\varphi)$ Einheit: 1 Wb = 1 V·s	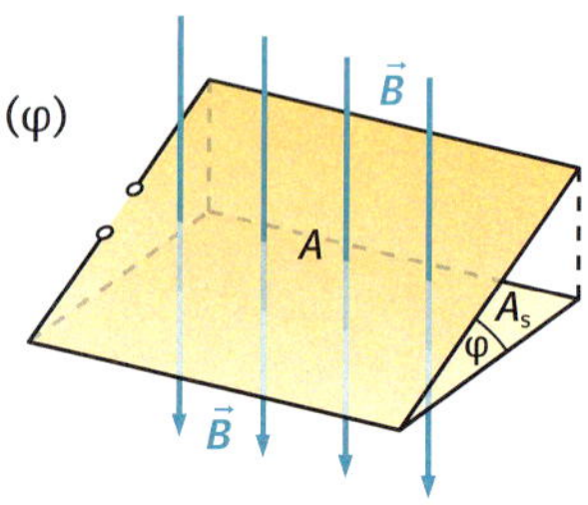	B magnetische Flussdichte A vom Fluss durchsetzte Fläche φ Winkel zwischen Fläche und magnetischer Flussdichte A_s vom Fluss durchsetzte Fläche A senkrecht zu B
Induktionsspannung U_{ind}	$U_{ind} = -n \cdot \frac{d\Phi}{dt}$ im senkrecht zum homogenen Magnetfeld bewegten geraden Leiter: $U_{ind} = B \cdot l \cdot v$	Einheit: 1 V	n Anzahl der Windungen der Spule Φ sich ändernder magnetischer Fluss t Zeit B magnetische Flussdichte l Länge des Leiters v Geschwindigkeit
Selbstinduktionsspannung U_{ind}	$U_{ind} = -L \cdot \frac{dI}{dt}$	Einheit: 1 V	L Induktivität I sich in der Spule ändernde Stromstärke t Zeit
Induktivität L einer langen Spule	$L = \mu_r \cdot \mu_0 \cdot \frac{n^2}{l} \cdot A$	Einheit: $1\ \text{H} = 1\ \frac{\text{V} \cdot \text{s}}{\text{A}}$	μ_r Permeabilitätszahl μ_0 magnetische Feldkonstante → S. 105 n Anzahl der Windungen l Länge der Spule A Querschnittsfläche der Spule
elektrische Flussdichte $\vec{D}$	$D = \varepsilon_0 \cdot \varepsilon_r \cdot E$ Flächenladungsdichte im homogenen Feld des Kondensators: $D = \frac{Q}{A}$	Einheit: $1\ \frac{\text{C}}{\text{m}^2}$	E elektrische Feldstärke ε_0 elektrische Feldkonstante → S. 105 ε_r Permittivitätszahl Q auf die Fläche A verteilte Ladung A Fläche

Energie E_{elek} des geladenen Plattenkondensators	$E_{elek} = \frac{1}{2} Q \cdot U = \frac{1}{2} C \cdot U^2$	Einheit: 1 J = 1 Ws	C Kapazität des Kondensators U Spannung zwischen den Platten Q Ladung auf einer Platte
Energie E_{mag} des Magnetfeldes einer Spule	$E_{mag} = \frac{1}{2} L \cdot I^2$	Einheit: 1 J = 1 Ws	L Induktivität der Spule I Stromstärke der Spule
Hall-Spannung U_H	$U_H = R_H \cdot \frac{I \cdot B}{d}$ Einheit: 1 V	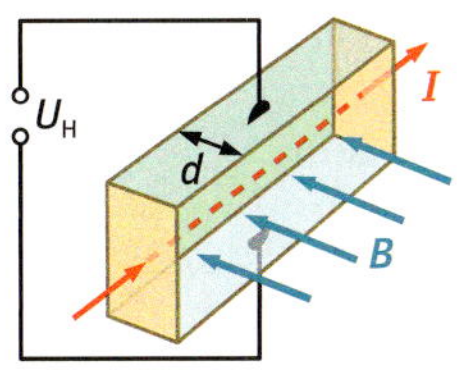	R_H Hall-Konstante I Stromstärke in der Sonde B magnetische Flussdichte d Dicke senkrecht zur Stromrichtung der Sonde in Feldrichtung

Geometrische Optik

Brechzahl *n*	$n = \frac{c_{Vakuum}}{c_{Stoff}}$	Einheit: 1	c Lichtgeschwindigkeit
Brechungsgesetz	$\frac{\sin(\alpha)}{\sin(\beta)} = \frac{c_1}{c_2} = \frac{n_2}{n_1}$ Einfallswinkel, Lot und Berechnungswinkel liegen in einer Ebene.	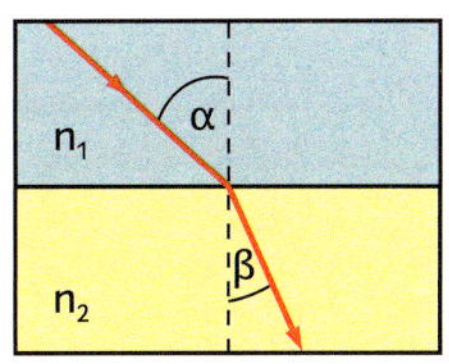 $n_1 < n_2$	c_1, c_2 Lichtgeschwindigkeit im Medium 1 bzw. im Medium 2 n_1, n_2 Brechzahl der Medien 1 und 2 α Einfallswinkel β Brechungswinkel
Vergrößerung *V* optischer Geräte	$V = \frac{\tan(\alpha_2)}{\tan(\alpha_1)}$ Einheit: 1	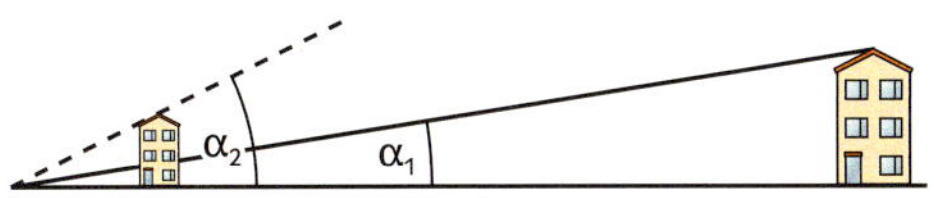	α_1 Sehwinkel ohne optisches Gerät α_2 Sehwinkel mit optischem Gerät
Abbildungsmaßstab *A*	$A = \frac{B}{G} = \frac{b}{g}$	Einheit: 1	B Bildgröße G Gegenstandsgröße b Bildweite g Gegenstandsweite f Brennweite
Brennweite einer Linse *f*	Linsengleichung: $\frac{1}{f} = \frac{1}{g} + \frac{1}{b}$ Einheit: 1 m	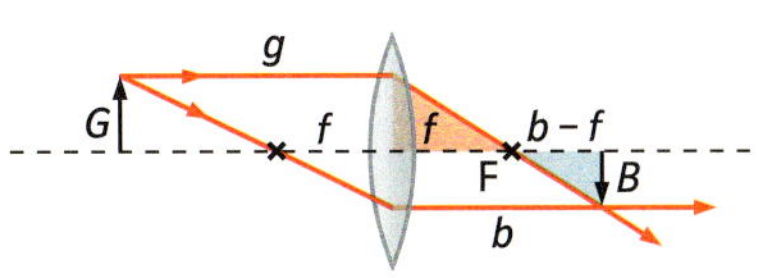	
Brechkraft *D*	$D = \frac{1}{f}$	Einheit: 1 dpt (1 Dioptrie), $1\,\text{dpt} = 1\frac{1}{\text{m}}$	

Lichtstärke I_V $I_V = L_V \cdot A$ Einheit: 1 cd (Candela)

Lichtstrom Φ_V $\Phi_V = \omega \cdot I_V$ Einheit: 1 lm (Lumen)

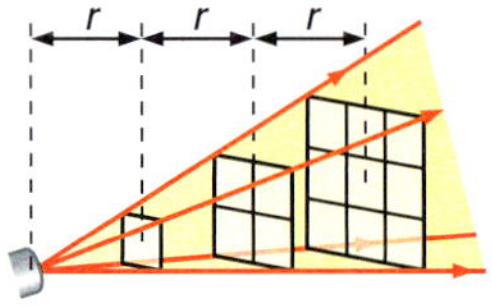

Beleuchtungsstärke E $E = \frac{\Phi_V}{A} = \frac{I_V}{r^2}$ Einheit: 1 lx (Lux), $1\,\text{lx} = 1\,\frac{\text{lm}}{\text{m}^2}$

L_V Leuchtdichte
A beleuchtete Fläche
ω Raumwinkel
r Abstand zwischen Lichtquelle und beleuchteter Fläche A

Wellenoptik

Lichtgeschwindigkeit c $c = \lambda \cdot f$ Einheit: $1\,\frac{\text{m}}{\text{s}}$

λ Wellenlänge
f Frequenz

Interferenz am Spalt

Bedingung für Maxima:

$\frac{2n+1}{2d} \cdot \lambda = \sin(\alpha_n) = \frac{s_n}{e_n}$

$(s_n \ll e_n)$ $(n = 1, 2, 3 \ldots)$

Bedingung für Minima:

$\frac{n \cdot \lambda}{d} = \sin(\alpha_n) = \frac{s_n}{e_n}$

$(s_n \ll e_n)$ $(n = 1, 2, 3 \ldots)$

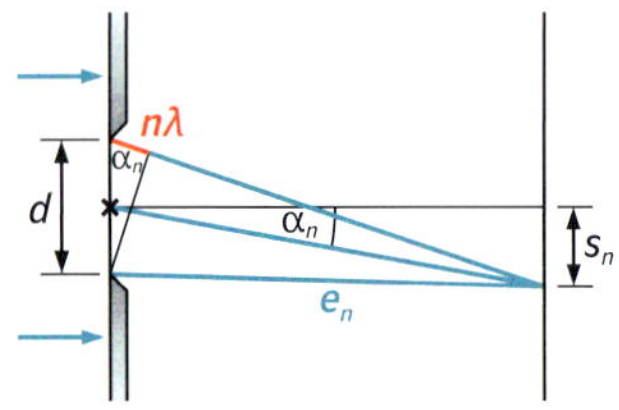

Interferenz am Doppelspalt

Bedingung für Maxima:

$\frac{n \cdot \lambda}{g} = \sin(\alpha_n) = \frac{s_n}{e_n}$

$(s_n \ll e_n)$ $(n = 0, 1, 2, 3 \ldots)$

Bedingung für Minima:

$\frac{2n+1}{2g} \cdot \lambda = \sin(\alpha_n) = \frac{s_n}{e_n}$

$(s_n \ll e_n)$ $(n = 0, 1, 2, 3 \ldots)$

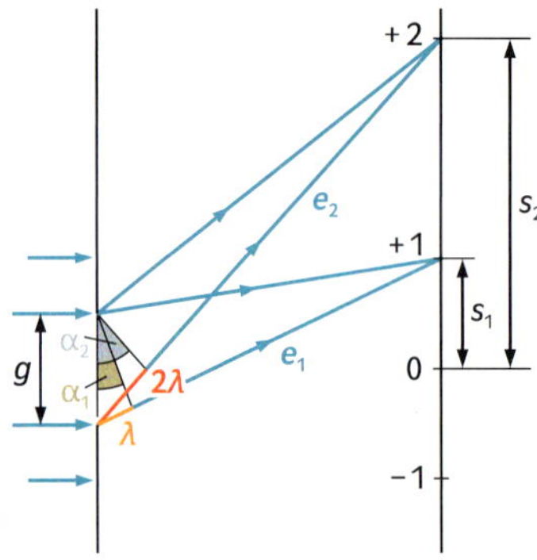

d Spaltbreite
λ Wellenlänge
s_n Abstand zwischen dem n-ten Maximum bzw. Minimum und dem Maximum der 0-ten Ordnung
e_n Abstand zwischen dem n-ten Interferenzstreifen und dem Spalt
g Abstand der Spalte/Gitterkonstante

Reflexion am Kristallgitter

Bedingung für Interferenzmaxima:
$2g \cdot \sin(\alpha) = n \cdot \lambda$ $(n = 1, 2, 3 \ldots)$

Bragg'sche Reflexion

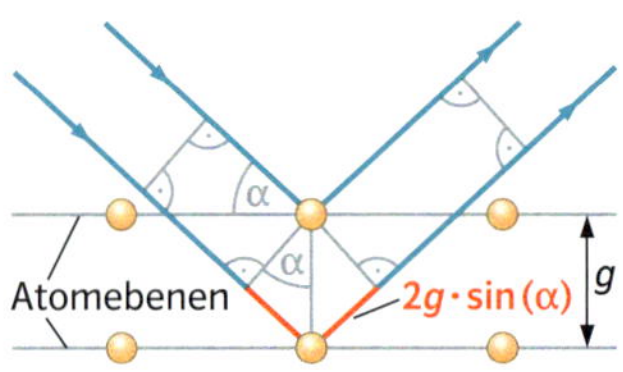

g Gitterkonstante
λ Wellenlänge
α Bragg-Winkel

Brewster'sches Gesetz $\tan(\alpha_p) = \frac{n_2}{n_1}$

Bei der Reflexion unter dem Winkel α_p stehen der reflektierte Strahl und der gebrochene Strahl senkrecht aufeinander. Der reflektierte Strahl ist vollständig linear polarisiert.

α_p Polarisationswinkel
n_1, n_2 Brechzahlen der Medien 1 und 2

Mikroobjekte

de Broglie-Wellenlänge λ	$\lambda = \frac{h}{p}$	Einheit: 1 m	h Planck'sches Wirkungsquantum p Impuls des Teilchens
Energie E des Photons	$E = h \cdot f$	Einheit: 1 J	h Planck'sches Wirkungsquantum f Frequenz
Impuls p des Photons	$p = m \cdot c = \frac{E}{c}$	Einheit: $1\,\frac{\text{kg} \cdot \text{m}}{\text{s}}$	m dem Photon zuzuordnende Masse c Lichtgeschwindigkeit E Energie des Photons
Heisenberg'sche Unbestimmtheitsrelationen	$\overline{\Delta x} \cdot \overline{\Delta p_x} \geq \frac{h}{2\pi}$ $\overline{\Delta E} \cdot \overline{\Delta t} \geq \frac{h}{2\pi}$		$\overline{\Delta x}$ mittlere Unbestimmtheit des Ortes $\overline{\Delta p_x}$ mittlere Unbestimmtheit des Impulses $\overline{\Delta E}$ mittlere Unbestimmtheit der Energie $\overline{\Delta t}$ mittlere Unbestimmtheit der Zeit

Radioaktivität

Aktivität $A(t)$ (Zerfallsrate) einer Substanz

$A(t) = A(0) \cdot e^{-\lambda \cdot t}$

Einheit: $1\,\frac{1}{\text{s}}$

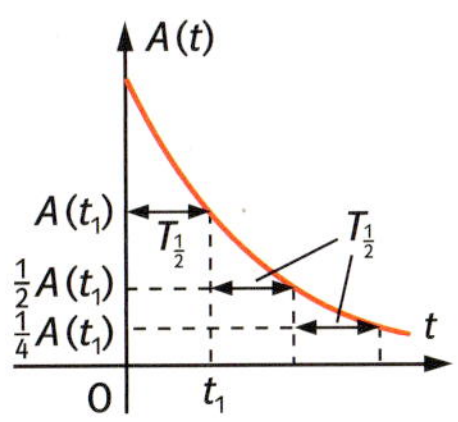

- $A(0), A(t)$ Anzahl der Zerfälle bei $t = 0$ bzw. bei $t > 0$
- λ Zerfallskonstante in $\frac{1}{\text{s}}$
- t Zeit

Absorption von β- und γ-Strahlung

$n(x) = n(0) \cdot e^{-\mu \cdot x}$

Einheit: 1

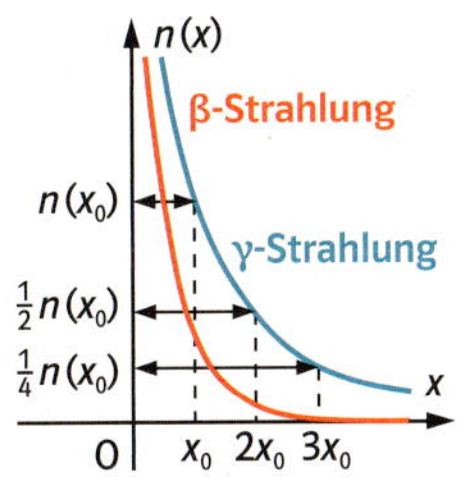

- $n(0), n(x)$ Zählrate vor bzw. bei der Schichtdicke x
- x Dicke der durchstrahlten Substanz
- μ Schwächungskoeffizient in $1\,\frac{1}{\text{m}}$

Energiedosis D_E durch Absorption	$D_E = \frac{E}{m}$	Einheit: 1 Gray = $1\,\frac{\text{J}}{\text{kg}}$	E absorbierte Energie m Masse des bestrahlten Körpers
Äquivalentdosis D_q	$D_q = q \cdot D_E$	Einheit: 1 Sievert = $1\,\frac{\text{J}}{\text{kg}}$	q Qualitätsfaktor zur Bewertung der biologischen Wirkung einer Strahlung
Massendefekt Δm	$\Delta m = -\frac{E_B}{c^2} = Z \cdot m_p + N \cdot m_n - m$	Einheit: 1 kg	E_B Bindungsenergie aller Kernteilchen c Lichtgeschwindigkeit Z Protonenzahl des Kerns m_p Masse des ruhenden Protons N Neutronenzahl des Kerns m_n Masse des ruhenden Neutrons m Masse des Atomkerns

Bildquellen: **U1.1:** Getty Images (Image Bank), München – **U2.1:** ESA/ESOC, Darmstadt – **U2.2:** Okapia (Fotofinder), Frankfurt – **U2.4:** Avenue Images GmbH (Digital Version), Hamburg – **VV1.1:** Avenue Images (Fotofinder), Hamburg – **VV1.2:** Okapia (Fotofinder), Frankfurt – **VV1.3:** Focus, Hamburg – **VV1.4:** Focus (Fotofinder/Russell Kightley), Hamburg – **VV1.5:** Okapia (Fotofinder), Frankfurt

1. Auflage 1 13 12 11 10 9 | 2015 14 13 12 11

Alle Drucke dieser Auflage sind unverändert und können im Unterricht nebeneinander verwendet werden. Die letzte Zahl bezeichnet das Jahr des Druckes.

Autorinnen und Autoren: Hans-Jerg Dorn, Hans Freudigmann, Manfred Herbst, Dr. Günther Reinelt, Dr. Manfred Schwier, Dr. Peter Siebert, Sven Stötzer
Berater: Dr. Jacob Nill

Redaktion: Dr. Matthias Dorn
Gestaltung: Nadine Yesil
Zeichnungen/Illustrationen: Annette Liese, Dortmund
Umschlaggestaltung: Andreas Staiger, Stuttgart
Titelbild: Getty Images, The Image Bank
Satz: YellowHand GbR, Köngen
Druck: Offizin Andersen Nexö, Leipzig

Printed in Germany
ISBN 978-3-12-718510-2

9 783127 185102

Länge

1 km = 1000 m ⟶ 1 m = 0,001 km
1 m = 10 dm ⟶ 1 dm = 0,1 m
1 dm = 10 cm ⟶ 1 cm = 0,1 dm
1 cm = 10 mm ⟶ 1 mm = 0,1 cm

Fläche

$1\,km^2 = 100\,ha \longrightarrow 1\,ha = 0{,}01\,km^2$
$1\,ha = 100\,a \longrightarrow 1\,a = 0{,}01\,ha$
$1\,a = 100\,m^2 \longrightarrow 1\,m^2 = 0{,}01\,a$
$1\,m^2 = 100\,dm^2 \longrightarrow 1\,dm^2 = 0{,}01\,m^2$
$1\,dm^2 = 100\,cm^2 \longrightarrow 1\,cm^2 = 0{,}01\,dm^2$
$1\,cm^2 = 100\,mm^2 \longrightarrow 1\,mm^2 = 0{,}01\,cm^2$

Rauminhalt oder Volumen

$1\,km^3 = 1\,000\,000\,000\,m^3 \longrightarrow 1\,m^3 = 0{,}000\,000\,001\,km^3$
$1\,m^3 = 1000\,dm^3 \longrightarrow 1\,dm^3 = 0{,}001\,m^3$
$1\,dm^3 = 1000\,cm^3 \longrightarrow 1\,cm^3 = 0{,}001\,dm^3$
$1\,cm^3 = 1000\,mm^3 \longrightarrow 1\,mm^3 = 0{,}001\,cm^3$

Besondere Raummaße

1 Hektoliter = 100 Liter ⟶ 1 Liter = 0,01 Hektoliter
1 Liter = 1 dm^3 = 100 Zentiliter ⟶ 1 Zentiliter = 0,01 Liter
1 Zentiliter = 10 Milliliter = 10 cm^3 ⟶ 1 Milliliter = 0,1 Zentiliter

Masse

1 t = 1000 kg ⟶ 1 kg = 0,001 t
1 kg = 1000 g ⟶ 1 g = 0,001 kg
1 g = 1000 mg ⟶ 1 mg = 0,001 g

Besondere Masseeinheiten

1 Doppelzentner = 2 Zentner ⟶ 1 Zentner = 0,5 Doppelzentner
1 Zentner = 50 kg ⟶ 1 kg = 0,02 Zentner
1 Pfund = 0,5 kg ⟶ 1 kg = 2 Pfund

Zeit

1 Jahr = 365 Tage
1 Tag = 24 h ⟶ 1 h ≈ 0,0417 Tage
1 h = 60 min ⟶ 1 min ≈ 0,0167 h
1 min = 60 s ⟶ 1 s ≈ 0,0167 min

Geschwindigkeit:

$1\,\frac{m}{s} = 3{,}6\,\frac{km}{h} \longrightarrow 1\,\frac{km}{h} = \frac{5\,m}{18\,s} \approx 0{,}28\,\frac{m}{s}$

Griechisches Alphabet

Α α Alpha	Η η Eta	Ν ν Ny	Τ τ Tau
Β β Beta	Θ ϑ Theta	Ξ ξ Xi	Υ υ Ypsilon
Γ γ Gamma	Ι ι Jota	Ο ο Omikron	Φ φ Phi
Δ δ Delta	Κ ϰ Kappa	Π π Pi	Χ χ Chi
Ε ε Epsilon	Λ λ Lambda	Ρ ϱ Rho	Ψ ψ Psi
Ζ ζ Zeta	Μ μ My	Σ σ Sigma	Ω ω Omega

Römische Zahlen

I = 1	VIII = 8	XV = 15	XX = 20	LXXX = 80		DC = 600
II = 2	IX = 9	XVI = 16	XXV = 25	XC = 90		DCC = 700
III = 3	X = 10	XVII = 17	XXX = 30	C = 100		DCCC = 800
IV = 4	XI = 11	XVIII = 18	XL = 40	CC = 200		CM = 900
V = 5	XII = 12	XIX = 19	L = 50	CCC = 300		M = 1000
VI = 6	XIII = 13		LX = 60	CD = 400		
VII = 7	XIV = 14		LXX = 70	D = 500		

Längenmaße

Einheit	Abkürzung	Land	Umrechnungen	
inch (Zoll)	in oder ″	GB, USA	1 in = 2,54 cm;	1 cm ≈ 0,3937 in
foot (Fuß)	ft oder ′	GB, USA	1 ft = 12 in = 30,48 cm;	1 cm ≈ 0,03281 ft
yard	yd	GB, USA	1 yd = 3 ft = 91,44 cm;	1 m ≈ 1,0936 yd
miles (Meile)	m	International	1 m = 1,609 km;	1 km ≈ 0,622 m
Zoll (bei Rädern, Rohren)	″	International	1″ = 25,4 mm;	1 mm ≈ 0,03937″
Seemeile	sm	International	1 sm = 1 852 m	
geographische Meile		D	1 geographische Meile = 7421,5 m	
Lichtjahr	ly	International	1 ly = $9{,}460730473 \cdot 10^{15}$ m	
Astronomische Einheit	AE	International	1 AE = $1{,}496 \cdot 10^{8}$ km	
Parsec	pc	International	1 pc = $3{,}08568 \cdot 10^{16}$ m	
Kiloparsec	kpc	International	1 kpc = $3{,}08568 \cdot 10^{19}$ m	

Flächenmaße

Einheit	Abkürzung	Land	Umrechnungen
Tagwerk		Bayern	1 Tagwerk = 3407 m^2 = 34,07 a ≈ $\frac{1}{3}$ ha
Morgen		Baden	1 Morgen = 3600 m^2 = 36 a
Morgen		Württemberg	1 Morgen = 3152 m^2 = 31,52 a
Acker		Sachsen	1 Acker = 5534 m^2 = 55,34 a
acre		GB	1 acre = 20,47 a

Raummaße

Einheit	Abkürzung	Land	Umrechnungen
Ster (Holzmaß)		D	1 Ster = 1 m^3
Klafter		D	1 Klafter = 3 Ster = 3 m^3
Registertonne (Schiff)	RT	International	1 RT = 2,832 m^3
Quart		USA	1 Quart = 0,9464 Liter
Gallon (Gallone)	gal	USA	1 gal = 4 Quarts = 3,7854 Liter
Barrel (Ölmaß)	barrel	USA	1 Barrel = 158,98 Liter = 158,98 dm^3

Masse

Einheit	Abkürzung	Land	Umrechnungen
Pound (engl. Pfund)	lbs	GB, USA	1 lbs = 0,4536 kg
Ounces (Unze)	oz	GB, USA	1 oz = 28,35 g
Karat	k	International	1 k = 200 mg = 0,2 g

Temperatur

Umrechnung von Celsius-Skala auf Fahrenheit-Skala: T(°F) = 1,8 T(°C) + 32 °F

Celsius °C	−20	−17,8	−10	0	5	10	15	20	25	30	50	100
Fahrenheit °F	−4	0	14	32	41	50	59	68	77	86	122	212